S.F.B. Morse: Selbstporträt, entstanden um 1814 in London (Addison Gallery of American Art, Phillips Academy, Andover/Massachusetts).

Samuel F.B. Morse

Eine Biographie

Herausgegeben
von Christian Brauner

Birkhäuser Verlag
Basel Boston Berlin

Der biographische Teil dieses Buches orientiert sich an der amerikanischen Fassung *The American Leonardo – A Life of Samuel F. B. Morse* von Carleton Mabee und der völligen Neubearbeitung der deutschen Übersetzung von Grete Pfeiffer durch den Birkhäuser Verlag

CIP-Titelaufnahme der Deutschen Bibliothek

Samuel F. B. Morse : eine Biographie / hrsg. von Christian Brauner. – Basel ; Boston ; Berlin : Birkhäuser, 1991
  ISBN 3-7643-2488-0
NE: Brauner, Christian [Hrsg.]

© 1991 der deutschsprachigen Ausgabe: Birkhäuser Verlag Basel
Umschlaggestaltung: Zembsch' Werkstatt, München
Printed in Germany
ISBN 3-7643-2488-0

Inhalt

Würdigung durch den Herausgeber

Einführung

von Christian Brauner

Sieben Minuten lang sind die Sonnenstrahlen unterwegs, ehe sie unseren Planeten erreichen. Das läßt sich leicht berechnen – und hat enorme Konsequenzen: Nie sehen wir die Sonne so, wie sie im Moment des Betrachtens gerade ist, sondern stets nur so, wie sie sieben Minuten zuvor war. Und wer am nächtlichen Firmament einen funkelnden Stern bewundert, sieht womöglich nur noch den Schein einer längst schon verloschenen Sonne auf ihrer unendlichen Reise durch die Lichtjahre des Universums.

Wir, die wir wie selbstverständlich mit New York, Rio de Janeiro und anderen, weit entfernten Orten telefonieren, ohne uns je Gedanken über Funktion und Geschichte der Nachrichtentechnik zu machen, bedürfen wohl tatsächlich erst eines Blickes in die Tiefen des Alls, um nachzuvollziehen, was die Erfindung der Telegrafie für die Menschen des 19. Jahrhunderts bedeutet haben mag. Bis zum 27. Juli 1866, dem Tag, an dem die ersten Kabeltelegramme zwischen Neuer und Alter Welt ausgetauscht wurden, dauerte es nämlich nicht nur Bruchteile von Sekunden – so wie heute –, auch nicht Minuten, sondern gleich Tage oder gar Wochen, bis eine Nachricht per Schiff über den Atlantik zu ihrem Empfänger gelangte. Und dies war damals die einzige Möglichkeit der Kommunikation zwischen den Kontinenten.

So ist es denn wohl kein Zufall und keineswegs nur der Langeweile einer Seereise zuzuschreiben, daß sich Samuel Finley Breese Morse, in seiner Familie kurz Finley genannt, just auf dem Rückweg von Le Havre nach New York, also gerade auf solch einem Personen, Waren und Nachrichten transportierenden Schiff, zum erstenmal ernsthaft mit der faszinierenden Idee der Telegrafie auseinandersetzte.

Vor dem Hintergrund dessen, was Morse über erste Versuche mit Telegrafie bereits gehört hatte, mußte sich hier auch zwangsläufig ein Gespräch mit seinem Mitreisenden Charles Thomas Jackson ergeben, der an Bord der Sully einige elektrische Experimente vorgeführt hatte. Und es mußte die Sprache auf die zentrale Frage kommen: Kann man die Schnelligkeit elektrischer Impulse für die Übermittlung von Informationen nutzen?

Noch einmal: Morse lebte in einer Zeit, in der jede Aktion durch Entfernung zur Vergangenheit gemacht wurde. Er lebte in einer Welt, in der die Gleichzeitigkeit zweier Ereignisse an zwei weit voneinander entfernten Orten nicht einmal als solche wahrnehmbar war – sieht man einmal von den ersten Versuchen mit rein optischen und deshalb auf relativ kurze Distanzen beschränkten Nachrichtenübermittlungs-Verfahren ab. Und nun sollte es mit Hilfe des Elektromagnetismus plötzlich möglich sein, Gleichzeitigkeit – nämlich Stromschluß hier und Bewegung des magnetischen Ankers dort – sogar herstellen, gezielt bewirken zu können? Sollte es dann nicht auch möglich sein, von einem Ort aus wie mit Geisterhand an einem anderen Ort zu schreiben, also zu tele-grafieren? Ein für jene Zeit wahrhaft berauschender Gedanke.

Was war die Voraussetzung für ein solches Gedankengebäude, in dem sich Impulse, Funken, Kabel, Gestänge, Uhrwerke, Federn und Magnete zu einem imaginären Apparat verflochten? Daß ihn sein Vater sehr früh schon in die Grundlagen der Naturwissenschaften eingeführt hatte? Daß Finley bereits mit 18 Jahren bei Professor Day an der Yale University in New Haven Vorlesungen über Physik belegte? Wohl kaum; solche Erfahrungen haben auch andere gemacht.

Nein, nicht Morses Wissen war von dem telegrafischen Ideenfunken entzündet worden, sondern seine Phantasie: die Kraft, sich im Geist von etwas ein Bild zu schaffen, das noch gar nicht existiert. Oder, analog zum Sternenlicht als gegenwärtige Vergangenheit: Morse hatte die Fähigkeit, Zukunft zu denken.

Dies unterscheidet Morse von den meisten seiner Zeitgenossen, die ebenfalls an der Verwirklichung der gleichsam in der Luft liegenden Idee des Telegrafierens arbeiteten. Sie nämlich versuchten, auf der Basis bisheriger Erfahrungen, das hochgesteckte Ziel mittels immer noch komplizierterer Apparate zu erreichen, und erklärten ihr mannigfaches Scheitern oft damit, eine nicht hinreichend komplexe Maschine kreiert zu haben. Eine Tendenz, die auch heute noch vielen technischen Entwicklungsvorhaben innewohnt. Obwohl sich doch alle genialen, viele Epochen überdauernden Erfindungen durch eine verblüffende Einfachheit auszeichnen. Man denke nur an das Rad oder an Edisons Glühbirne.

Morse ging das Problem nicht von der Gegenwart her an. Er versuchte erst gar nicht, Vorhandenes durch Modifikation zur gewünschten Funktion zu bringen, sondern schuf im Geist die Wirkung eines Mechanismus. Und er suchte dann nach Wegen, diesen Mechanismus mit den gegebenen Mitteln zu realisieren.

Was aber ist dies anderes als der typische Schaffensprozeß eines Malers, der das Bild, das er später auf die Leinwand bringt, zunächst in sich trägt? Und zwar als Wirkung, keineswegs als bereits zu diesem Zeitpunkt festgefügte und endgültige Anordnung von Formen und Farben. Wo und wie der Pinselstrich zu führen ist, wird erst bei der Umsetzung der Phantasie in die Wirklichkeit entschieden. Und erst dann, wenn die Hand nicht dem Geist gehorchen will, die Pinsel Haare lassen oder die Farbe abblättert, wenn das zu dünne Papier unterm Schreiber des Telegrafen reißt und verrostete Drähte einen um den anderen Versuch scheitern lassen, erst bei solchen Kämpfen mit den Haken und Ösen des Materiellen erweisen sich Können und Wissen als unabdingbare Voraussetzungen. Dies jedoch sind Tugenden, die sich nur der zu erwerben vermag, der hartnäckig an seinem phantastischen Ziel festhält und der davon nicht nur immer wieder sich selbst, sondern schließlich auch andere zu überzeugen und als Mitstreiter oder Financiers zu gewinnen vermag.

Den meisten großen Erfindern und Künstlern hat es weder an Phantasie noch an handwerklichem Können oder an Ausdauer, wohl aber an Zeit gemangelt: Viele waren ihren Zeitgenossen so weit voraus und so weit von diesen entfernt, daß die Kraft ihrer Ideen nicht mehr zu Lebzeiten wirksam werden konnte; gleichsam jenen Sternen, deren Licht wir erst sehen, wenn sie bereits erloschen sind. Samuel Finley Breese Morse zählt zu den wenigen, die nicht nur über die erforderliche Kreativität und das notwendige Beharrungsvermögen verfügten, sondern überdies auch noch das Glück hatten, den Erfolg ihrer Arbeit ernten zu dürfen.

Morse griff etwas auf, das, wenn nicht von ihm, dann in absehbarer Zeit von einem anderen zu einer funktionstüchtigen Apparatur weiterentwickelt worden wäre. Dies schmälert nicht sein Verdienst; es erinnert nur an die Gesetzmäßigkeit, daß alle Erfindungen letztlich die folgerichtige Zusammenfassung und Konzentration vieler bereits gedachter Ideen und bereits gewonnener Erkenntnisse sind. Auch Dampfmaschine, Webstuhl und Transistor waren Erfindungen, die zu ihrer Zeit gerade »reif« und nicht das Werk eines einzelnen waren.

Morse hat in diesem Sinn einfach Glück gehabt, das Richtige zum richtigen Zeitpunkt zu tun. Mehr als die Gewißheit, den richtigen Weg gewählt zu haben, kann das Schicksal einem Menschen kaum an Glück gewähren: 1871, ein Jahr vor seinem Tod, nahm Morse an der Enthüllung seines eigenen Denkmals im New Yorker Central Park teil, und zehn europäische Staaten dankten Morse mit einem ansehnlichen Betrag von 400 000 Franken »für das Geschenk, das er der Menschheit gemacht hat«.

Welches Geschenk aber? Das Morse-Alphabet? Das hat Morse weder allein erdacht, noch war er es, der ihm die endgültige, die heute bekannte Form gegeben hat. Der Telegraf? Auch daran haben viele mitgewirkt, zum Beispiel Sömmering und Ampère, Gauß und Weber, Steinheil, Wheatstone. Sie und viele weitere haben allesamt durch ihre Ideen, aber auch durch ihre Mißerfolge, die anderen dann wieder als Wegweiser dienten, ihren Beitrag geleistet.

Was die Welt in Morse huldigt und verehrt, ist das Menschsein schlechthin. Es ist die Fähigkeit, bewußt und mit Absicht Unreales zu schaffen, um es dann zu realisieren; die Fähigkeit, aus dem Geist zu schöpfen und zu gebären, was es bisher noch nicht gab. Etwas zu schaffen, dem die Kraft innewohnt, die Welt, zumindest die des Menschen, von Grund auf zu verändern und das von da an zu einem nicht mehr wegzudenkenden Bestandteil aller weiteren Entwicklungen wird.

Diese schöpferische Kraft ist allen Menschen eigen. Sie ist kein Privileg des Genius; wohl aber hat dieser sie besonders stark entwickelt, ausgeprägt und genutzt. Was manchen widersprüchlich erscheint, daß Morse nämlich zunächst einen durchaus erfolgreichen Weg als Maler ging, dann zum Kristallisationspunkt einer der größten Erfindungen der Menschheit wurde, daß er daneben als gleichermaßen engagierter wie auch sturer Verfechter politischer und religiöser Ideen brillierte und schließlich, als Direktor der New York and New Foundland Telegraph Company auch noch bemerkenswerte Qualitäten als Geschäftsmann unter Beweis stellte, bildet deshalb vielmehr eine Einheit aus vielen Facetten, deren gemeinsames Bindeglied die Phantasie ist. Diese ist zugleich das Bindeglied zu anderen herausragenden Köpfen: Albert Einstein beispielsweise nutzte seine Phantasie zum Eintauchen in die Tiefen unseres Unwissens und schuf ein abstraktes Gebilde, das nur wenige Menschen überhaupt je in vollem Umfang erfassen oder gar verstehen können. Die entscheidende Triebfeder war eine Vorstellung; nämlich die von der Zeit als einer eigenständigen, mit unseren Sinnesorganen nur mangelhaft erfahrbaren Dimension. Ebenso stand am Anfang der Erfindung des Lichtmikroskops die Idee von einer Welt des Kleinen, die zwar nicht zu sehen war, deren Existenz dennoch vermutet wurde. Morse hingegen nutzte seine Phantasie nicht im eigentlichen Sinne zweckgerichtet, sondern er praktizierte sie als Fähigkeit an sich; sozusagen um ihrer selbst willen.

Im Fall Einsteins fokussiert sich die Phantasie auf eine Fähigkeit, die wir gemeinhin als Intelligenz bezeichnen und der wir allein schon deshalb Respekt zollen, weil sie Ergebnisse produziert, die nicht ohne weiteres nachzuvollziehen sind. Dies ist übrigens keineswegs eine Folge mangelnder Intelligenz, sondern vielmehr ungenügenden Trainings im Umgang mit der Mathematik, über die sich Einsteins relative Welt durchaus logisch erschließen läßt.

Morses Phantasie neigen wir auf den ersten Blick zu unterschätzen, weil ihre Ergebnisse im Vergleich zu Einsteins Theorie leicht nachvollziehbar sind: Schon Kinder lernen in ihren Abenteuerbüchern, daß dreimal kurz, dreimal lang, dreimal kurz für das internationale Notrufzeichen SOS steht. Morses Alphabet hat, ganz gewiß, mehr Menschen schon das Leben gerettet als Einsteins Relativitätstheorie. Es läßt sich aber, nur weil es nützlich und praktisch ist, deshalb nicht als die wertvollere Schöpfung darstellen. Ebensowenig ist Einsteins Theorie die intelligentere Leistung, nur weil sie sich lediglich über einen äußerst geschärften und trainierten Intellekt erschließen läßt. Ganz im Gegenteil: Qualitativ sind Morses Werk und das von Einstein – es könnte ebenso das Werk anderer Denker und Erfinder zum Beispiel genommen werden – absolut ebenbürtig. Sie sind lediglich von unterschiedlichem Nutzen, von unterschiedlichem materiellen Wert. Sie tragen umgekehrte Vorzeichen: Besticht Einsteins Theorie durch ihre umfassende Komplexizität, ist es die Einfachheit, die bei Morses Werk die Größe ausmacht.

So wenig sich das Wesen eines Einstein oder Edison, eines Watt oder Ampère über deren Werk allein erschließen läßt, so wenig erfahren wir über Morse, wenn wir bloß die Funktion eines Telegrafen analysieren. Es bliebe von dem Künstler, Erfinder, Geschäftsmann und Politiker Morse nur die Geschichte eines Schiffsreisenden übrig, der sich nach angeregter Unterhaltung mit einem Fachmann für Elektrizität Gedanken und Notizen zu einem nützlichen Apparat gemacht hat. In einer materialistischen Welt, in der primär Ergebnisse zählen und menschliches Tun nach seinem Nutzen bewertet wird, brauchte man keine Biographien mehr. Tatsächlich aber wollen wir doch mehr von und über Morse wissen, und zwar aus dem einfachen Grund, weil sich jeder Leser einer Biographie in der Geschichte eines anderen Menschen zumindest ein Stück weit selbst erkennt. Dessen Erfolge und Niederlagen, dessen Motive und Taten, dessen Sorgen, Zweifel und Freuden können uns vertraut und bekannt vorkommen, ohne daß wir Gefahr laufen müssen, deshalb selbstüberschätzend unser eigenes Wesen denen berühmter Persönlichkeiten gleichzustellen.

So wie jede Erfindung einerseits alle technischen Grundprinzipien in sich birgt und andererseits Stand und Geist der Technik zum Zeitpunkt ihrer Erfindung repräsentiert, so trägt jeder Mensch alle Grundzüge menschlichen Seins in sich und spiegelt gleichzeitig die Gesellschaft seiner Epoche wider. Es liegt in der Natur der Sache, daß sich dies an dem einen Apparat besser zeigen läßt als an dem anderen; und daß in der einen Persönlichkeit die Spielarten menschlichen Seins markanter ausgeprägt sind als in einer anderen. Diese quantitativen Unterschiede qualitativ gleicher Prinzipien führen uns zur intensiven Betrachtung großer Erfindungen und berühmt gewordener Menschen, zum Beispiel zu Samuel Finley Breese Morse, in dessen Lebensbeschreibung wir nicht nur viele unserer Hoffnungen und Ängste wiederfinden, sondern der zugleich auch jenen Typus des Amerikaners widerspiegelt, der die Geschichte und das Selbstverständnis des Nordamerikaners bis in die heutige Zeit entscheidend prägt: den energischen, selbstbewußten Macher, der sich wenig um anderer Leute Ansichten schert, der unbeirrbar seinen eigenen Weg geht, der uns mal als Technobürokrat erscheint und sich dann doch wieder als leicht zu kränkender, äußerst empfindsamer und sensibler Mensch entpuppt, der Progressivität praktiziert und im gleichen Atemzug reaktionäre Parolen predigt, ohne sich nach seinem eigenen Empfinden in einen Widerspruch zu begeben.

Diese Vielgestaltigkeit Morses hat ihm den Beinamen »amerikanischer Leonardo« eingetragen, erinnert sie doch an den Tausendsassa Leonardo da Vinci, dessen Ruhm ebenfalls durch die Vielseitigkeit seines Schaffens und nicht etwa allein durch Gemälde wie *Das Abendmahl* oder *Mona Lisa* begründet wurde: Leonardo war Maler, Bildhauer und Architekt, Botaniker, Zoologe, Aerologe und Hydrologe. Mit seinen naturwissenschaftlichen Studien, beispielsweise den anatomischen Tafeln, wurde er zum Begründer der wissenschaftlichen Illustration schlechthin und schuf – mit seiner Phantasie und Beobachtungsgabe – ein neues Weltbild, das bis in die heutige Kultur des Abendlandes hineinwirkt und dessen Prinzip sich sogar in vielen modernen Naturwissenschaften und Künsten wiederfindet.

Wie bei Morse wurden viele Schaffensphasen Leonardos durch äußere Umstände eingeleitet und beendet. Als kriegstechnischer Ratgeber und Konstrukteur von Festungen und Waffen diente er den Florentinern nicht aus purer Begeisterung, sondern um seine Existenz zu sichern. Wie Morse litt auch Leonardo darunter, nicht alle Aufträge erhalten zu haben, die er sich so sehr wünschte. Er schrieb verbitterte Briefe aus Rom, wo er vergebens auf Aufträge von Giuliano de' Medici wartete, während Michelangelo Fresken malend unter der Decke der Sixtinischen Kapelle lag, und Raffael die Stanzen schuf.

Allen unterschiedlichen Neigungen und Formen seines Schaffens zum Trotz findet sich jedoch auch bei Leonardo ein verbindendes Element: die Begeisterung für die noch unerforschten Zusammenhänge zwischen allem Sein. Er war überzeugt, daß die Wirbel des Windes und des Wassers ebenso geheimnisvollen Gesetzen gehorchen wie die Sterne denen der Himmelsmechanik. Sich so etwas vorstellen zu können, setzt eine enorme Phantasie voraus, die sich kaum auf einige wenige Objekte beschränken kann, sondern allumfassend sein muß. Leonardo war denn wohl auch einer der ersten, die wenigstens ahnten, was uns die Fraktale Geometrie der Gegenwart 600 Jahre später, als jüngster Zweig der Mathematik, heute mit Präzision zu beweisen versucht: Daß nämlich auch chaotischen Strukturen eine Regelmäßigkeit zugrunde liegt und daß diese eindeutigen, aber vom Menschen noch nicht durchschaubaren Gesetzen gehorcht.

Leonardos Arbeiten repräsentieren das gesamte breite Fundament der abendländischen Kultur und damit der Alten Welt. In Morse finden wir das Gegenstück der Neuen Welt. Wo Leonardo Religiosität in Kunst umsetzte, machte Morse calvinistischen Puritanismus zu moralistischer Politik. Wo Leonardo die Kunst in den Dienst der Wissenschaft stellte, verquickte Morse Technik und Kommerz zu einer – mittlerweile – untrennbaren Einheit. Und wo Leonardo in den Mächtigen der Kirche Gönner und Mäzene fand, wurde Morse zu einem der Wegbereiter für die bis heute in den USA übliche Finanzierung technischer Forschung durch die Wirtschaft.

Zugegeben, dem in abendländischer Tradition aufgewachsenen Europäer mag es sehr gewagt erscheinen, den Erfinder und Porträtmaler Morse in eine Reihe mit Leonardo da Vinci zu stellen. Hatte Carleton Mabee seiner Biographie nicht aber den Untertitel »The American Leonardo« gegeben? Die Berechtigung dieses Attributs ergibt sich aus dem Zusatz »amerikanischer« – und hier liegt die Faszination: Auch die junge, aufstrebende, nach Traditionen und geschichtlichen Wurzeln suchende Neue Welt brauchte einen Leonardo – eben ihren, den »amerikanischen« Leonardo. Sie fand ihn in Morse, der für die Kulturgeschichte Nordamerikas eine nicht minder wichtige Schlüsselrolle spielt, wie sie Leonardo an der Schwelle vom scholastischen Denken des Mittelalters zum neuzeitlichen Denken im Abendland zukam.

Es war folglich nicht zu erwarten, daß die umfassende Biographie Morses in der Alten Welt geschrieben würde; sie mußte in jener Welt entstehen, deren Teil Morse ist und die er selbst entscheidend mitgestaltet hat. Um so erfreulicher ist, daß der Birkhäuser Verlag diese 1943 erstmals in Amerika erschienene Biographie Mabees nun in einer neu bearbeiteten Übersetzung durch den Verlag zur Verfügung stellt. Damit wird nicht nur gebührend Morses 200. Geburtstags am 27. April 1991 gedacht und ein Lebenswerk gewürdigt, das für jeden von uns bis heute von immenser Bedeutung ist. Vielmehr wird dem deutschsprachigen Leser so auch die Chance geboten, Geist und Kultur eben dieser Neuen Welt am Beispiel der Geschichte von Samuel Finley Breese Morse und seiner Telegrafie nachzuvollziehen und vielleicht auch besser verstehen zu lernen, als dies aus der bloßen Betrachtung historischer Daten und Leistungen heraus möglich ist.

In diesem Sinne ist die vorliegende Darstellung weit von jeder Glorifizierung der Person Morses entfernt, zumal sein Biograph auch die schwachen Seiten dieses Mannes aufzuzeigen wußte und, bei aller Bewunderung für das Thema seiner Betrachtungen, nie den großen Zusammenhang aus dem Blick verlor.

Biographischer Teil

von Carleton Mabee

1 Im Schatten von Breed's Hill

Wie Millionen Amerikaner wurde auch Samuel Finley Breese Morse in einem Mietshaus in der Hauptstraße einer Kleinstadt geboren.

Dieses Haus war ein Aristokratenhaus, nicht nur in geistiger, sondern auch in sozialer Hinsicht. Es lag zwischen anderen kastenähnlichen, zwei- oder dreistöckigen Häusern, die mit ihren Eingangstüren, Fenstern und gleichmäßig aufgesetzten Kaminen einen ebenso bescheidenen Eindruck machten wie die Neuengländer selbst, die sie bewohnten. Im eigentlichen Stadtkern waren diese Häuser zwar noch immer größtenteils aus Holz, aber man hatte sie im georgianischen Stil etwas hübscher ausgestattet. Sie zeigten elegante Säulen, jonische Veranden oder hübsche Fenstergesimse, und der schmale Raum zwischen Gartenzaun und Hausfront war mit Blumenbeeten geschmückt. In diesen Häusern wurde Finleys Vater gerne als Gast empfangen, denn als Stadtpfarrer war er eine angesehene Persönlichkeit. Oft war er auf Besuch bei Miß Rusell, die das hübscheste Haus der ganzen Stadt bewohnte, und hier war es auch, daß Finley schon bald die Speisekammer entdeckte. Ferner besuchte sein Vater des öfteren einen gewissen Nathaniel Gorham, der als Präsident des kontinentalen Kongresses die innersten Gedanken zahlreicher Revolutionäre zum Ausdruck brachte, indem er versuchte, den Bruder des preußischen Königs als König für die Vereinigten Staaten zu gewinnen.

Charlestown war eine Hochburg des Föderalismus, ebenso wie Boston, das man über die Charles-River-Brücke in wenigen Minuten zu Fuß erreichen konnte. Als Amerikaner waren die Einwohner von Charlestown stolz auf ihre Unabhängigkeit, aber als Föderalisten sympathisierten sie eher mit ihrem neuesten Feind England als mit Frankreich, ihrem jüngsten Bundesgenossen. Die besser situierten Bürger, diejenigen also, die die Gesellschaft des Stadtpfarrers suchten, machten nicht die Engländer, sondern die amerikanischen Draufgänger für die amerikanische Revolution verantwortlich. Sie waren der Meinung, daß diese demokratischen Hitzköpfe den Krieg vom Zaun gebrochen hätten, einen Krieg, der über Bunker Hill hinweggerast war und vom höher gelegenen Breed's Hill gerade über ihren Häusern gewütet hatte.

Die Engländer hatten fast kein Haus verschont, und das erste später wieder instand gesetzte Haus war jenes, in dem Morse geboren wurde.

Pfarrer Jedidjah Morse war damals noch nicht lange in der Stadt. Als der junge Geistliche zum erstenmal in die Kirche kam, gab es bereits eine Spaltung zwischen den orthodoxen und den liberalen Gemeindemitgliedern. Die Gemeinde hoffte, daß er sie beenden würde.

Jedidjah, damals 28, war ohne Zweifel ein Gelehrter. Die Gemeinde wußte, daß er bereits ein Fachmann auf dem Gebiet der Geografie war, der Verfasser des ersten Lehrbuchs der Erdkunde, das je in Amerika gedruckt wurde. Sie hatten ihn als Hilfsprediger auf der Kanzel gehört und wußten, daß er kurze Zeit in seinem Heimatstaat, Connecticut, und auch in Georgia als Seelsorger gearbeitet hatte. Er gefiel ihnen und deshalb hatten sie ihn einstimmig gewählt.

Als der junge Geistliche die Bestallungspredigt von Jeremias Belknap, einem Historiker und Pfarrer der Bostoner Federal Street Church, hörte, wußte er, wie sehr sich der Bostoner Pfarrer für ihn eingesetzt hatte, um ihn nach Charlestown zu bringen. Als Jedidjah mit der Veröffentlichung seiner ersten vollständigen amerikanischen Erdkunde herumspielte, hatte er sich um einen Posten an einer New Yorker presbyterianischen Kirche beworben. Einer der Kirchenvorsteher, der gelehrte Generalpostmeister Hazard, hatte sich seiner freundlichst angenommen. Durch dessen Vermittlung hatte er den Hochwürden Mr. Belknap kennengelernt.

Als guter Freund hatte Hazard durchblicken lassen, daß seine Geografie auf Kosten der Theologie zu viel Zeit in Anspruch nahm. Und so kam es, daß der hochwürdige Mr. Belknap ihn durch Hazard auffordern ließ, den Posten eines Hilfsgeistlichen in der kongregationalistischen Kirchengemeinde von Charlestown anzunehmen.

Bei der Installation behandelte sein Freund die Pflichten des geistlichen Berufes und streifte auch die verhängnisvollen liberal-orthodoxen Spaltungen in der Gemeinde, indem er sagte:»Durch die eingehende Behandlung verschiedener umstrittener Punkte würde man den Parteigeist nur noch schüren, aber es gereicht der Erbauung nicht zum Vorteil.«

Der neue Pfarrer kümmerte sich nicht viel um den guten Rat Belknaps, weder in bezug auf die Meinungsverschiedenheiten in der Gemeinde noch betreffs der Schicklichkeit unverheiratet nach Charlestown zu kommen. Im Haus des Generalpostmeisters in New York hatte Jedidjah zum erstenmal ein Mädchen angetroffen, das er heiraten wollte. Hazard hatte bei dem Großvater des Mädchens, Dr. Samuel Finley, dem kalvinistischen Präsidenten der Hochschule in New Jersey, der späteren Universität Princeton, studiert. Nach dem Tod des Präsidenten Finley war sein Schwiegersohn, der Richter Breese aus Shrewsbury in New Jersey, mit seiner Tochter Elizabeth öfter in der New Yorker Wohnung von Hazard zu Gast. Es war die lebhafte Art Elizabeths, die den jungen Geistlichen faszinierte und die sie offenbar von ihrer Mutter und ihrem Vater gleichermaßen geerbt hatte.

Auf seinen Fahrten nach dem nahegelegenen Elizabethtown, wo sich der junge Pfarrer mit dem Drucker seiner Geografie beriet, benützte Jedidjah manchmal die Gelegenheit, der Küste entlang nach Shrewsbury

S. F. B. Morse: Jedidjah Morse, der Vater des Künstlers und Erfinders (Privatbesitz Mrs. Russell Colgate).

19

weiterzureisen, wo er die Tochter des Richters Breese aufsuchte. Er dürfte sich selbst zu den »netten« New Yorkern gezählt haben, die in seinem wohlbekannten *Gazetteer* beschrieben wurden, wenn sie zu »Gesundheits- und Vergnügungszwecken« in die Bezirksstadt Shrewsbury fuhren. Der Generalpostmeister Hazard wußte, daß Morse Elizabeth heiraten wollte. Er war noch Junggeselle am Tag seiner Installation, aber einen Monat später ging er nach Shrewsbury, um Elizabeth zu heiraten. »Eine wertvolle Frau, und, wie ich glaube, wirklich fromm«, so lautete Hazards Urteil über sie. Und als Mr. und Mrs. Belknap im Juni die junge Frau bei einer Abendgesellschaft trafen, machte sie auf Belknap einen günstigen Eindruck. Sie war hübsch. Sie besuchte die Belknaps öfter und ging regelmäßig mit Mrs. Belknap aus, um in Boston Einkäufe zu machen.

Da es seine feste Überzeugung war, daß das internationale Freimaurertum eine Bedrohung sei, daß der französische jakobinische Liberalismus die amerikanische Staatsordnung gefährde, daß die unitarischen Auffassungen die Stabilität der vom Staat unterstützten Kirche unterminiere, zog er dagegen mit aller Kraft los. Und nachdem sein gerechter Zorn größtenteils von seiner Gemeinde in Charlestown geteilt wurde, überschritt er sogar die sicheren Grenzen seines Amtes. Er war ebenso stark in seiner Sympathie wie in seinem Haß, ebenso von spontaner Freigebigkeit – nicht nur gegenüber der Schwarzenbevölkerung von Charlestown, sondern auch gegenüber den Indianern im Hinterland und den Einwanderern, die ihn als Dr. Morse Edinburgh L. L. D. sowie als Verfasser von geografischen Werken kannten, die sie auf Amerika gemeinsam gemacht hatten. War er in den Augen seiner Frau allzu freigebig, setzte sie ihm Grenzen.

Obwohl Mrs. Morse eher umsichtig war, konnte sie auch oft heftig sein. Sie war sicher in ihrem Urteil und sich ihrer Aufgabe wohl bewußt, das Gute vom Schlechten unterscheiden zu müssen. Sie war charmant in ihrem Auftreten, lebhaft in ihren Gesprächen und hatte einen starken Willen. Als ein neues, weißes, viereckiges Pfarrhaus auf Town Hill, neben der Kirche, gebaut wurde, bestimmte sie und nicht ihr Mann, wo die Türen und Schränke angebracht werden mußten. Sie fürchtete sich nicht, sich nach den Entscheidungen ihres Mannes zu erkundigen und sogar ein wenig zu schmollen, wenn sie ihr nicht paßten. Auf diese Weise öffnete sie ihren Kindern den Weg zur geistigen Unabhängigkeit, die damals ungewöhnlich war. Sie verkörperte die beruhigende Gemütlichkeit bei den tiefernsten Gesprächen ihres Mannes mit Kollegen oder Gelehrten, mit Pfarrern, die in Schwierigkeiten waren, mit Verteidigern eines Marineprojektes für Charlestown oder eines Kanals zwischen Charles und Merrimac, des ersten Kanals im Land.

Morse und seine Frau hatten der Bevölkerung von Charlestown fast zwei Jahre gedient, als ihr erster Sohn am 27. April 1791 geboren wurde, und zwar in unmittelbarer Nähe von Boston, wo Franklin, dessen Name oft mit dem seinen in Verbindung gebracht wird, geboren wurde. Es war noch kein Jahr vorüber, seitdem Franklin für immer die Augen geschlossen hatte. Die Mutter hatte das Vorrecht, die Namen wählen zu dürfen, mit denen ihn sein Vater am nächsten Samstag im Gebetshaus von Town Hill taufte. Seine Eltern nannten ihn Samuel Finley nach seinem Großvater müttlerlichseits, Professor in Princeton, und dann fügten sie noch Breese hinzu, den Familiennamen seiner Mutter. Mit vollem Namen hieß das Kind also Samuel Finley Breese Morse, aber zu Hause nannte man ihn Finley.

Die Eltern waren sehr erfreut über die freundlichen Glückwünsche von Belknap, Dr. Witherspoon von Princeton und die des Generalpostmeisters. Sie waren so stolz, daß sie Angst hatten. Durften sie wirklich so glücklich sein in der Liebe zu ihrem Kind? War es in einer so schlechten Welt richtig, daß sie, als Diener des Herrn, sich so um ein Menschenkind sorgten, selbst wenn es ihr Sohn war? Seinen Freunden gegenüber äußerte der Vater seine Bedenken, aber Hazard antwortete: »Haben Sie eine hohe Meinung von Meister Finley? Wie wenig wissen ledige und kaum verheiratete Menschen von den Gefühlen eines Vaters. Machen Sie sich keine Gedanken und lieben Sie ihren Sohn.«

Schon bald vergaßen seine Eltern ihre Befürchtung, ihn zu sehr zu lieben. Innerhalb von fünf Jahren bekamen sie noch zwei Söhne, mit Finley die einzigen von den elf Kindern, die am Leben blieben – so daß sie nur Finley, Sidney Edwards (Finley nannte ihn erst Edud, dann Edwards und schließlich Sidney) und Richard ihre »lieben Buben« nennen konnten. Es freute sie, daß die Jungen gesund, verspielt und voll Humor waren wie Großvater Breese.

2 Hase und Schildkröte

Die ersten Anzeichen, daß in ihm ein Maler steckte, offenbarten sich bei Finley bereits im Alter von vier Jahren, wie er sich später noch gut erinnerte. Damals trottete er aus dem neuen Pfarrhaus auf Town Hill der Kirche entlang, um, kaum hundert Meter hinter dem von Bulfinch entworfenen Turm, die Schule von Old Ma'am Rand zu besuchen. Da sie gebrechlich war, hielt sie mittels eines spanischen Rohrs Ordnung unter ihren Schützlingen. Eines Tages kratzte Finley mit einer Stecknadel ein Bild von ihr auf eine Kommode. Da ihr das Bild nicht gefiel, wurde der Künstler mit einer Nadel fest an ihr Kleid geheftet, damit sie ihn besser beaufsichtigen könnte. Er riß sich aber los, nahm dabei ein Stück ihrer Kleidung mit und zog sich in eine entlegene Ecke zurück. Aber auch dort erreichte ihn das allgegenwärtige spanische Rohr. Seit den Schlägen von Old Ma' bis zum endgültigen Schlag, den seine Malerlaufbahn in der Rotundenangelegenheit erlitt, konnte er immer wieder feststellen, daß sich die Aufnahme seiner Arbeiten nach der Qualität seiner Kunst richtete.

Er war launenhaft und unbeständig. Seine Stimmungen änderten sich ebenso rasch wie die Schatten der Ulmen auf Town Hill.

Sein Vater warnte ihn vor dieser wankelmütigen Veranlagung. »Beginne nicht mehrere Dinge zur gleichen Zeit. Hast, Lärm und Aufregung sind die unmißverständlichen Symptome eines schwachen und leichtsinnigen Charakters.«

Er war gerade das Gegenteil von seinem Bruder Sidney. Eines Tages sagte der Vater den beiden Jungen: Keiner sei so, wie er sein sollte. Finley sei ein Hase, viel zu beweglich; Sidney eine Schildkröte, viel zu starrköpfig. Aber die Namen waren ähnlich, und die Brüder hielten zusammen; und wenn sich auch der Hase rascher des öffentlichen Beifalls bemächtigte als die Schildkröte, so unterzeichneten sie doch ihre Briefe in herzlicher Liebe mit Zeichnungen eines Hasen und einer Schildkröte.

Y.º Aff. brother as ever
Sam.¹ F.B. Morse.

Sidney E. morse, Esq

I give it up.

In ihrem puritanischen Glauben an die positive Kraft der Erziehung schickten ihn die Eltern im Alter von sieben Jahren zur Schule. Die Familie Phillips hatte, nur 45 km nördlich von Boston, zur Förderung »wahrer Frömmigkeit und Tugend« eine Lehranstalt, die Phillips-»Academy«, errichtet. Die Gründer waren ohne Ausnahme kalvinistisch. Der erste Vorsteher war Eliphalet Pearson, ein treuer Freund des Pfarrers Morse. Das Porträt, das Finley später von ihm malte, wurde eines seiner schönsten Bilder. Finleys Vater war einige Zeit Kuratoriumsmitglied dieser Anstalt.

Das einzige offizielle Dokument, das die Lehranstalt von Andover über Finley bewahrt hatte, erwähnt acht Minuspunkte für Orthographie und achtzehn für Flüstern.

Die Eltern versuchten, ihn zur Vernunft zu bringen. Sie schickten ihm die Abschrift einer Ausstellungsansprache und baten ihn, diese auswendig zu lernen. Sie gaben ihm Belohnungen für »Fortschritte«, wie Bücher, Süßigkeiten und »Nüsse«, die – wie seine Mutter hoffte – »ihm schmekken« würden. Sie ließen ihn öfter nach Charlestown zu Besuch kommen und bewirteten ihn ausgiebiger, wenn er zu Hause war. Sie versuchten, seine Selbstkontrolle zu steigern, indem sie von ihm eine Abrechnung über sein Taschengeld verlangten, und gaben ihm den Rat, ein Tagebuch zu führen, die Bibel zu lesen, seine Morgen- und Abendgebete zu verrichten, jeden Sonntag einen Brief über die Predigt zu schreiben und ihre Briefe wiederholt zu lesen.

Gelinde gesagt, war das Ergebnis seiner Studien ein schwankendes. Das eine Mal war er der Erste seiner Klasse, und einige Wochen später wurde er von seinem Aufseher beschrieben als »rücksichtslos in bezug auf die Wahrheit – eitel – und der Letzte seiner Klasse«.

Bald fand er die für ihn so notwendige Freundschaft bei Samuel Barrel aus Charlestown und seinem Bruder Sidney. Obwohl Finley im Alter von

S. F. B. Morse: Eliphalet Pearson, Professor in Harvard und
Andover 1817 (Addison Gallery of American Art, Phillips
Academy, Andover/Massachusetts).

elf Jahren und Sidney mit acht Jahren gleichzeitig in dieselbe Schulklasse
eingeschrieben wurden, und Sidney schon bald die Zufriedenheit der
Lehrer für seine Ausdauer erntete, wirkte die Anwesenheit der Schildkröte keineswegs beängstigend auf den Hasen.

Während des ersten Sommers tröstete er sich mit Brombeeren. »Ich
kann so viele Brombeeren haben, wie ich will«, schrieb er seinem Vater,
»denn ich gehe auf die Suche und pflücke sie selbst.« Dazu kam dann
später die Freude beim Lesen von Büchern, die nicht auf den vorgeschriebenen Listen standen. Die Lektüre von Plutarchs *Lebensbeschreibungen* soll
seinen Ehrgeiz, wenn auch nur vorübergehend, angeregt haben. Seine
Mutter bat Dr. Morse, ihm das Buch von Janeway, *Wertvolles für Kinder*, zu
schicken, weil es auf sie in ihrer Jugend einen großen Eindruck gemacht

24

hatte. Wenn daraus laut vorgelesen wurde, konnte Dr. Morse mit Freude feststellen, daß Sidney »sich aus freien Stücken zurückzog und seine Gebete verrichtete«. Vielleicht hat es auch Finley in einer seiner verzweifelten Anwandlungen, sich zu bessern, gelesen.

Eine andere Erholung für den launenhaften Jungen bildete das Malen und das Zeichnen. Erst behalf er sich mit einer Kommode, auf die er zeichnete, später tauschte er diese gegen ein Zeichenbuch und sogar gegen Elfenbein ein. Dr. Morse äußerte sich hocherfreut über seine Malereien und schickte dem Großvater des Jungen ein Bild mit der Erklärung: »Er hat es selbst erlernt – ohne jede Anleitung.«

Wenig später bestand Finley die Aufnahmeprüfung in Yale. »Dr. Dwight, Präsident des Yale-College, war hier, und ich machte mit S. B. Barrel und meinem Bruder Edwards die Aufnahmeprüfung für dieses College und wurde aufgenommen.« So einfach es war, diesen Bericht über seine Aufnahme in seinem Tagebuch festzulegen, so schwer fiel ihm, monatelang zu Hause zu sitzen, das Vieh zu hüten, für Nancy Holz in der Küche zu stapeln, die Korrekturbogen für die letzte Ausgabe der Geographie über die Zollbrücke nach Boston zu bringen, seine Malerei aufzunehmen und gleichzeitig seine Äneis, Sallust, Graeca Minora und das Neue Testament für Dr. Dwight zu büffeln. Aber jetzt war er endlich aufgenommen worden, und die Familie entließ ihn mit der Bitte, ein für allemal zufrieden zu sein.

Mit seinen 14 Jahren machte er ganz allein die Reise nach New Haven. Nach drei Reisetagen setzte ihn die Postkutsche abends bei einem Wirtshaus gegenüber dem Gemeindehaus ab, und am fünften Tag kam er in New Haven an. Von allem Anfang an war er enttäuscht; es war sein Ideal, im College selbst wohnen zu können, in einem der beiden Quadrate, die die grüne Fläche der Breite nach unterbrachen. Ein Zimmer in der Stadt konnte ihm, so meinte er, das Wesen von Yale ebensowenig offenbaren wie der Aufenthalt im Elternhaus.

Während er seinen Vater immer wieder bat, im College wohnen zu dürfen, konnte er wenigstens die Umgebung der Anstalt genau studieren. Mit seinem Gewehr durchstreifte er die Wälder um New Haven, bis ihm seine Eltern diese »Schrulle« untersagten. Sein brauner Rock für den Alltag und der blaue für Sonntag genügten ihm nicht. Er verlangte einen »gut sitzenden Rock«, um gut gekleidet zu sein. Es war sein Traum, im College in einem gemeinsamen Zimmer mit einem Stubenkameraden wohnen zu können, dort Schnaps, Wein und Zigarren zu haben. Mit seinem Studium stand es schlecht.

Im Lauf des Winters kam der lang erwartete Brief aus Charlestown, mit der Mitteilung, daß die Eltern einverstanden wären und er im College wohnen dürfe. Hocherfreut übergab er diese Nachricht dem Vorsteher der Anstalt. Der Präsident und Tutor waren beide der Meinung, daß Finley eine »Abneigung gegen das Studium« habe, und es war peinlich, daß der Tutor diese Entdeckung unmittelbar an seinen Vater weiterleitete, der 1783 in Yale eingetreten und 1786 Tutor in Yale gewesen war. Der Tutor erklärte:

»Seine Homer-Arbeiten sind gelegentlich zufriedenstellend, aber im Horaz sind die Resultate vollkommen unzureichend. Er scheint sich mit seinen Studien nur so weit zu befassen, als es unumgänglich nötig ist, und ich befürchte sehr, daß er, wenn er seine Lebensweise nicht ändert, in kurzer Zeit zum Schlechtesten der Klasse herabsinken wird. Mit Dr. D. habe ich öfter über Ihren Sohn gesprochen… Wir bedauern außerordentlich, feststellen zu müssen, daß seine Abneigung gegen das Studium unüberwindlich scheint & es ist kaum zu erwarten, daß seine Aufnahme hier im College ihm in beträchtlichem Ausmaß zu seinem Vorteil oder Glück gereichen wird.«

Der Hase setzte seinen schwankenden Weg fort. Es freute ihn, hübsch und flott zu sein. Er bekam eine Vorliebe für eitle, lustige Kameraden und kostspielige Vergnügungen. Obwohl es die Gesetze von »Papst« Dwight den Studenten untersagten, gewisse Stadtlokale, wo Tanzen, Kartenspiel, Weintrinken und Theatervorstellungen erlaubt waren, zu besuchen, wurden diese Vorschriften nicht selten von Finley verletzt, aber er war darin bestimmt nicht der einzige. Regelmäßige Spaziergänge freuten ihn überhaupt nicht. Trotz seiner guten Vorsätze ergriff ihn wiederum die Leidenschaft für die Jagd. Er hatte noch eine besondere Schwäche: schlechte Bücher.

In der Buchhandlung Beers & Howe, wo er seinen Vater mit dem Ankauf verschiedener Gegenstände, wie zum Beispiel eines Federmessers, eines Klappstuhls und von Schlittschuhen belastet hatte, kaufte er eines Tages auch eine Sammlung Essays von Montaigne. Stolz schrieb er seinem Vater, weshalb er diese gottlosen Bücher gekauft habe. »Sie sind deshalb so billig«, erklärte er, »weil es für mich und für jeden anderen gefährliche und schlechte Bücher sind. Ich kaufte sie, weil sie billig waren, und tauschte sie für eine hübsche englische Ausgabe von Gil Blas um, die 4.50 Dollar kostete.«

Dr. Morse, der bereits bekannte Verfasser mehrerer geographischer Lehrbücher und Lexika, einer Biographie über Washington, einer Geschichte über Neuengland und Dutzender Flugschriften, war entrüstet, daß sein Sohn den Wert von Büchern nicht unterscheiden konnte. Montaigne taugt nicht, schrieb er dem Jungen, und *Gil Blas* ist nicht nötig. Alle Bücher, die er eben gekauft hatte, mußten zurückgegeben werden. »Die Herren B[eers] & Howe werden bereit sein, sie zurückzunehmen, wenn sie – wie ich annehme – nicht beschädigt sind, denn ich habe ihnen verboten, mit dir in Rechnung zu stehen oder dir Bücher zu liefern, ausgenommen wenn Mr. Twining [sein Tutor] oder ich dafür einen Auftrag erteile.« Beers und Howe hatten seinerzeit von Dr. Morse die Vertretung in New Haven für den Verkauf seiner geographischen Werke erhalten, weshalb er sie freundlichst gebeten hatte, Finleys Wünschen entgegenzukommen. Jetzt aber hatte der Sohn den Beweis geliefert, daß ihm der amerikanische Geschäftsgeist fehlte. Er war nicht klug, weder beim Einkauf noch beim Tausch. »Eine Sache«, so schrieb er ihm, »die für dein Glück äußerst wichtig ist, hast du noch nicht gelernt, nämlich den *Wert des Eigentums.*«

Wie seinerzeit in Andover, so schrieben ihm auch jetzt seine Eltern, er möge sich seiner eigenen Dummheit, seiner »launenhaften Veranlagung« und »natürlichen Unbeständigkeit« bewußt werden und den festen Entschluß fassen, diese zu überwinden. Er faßte den Entschluß, und seine Briefe wurden daraufhin mit väterlicher Einsicht gelesen. Von seinen Studienkollegen erfuhren seine Eltern genau dasselbe, was er nach einer Woche Selbstkritik in seinem Tagebuch feststellen mußte, daß er sich jeden Tag höchstens drei bis vier Stunden mit seinen Studien befaßte. Finleys Eltern schickten ihm Briefe mit Mahnungen, die seinen eigenen guten Vorsätzen entnommen waren.

Nach dem verhängnisvollen Jahr 1807 zeigte sich ein Hoffnungsschimmer, als auch sein braver Bruder Sidney nach Yale kam. Unter dem Einfluß eines gewissen Predigers setzte dort sogar eine Periode auffallenden »Ernstes« ein, und die Mutter fühlte sich erleichtert, daß die beiden Jungen sich in New Haven befänden und nicht »in Cambridge, inmitten all der dummen Bubenstreiche« – aber auch da war es Sidney und nicht Finley, der Dr. Dwight aufsuchte, um über ein neues Leben zu sprechen. Wenn die Tutoren ihre Zufriedenheit über die beiden Brüder zum Ausdruck brachten, drangen die Eltern doch nur in Sidney, damit er sich um Auszeichnungen und Preise bemühe. Die Schildkröte setzte den Hasen unter furchtbaren Druck, und der Hase entschloß sich tatsächlich zu einem rascheren Lauf, nur konnte sein Ziel unmöglich das Ziel der Schildkröte sein.

Soweit Finley sich nicht mit lustigen Studentenstreichen beschäftigte, interessierte ihn nur ein bestimmtes Fachgebiet. Yale hatte damals insgesamt drei Professoren, die alle mit Dr. Morse befreundet waren. Bei Professor Jeremias Day, später Präsident von Yale, und bei Benjamin Silliman, der später als Herausgeber der einzigen wissenschaftlichen Zeitschrift Amerikas berühmt wurde, hörte Finley Vorlesungen über Elektrizität. Der Stoff war neu und greifbar, wenn auch geheimnisvoll für ihn. In seinen Vorlesungen über Naturphilosophie sprach Professor Day über den Lehrsatz: Wenn man den elektrischen »Strom unterbricht, wird das Fluidum sichtbar, und wenn er wieder weiterläuft, läßt er eine Spur auf jedem dazwischen liegenden Gegenstand zurück.« Dieser Grundsatz wurde der Klasse in zweifacher Weise experimentell vorgeführt. Erstens ließ er, im verdunkelten Klassenzimmer, das »Fluidum« durch eine Kette strömen und zeigte, wie dieses »Fluidum« zwischen den Kettengliedern sichtbar wurde. Zweitens legte er an die Stellen, wo der Strom floß, kleine Papierstreifen und konnte nachweisen, wie das Papier durchstochen wurde. Auf diese Weise konnte die Anwesenheit des »Fluidums« an jeder beliebigen Stelle des Stroms mit Leichtigkeit nachgewiesen werden.

Finley war sehr beeindruckt. Im Lauf seines zweiten Juniorenjahres schrieb er seinen Eltern: »Meine Studienfächer sind im Augenblick: *Optik* in der *Philosophie, Sonnenuhr,* Homer, ferner Diskussion, Aufsätze, Vorlesungen usw. usw. Ich finde alle sehr interessant, besonders die Vorlesungen von Dr. Day, der jetzt die Elektrizität behandelt.«

Während die kurzen Klassenstunden über Elektrizität ihn wahrscheinlich zum Studium antrieben, nahm ihn eine andere, nicht im Lehrplan verzeichnete Beschäftigung ganz in Anspruch. In seinem Schlafzimmer hatte *Geografie,* wie seine Studienkollegen ihn zu nennen pflegten, ausgezeichnete Möglichkeiten, seine Freunde zu unterhalten. So hatte er mit Bleistift und Farbe auf der einen Wand ein Phantasiebild gemalt, das er folgendermaßen betitelt hatte: »Freshman besteigt den Hügel der Weisheit«. Es war die Darstellung einiger kleiner Buben, die auf Händen und Füßen den Gipfel der Erkenntnis zu erklimmen versuchten. Auch mit Karikaturen dürfte er sie belustigt haben. Eine Legende behauptet, daß die Karikatur eines Professors erwischt und Dr. Dwight übergeben wurde. Die Rüge des Präsidenten war nicht imstande, ihn reumütig zu stimmen, aber seine Bemerkung: »Morse, Sie sind kein Maler, das ist ein plumper Versuch, ein kompletter Fehlgriff«, riefen Tränen bei ihm hervor. Als Beispiel seiner Leidenschaft für die Kunst machte diese Geschichte einen glaubwürdigen Eindruck. Morse selbst hat die Geschichte zur Gänze in Abrede gestellt, aber die Dementierung hat ihm auch nach seinem Tod nichts genützt.

Während seiner ersten beiden Jahre im College scheint er die Pinsel nur wenig oder gar nicht berührt zu haben. Aber in seinem Juniorenjahr fand er nicht nur eine gewisse Befriedigung im Malen, sondern auch die Freude der Anerkennung.

Als Freshman Zedekias Barstow eines Tages in seinem Zimmer seine Malereien bewunderte, fragte er ihn:»Kannst du nicht ein Bild von mir malen?« Darauf erwiderte er sofort:»Ich mache es«, und das Bild, das jetzt unter der Hand des selbstbewußten Jünglings entstand, überraschte das Modell durch seine Ähnlichkeit. Finley wurde rasch bekannt, und obwohl er für dieses Bild kein Geld annehmen wollte, entdeckte er dennoch eine bequeme Möglichkeit, sein Taschengeld zu erhöhen. Am Ende seines Juniorenjahres hatte er eine Preisliste: einen Dollar für ein einfaches Profilbild, fünf Dollar für eine Miniatur auf Elfenbein.

Bevor er das College verließ, hatte er ein Profilbild von Professor Kingsley gemalt, der sich sehr darüber freute, ferner Elfenbeinminiaturen von Miß Leffingwell in New Haven, von Joseph Dulles, einem Studienkollegen, der für seine Jahre einen sehr ernsten Eindruck macht, sowie von sich selbst. Man ersuchte ihn auch, ein»Trauerbild« für Frau Phillips in Andover zu malen sowie sein erstes Gruppenbild: Die ganze Familie ist zu Hause um einen Tisch versammelt, aber der Globus seines Vaters spielt sozusagen die Hauptrolle.

Trotz seiner Begeisterung für die Zusammenstellung von Batterien und der Befriedigung, seinen Kollegen durch seine Malerei imponieren zu können, fand *Geografie* keine Ruhe. Im Juli seines Juniorenjahres fühlte er sich matt, lustlos, der Disziplin überdrüssig und spielte mit dem unnützen Gedanken, seinen Eltern zu drohen, noch bevor das Studienjahr vollendet war, die Flucht zu ergreifen und nach Hause zu kommen.

Finley war das schwarze Schaf der Familie. Während er bei seinen Studien mehr Glück als Verstand hatte, waren seine Brüder ausgezeichnete Schüler, wohlbewandert in den religiösen und klassischen Lehrfächern, wie sie es ihr ganzes Leben hindurch geblieben sind. Bei ihnen deckten sich Pflicht und Veranlagung vollkommen, er aber suchte eine ständige Befriedigung außerhalb des Lehrbetriebs. Im Lauf seines letzten Jahres in Yale kam er zu der Überzeugung, daß die Malerei ihn fesseln könnte.

S. F. B. Morse: Familienbild um 1810, mit dem Globus des Vaters als zentralem Motiv. Zwischen Vater und Mutter: Samuel F. B. Morse, links vom Vater: Richard und Sidney (U.S. National Museum, Washington).

Zwei Monate bevor er Yale verließ, entwarf er einen Zukunftsplan. Er war Washington Allston begegnet und hatte ihn vom ersten Augenblick an verehrt. In dieser übertriebenen Verehrung stand Finley nicht allein.

Finley wußte, daß Allston bald wieder nach England zurückkehren würde und schrieb deshalb an seine Eltern:

»Ich glaube noch immer, daß ich zum Maler geschaffen bin, und ich wäre Euch sehr verbunden, wenn Ihr die Euch passenden Vereinbarungen mit Mr. Allston treffen würdet, damit ich mit ihm studieren kann. Gerne möchte ich während des Winters mit ihm studieren und, nachdem er beabsichtigt im Frühjahr nach England zurückzukehren, würde ich es außerordentlich begrüßen, wenn es mir möglich wäre, mit ihm zu fahren.«

Die Antwort war verschleiert. »Deine Mutter und ich haben für dich nachgedacht und Pläne entworfen. Ich werde dir unseren Plan vorlegen, sobald wir uns treffen. Gedulde dich also inzwischen.« Einige Tage vor Schulschluß wurde ihm endlich der Plan seiner Eltern bekanntgegeben.

Mit einem unglaublichen Stolz, als ob er ebensoviel Geschäftsgeist auf diesem Gebiet besäße wie sie, schrieb er, daß er sich entschlossen habe, ihrem Plan, ihn zum Büroangestellten zu machen, zuzustimmen, und zwar, um sie für alle Unannehmlichkeiten zu entschädigen, die er ihnen verursacht hatte. Und er fügte hinzu: »Ich bin so niedergeschlagen, daß ich fortwährend weinen könnte.«

Die wenigen letzten Wochen in Yale schlichen dahin, während er auf Jeanette Hart aus Saybrook »wartete«. Sie war eine der berühmten Schwestern, die als »die schönen Miß Harts« bekannt waren. Die schwärmerischen Abende, die er mit Jeanette verbrachte, wobei sie einander vorlasen

S. F. B. Morse: Selbstporträt aus dem Jahr 1808 oder 1809. Miniatur auf Elfenbein, entstanden in Yale (National Academy of Design, New York).

oder durch die Stadt schlenderten, klingen noch in der »Überlieferung« der Familie Hart nach, wonach Jeanette die Verlobte eines »jungen Künstlers war, der später auf anderem Gebiet einer der hervorragendsten Männer unseres Landes wurde«.

Als Finley New Haven verließ, versuchte er rasch eine Schuld an die Universitätskantine – für Bäckereien, Austern, Zigarren und ähnliches – zu begleichen und bot die Elfenbeinminiatur des Studenten Asahel Nettleton zum Verkauf an, der dort als Diener arbeitete. Für dieses Porträt bekam er wenigstens sieben Dollar. Aber tatsächlich hatte er noch Schulden von über hundert Dollar, als er von New Haven wegging. Manche Gläubiger staunten wirklich darüber, daß sie später gelegentlich bezahlt wurden.

Er ging von Yale weg, wie er die Phillips-Academy verlassen hatte, ohne die geringste Spur einer Auszeichnung. Fieberhaft an seinen Miniaturen arbeitend, dürfte er sich kaum vorgestellt haben, daß diese berühmten Lehranstalten der Vereinigten Staaten ihn nach mehr als 100 Jahren zu ihren hervorragendsten Studenten zählen würden. Die Jahresberichte der Phillips-Schule in Andover teilen mit, daß von ihren Absolventen nur Morse und Oliver Wendell Holmes einen Platz in der Erinnerungshalle gefunden haben. Auch in den Annalen von Yale treffen wir ihn unter fünf anderen Absolventen seiner Zeit an, von denen drei seine Freunde wurden: Benjamin Silliman, James G. Percival, Lyman Beecher, John C. Calhoun und Fenimore Cooper.

3 Ein mißratener Sohn?

Pflichtgemäß kehrte Finley nach Charlestown zurück, um sich weiterhin der unliebsamen Bücherwelt zu widmen. Aufgrund der Anordnungen seiner Eltern arbeitete er in der Buchhaltung von Daniel Mallory, einem Verleger seines Vaters, der in der Nähe von Scollay Square in Bostons Buchzentrum sein Büro hatte. Die traurige Pflicht hielt ihn dort von neun Uhr früh bis halb eins und von drei Uhr bis abends gefangen. Um ein Uhr besuchte er einen Kurs in Anatomie, um sich in der Malerei weiter auszubilden. Wenn er abends nach Hause ging, machte er gerne einen Abstecher in das Atelier von Allston in Court Street, um bei dem bewunderten Meister einen Hauch wohltuender Ermutigung zu verspüren. Dann ging er über die Charles-River-Brücke in das Pfarrhaus, wo er in einem Zimmer, das für diesen Zweck oberhalb der Küche für ihn eingerichtet war, seine Abende »ausnützen« konnte. Dort, im Schein seiner neuen Lampe – es war eine »Patentlampe mit Zylinder« für sechseinhalb Dollar –, schauten ihm seine Freunde beim Landschaftsmalen zu. Wenn sie auch erklärten, daß es »ganz gut« sei, so war er selbst doch nicht zufrieden. Der Ehrgeiz gab ihm eine größere Ausdauer, als die Disziplin von Yale ihm jemals hätte beibringen können. Nach wenigen Monaten mußten seine Eltern widerstrebend zugeben, daß ihr Junge sein Herz nicht der Feder verschrieben hatte, die sie ihm bei Tag in die Hand drückten, sondern dem Pinsel, den er abends handhabte.

Nur eine verschwindend kleine Minderheit im Boston von 1810 betrachtete die Malerei als einen annehmbaren Beruf. John Singleton Copley war der erste, der damit angefangen hatte. In reichem Überfluß auf Beacon Hill lebend, hatte Copley in der herrlichen Zeit vor der Revolution prominente Persönlichkeiten von Boston porträtiert. Nachher setzte er sein ruhiges Leben in London fort und verschaffte gemeinsam mit Benjamin West aus Philadelphia den gebürtigen amerikanischen Malern einen gewissen Rang. Der gute Gilbert Stuart rannte noch immer wohlgemut die Wohnungen der Bostoner Aristokratie ab. Im Rückblick mag er vielleicht nicht so auffallend sein wie Allston, aber damals wirkte er mindestens ebenso großartig.

Letzten Endes waren es Stuart und Allston, die Finley den Besitz seines Pinsels sicherten. Nachdem Stuart und Allston ein günstiges Urteil abgegeben hatten, traf Dr. Morse seine Entscheidung.

Jetzt hatte die Unsicherheit ein Ende gefunden, er hatte sich entschieden, und durch das günstige Urteil von Allston und Stuart waren Morses Eltern davon überzeugt, daß seine Wahl genügend überlegt sei, um ihre Zustimmung zu finden.

Sie wußten, daß der junge Finley kein vollendeter Maler werden konnte, wenn er nicht im Ausland studierte. Ohne »auf ihre eigenen Gefühle Rücksicht zu nehmen« – was ihnen nicht leicht fiel – und mit großen »finanziellen Opfern«, stellten sie ihn unter Allstons Obhut und drangen in ihn, sich »Gott zu Ehren und zum Heil seiner Mitmenschen« der Malerei zu widmen. So sollte Finley schließlich einer jener auserwählten Menschen werden, die Befriedigung in ihrer Arbeit finden.

Am 15. Juli 1811 segelte das ausgezeichnete Schiff *Lydia* straff vor dem Wind und passierte mit Leichtigkeit die »Narrows«. Finley freute sich aufrichtig, New York hinter sich zu lassen, das in seinen Augen, trotz einiger wertvoller Bekanntschaften durch die Allstons und Washington Irving, im Vergleich zu Philadelphia oder Boston eine geschmacklose Stadt war. Eine leise Unsicherheit schien sich seiner zu bemächtigen, als er den heimatlichen Boden langsam verschwinden sah. Er war jetzt 20 Jahre alt und wollte seine Kräfte auf englischem Boden erproben, wo die eigenen Künstler sehr mächtig waren. Aber auch andere junge Künstler, die diese Reise gemacht hatten, waren Sieger geworden: West, Charles Wilson Peale, Copley, Stuart, Trumbull, Allston. Er versuchte sich einzureden, daß er gute Aussichten habe.

In Liverpool wurde das Schiff von Hunderten von Menschen begrüßt, die über den drohenden Krieg mit Amerika Nachrichten erwarteten. Abgesehen davon, daß der launenhafte Bürgermeister von Liverpool ihnen nur eine Zeitspanne von sieben Tagen für die Fahrt nach London bewilligte, fühlten sich Morse und die Allstons nicht beeinträchtigt, weil sie aus einem kleinen langweiligen Land, jenseits der englischen Meere, kamen.

Als er seinen ersten Brief von London nach Hause schrieb, stellte er sich vor, wie sich seine Mutter an der anderen Seite des Meeres danach sehnte, von seiner Ankunft zu hören. Am Ende seines Briefes schrieb er: »Ich möchte, daß ich Ihnen diesen Bericht in einem einzigen Augenblick weiterleiten könnte; aber 3000 Meilen kann man nicht in einem einzigen Augenblick überspringen, so daß wir vier lange Wochen warten müssen.« Als Morse viele Jahre später diesen Brief wieder las, schrieb er an den Rand: »Bereits in diesem Brief voll Sehnsucht nach der Telegrafie.«

Damit er im Künstlerviertel wohnen konnte, bezog er Zimmer am Buckingham Place. Nr. 4, Fitzroy Square. In London Street wohnten die Allstons und in Newman Street befand sich die geräumige Wohnung von Benjamin West, wo amerikanische Künstler lange Zeit hindurch großzügig bewirtet wurden. Ganz in der Nähe lagen Berners- und Queene-Anne-Street, wo Coleridge und Turner bald einziehen sollten.

Allston machte ihn mit West bekannt, dem aus Pennsylvania gebürtigen Präsidenten der Royal Academy. Das war ein bedeutungsvoller Augenblick, denn für einen in London arbeitenden amerikanischen Künstler war das Entgegenkommen von West zur Lebensbedingung geworden. Nach dem Tod von Joshua Reynolds 1792 wurde West Präsident der Akademie. Aber schon geraume Zeit vorher war eine lange Reihe amerikanischer Maler von ihm beeinflußt worden, wie zum Beispiel Matthew Pratt, William Dunlap, Charles Wilson Peale, Robert Fulton, Ralph Earle, Gilbert Stuart, John Trumbull, Washington Allston, Edward Malbone, Thomas Sully, Rembrand Peale und Charles B. King.

Der große Mann empfing ihn freundlich. Schon bald fühlte Morse, daß West ihm ein Geheimnis anvertraute, weil er ihm etwas zeigte, das – wie er behauptete – noch niemand vor ihm zu sehen bekommen habe, nämlich eine Skizze für ein neues Bild: *Christus vor Pilatus*. Es sollte eines seiner Riesenbilder werden, oder wie Stuart es ausdrückte, »ein Zehnquadratmetergemälde«.

Unter den freundlichen Anweisungen von Allston bereitete sich Finley für seine Aufnahme in die Kunstakademie vor. Er versuchte eine für ihn neue Technik, nämlich Handzeichnungen mit schwarzer und weißer Kreide nach einer klassischen Skulptur. Schon bald fühlte er sich sicher genug und begann eine Gladiatorenfigur zu zeichnen, die er der Akademieleitung vorlegen wollte. Nach kaum dreiwöchentlichem Aufenthalt in London war die Zeichnung fertig. Allston erklärte, sie sei zwar besser als zwei Drittel der gewöhnlich angebotenen Bilder, aber sie zeige Fehler in der Behandlung der Kreide. West zufolge sei es ein außergewöhnliches Werk, mit allen Anzeichen von Begabung, aber sein technisches Können weise noch gewisse Mängel auf. So begann er aufs neue zu zeichnen und nahm jetzt eine Skulptur, die seines Erachtens die schwierigste war: den Laokoon. Anfang November wurde er aufgrund dieser Skizze als Schüler der Akademie zugelassen. Die Abende verbrachte er in der Akademie, wo er in den Räumen des Somerset House, mit der Aussicht auf die Themse, malte, während er bei Tag seine Arbeit zu Hause fortsetzte. Er befaßte sich nicht nur mit historischen Darstellungen, sondern auch mit Porträts und Landschaftsmalereien. In seiner gewohnten Großzügigkeit stellte West ihm seine eigene Kopie eines Van-Dyck-Porträts zur Verfügung. Morse machte davon wieder eine Kopie, von der Allston ihm erklärte, sie sei wenigstens hundertmal besser ausgefallen, als er erwartet habe. Er hatte gerade eine Landschaft fertig gemalt und arbeitete jetzt an einem Sonnenaufgang. Mit stolzer Hoffnung schrieb er nach Hause:

»Ich setze meine Studien mit steigender Begeisterung fort und hoffe, Euch noch vor Ablauf der drei Jahre von weiteren Auslagen für mich zu befreien. Mr. Allston unterstützt diesen Gedanken aufgrund der raschen Fortschritte, die ich, wie er behauptet, gemacht habe. Ihr könnt davon überzeugt sein, daß es mein einziges Bestreben ist, dies so bald wie möglich zu erreichen.«

Bei seiner Malerei und den Erkundungsfahrten durch London war er meist allein; aber im Dezember kam Charles Leslie zu ihm und teilte mit ihm beide Beschäftigungen. Ebenso wie Morse hatte auch Leslie in seiner frühesten Jugend Beweise seines Zeichentalents gegeben und wurde, entgegen seinen Neigungen, in eine Buchhandlung gesteckt. Er hatte die Theater von Philadelphia immer wieder besucht, ferner die berühmten Museen von Charles Wilson Peale und die geliebten Ateliers von Thomas Sully, bis sein Brotgeber eine außergewöhnlich gute Zeichnung des englischen Schauspielers George Frederick Cooke von ihm entdeckte und eine Hilfsaktion ins Leben rief, die es ihm ermöglichte, zwei Jahre in Europa studieren zu können.

Mit Empfehlungsbriefen von Sully an West und Charles B. King in der Tasche, ging Leslie nach London und bezog eine Wohnung im üblichen Künstlerviertel, in der Nähe von Fitzroy Square. In den ersten Tagen konnte er sich nicht sattsehen an dieser zauberhaften Stadt, die ihm von jungen Schwätzern in Philadelphia beschrieben worden war; aber bald wurde er krank, und seine Zimmer schienen ihm trostlos.

Dann entdeckte Leslie plötzlich, daß Morse und »ich derselben Meinung waren«, worauf sie sich entschlossen, gemeinsam zu wohnen. In der

Great Titchfield Street mieteten sie einige Zimmer, von denen man behauptet, der Maler-Erfinder Robert Fulton habe sie vorher bewohnt. Sie porträtierten einander, jeder vor seinem eigenen Fenster sitzend, Leslie in spanischer und Morse in schottischer Tracht. »Ich bemerke, daß sich seine Kunstauffassungen genau mit den meinen decken«, schrieb Morse. Morse fand in dem drei Jahre jüngeren Leslie einen liebenswürdigen Gefährten und hielt ihn für einen guten Maler.

Gemeinsam mit Leslie besuchte Morse öfter Covent Garden; der zweiten oder dritten Aufführung von Coleridges *Remors* wohnte er in einer Loge bei in Gesellschaft des Autors sowie mit Lamb Allston, King und Leslie. Er selbst schrieb eine Posse und schickte sie unter Pseudonym an einen Komiker, Charles Mathews, den er sehr bewunderte, aber anscheinend erhielt er darauf keine Antwort. Schon damals und auch später in seinem Leben verspürte er einen gewissen Argwohn gegen den enervierenden Einfluß des Theaters. Niemals wäre Leslie mit seiner offenkundigen Unschuld und Begeisterung imstande gewesen, ihn auf diesem Gebiet gegen seine Eltern aufzuhetzen. Der Bruch mit seinen Eltern ist weder seinen Vergnügungen noch seiner Jugend zuzuschreiben. Nein, der Grund lag tiefer und ist in seiner politischen Laufbahn zu suchen.

Die ohnehin so schwachen freundschaftlichen Gefühle Englands für die Amerikaner waren im Jahr 1811 noch schwächer geworden. Nicht genug damit, daß ihnen Napoleon auf dem Kontinent den Absatzmarkt, den die Engländer für unantastbar hielten, streitig machte, setzte jenseits des Ozeans die demokratische Verwaltung des Präsidenten Madison ihre Arbeit fort und schränkte den englischen Handel immer mehr ein. Morse jedoch war, als Neuengländer aus einer angesehenen Familie, ein waschechter Föderalist und daher ein Gegner der amerikanischen Handelssperre. Vielleicht mag seine, im richtigen Moment zum Ausdruck gebrachte proenglische Haltung auch dazu beigetragen haben, daß er sich in England eines so warmen Empfangs erfreuen konnte.

Kaum war er zwei Tage in London, hatte er sich bereits ein Urteil über die Folgen der Handelssperre gebildet: Wenn das so weiterginge, stünde England vor dem Untergang. Angesichts der Kriegsprophezeiungen war er fest davon überzeugt, daß die Engländer einen Ausgleich mit Amerika wünschten. Sie seien, schrieb er, ebenso große Kriegsgegner »wie der bessere Teil des amerikanischen Volkes«, zu dem er zweifellos auch seine Eltern zählte. Als er aber in den Zeitungen die Berichte über Aufstände las und auf eigene Faust die Stimmung in der Stadt untersuchte, erkannte er, daß sich der Alarmzustand immer mehr steigerte. Deshalb schlief er auch mit Pistolen unter seinem Kissen.

Im Januar 1812, kurz nachdem Leslie angekommen war, ließ er seinen zuversichtlichen Eltern die merkwürdige Mitteilung zukommen:»Die Föderalisten haben in vielen Punkten unrecht.« Langsam zog er sich vom Föderalismus zurück, der ihm bis dahin den Zutritt zu seinen englischen Gastgebern erleichtert hatte.

Seit April war Morse ein noch entschlossenerer Gegner der Föderalisten geworden, weil diese mehr mit England als mit Frankreich sympathisierten. Ohne einen Augenblick zu zögern, schrieb er nach Hause:

»Ihr könnt sicher sein, daß England uns böse mitspielen wird, und unsere Nichteinmischung die richtige Wiedervergeltung für dieses Unrecht wäre. Vielleicht glaubt Ihr, was in verschiedenen förderalistischen Blättern zu lesen ist, daß eine solche Maßnahme keine Auswirkung auf dieses Land habe. Aber Ihr könnt davon überzeugt sein, diese Auswirkungen sind zahlreich und hart. Ich selbst kann sie mit eigenen Augen sehen. Das Land befindet sich in einem Zustand des Aufruhrs gegen die buchstäbliche Aushungerung... Im ganzen Land sind Truppen mobilisiert, und erst vorige Woche hat das Parlament Maßnahmen ergriffen, um einen Aufstand in der Hauptstadt zu verhindern... Wenn Ihr also bedenkt, daß ich mit Vorurteilen gegen unsere Regierung und ihre Maßnahmen in dieses Land kam und ich deshalb keine schlechten Absichten haben kann, wenn ich Euch die Tatsachen mitteile, so werdet Ihr mich nicht verurteilen, wenn ich sage: Ich hoffe nur, daß unsere Nichteinmischung in ihrer vollen Kraft zur Durchführung gelangen werde. Ich nehme an, daß manche mich daheim einen Demokraten nennen werden, aber Tatsachen sind hartnäckige Dinge, und ich kann nicht leugnen, daß alles, was ich jeden Tag vor Augen habe, wahr ist. Will man sein Land richtig beurteilen, so muß man es aus der Entfernung betrachten, wie es auch bei der Beurteilung eines Bildes der Fall ist.«

Nachdem er die Möglichkeit nicht ausschloß, ein demokratischer Republikaner genannt zu werden, machte er den Eltern seine Sinnesänderung nur um so deutlicher.

Noch gab es keine Telegrafie, um augenblicklich den Bericht nach Amerika zu kabeln, daß die Regierungsbefehle am 16. Juni rückgängig gemacht worden seien. In Unkenntnis des englischen Rückzugs erklärte der Kongreß zwei Tage später den Krieg.

Seine Eltern hörten nicht auf, ihn mit weisen Ratschlägen zu überschütten. Besser als er glaubten sie die irdischen Gefahren seiner Position zu verstehen: Klugheit müsse einen angehenden Künstler darüber belehren, daß er, wo immer er sei, die Politik den Politikern zu überlassen habe, und in einem feindlichen Land sei dies sogar geboten. Seine Mutter belustigte ihn mit ihrer Mitteilung, sie verachte an erster Stelle einen Mann, der seine religiöse Einstellung ändere, an zweiter aber denjenigen, der seine politischen Ansichten wechsle. Er erklärte, die Auffassung seiner guten Mutter sehr gut zu verstehen. Bevor er nach England kam, habe auch er die Föderalisten für unfehlbar gehalten, aber jetzt wisse er besser Bescheid. Mehr und mehr befreite er sich von dem Druck seiner Eltern und ihrer Freunde in der Hierarchie von Neuengland. Nachdem seine Mutter drei Jahre seine unverschämten Bemerkungen ertragen hatte, schrieb sie ihm unverblümt, sie beabsichtige, ihn weiterhin »mit der größten Offenherzigkeit« für den Rest ihres Lebens zu beraten. Wenn er entgegengesetzter Meinung sei, erwarte sie von ihm, daß er diese Meinungsverschiedenheit »in der zartfühlendsten und ritterlichsten Weise« beseitigen werde.

Morse behauptete mit Vorliebe, alle Amerikaner in England wünschten eine »tatkräftige Fortsetzung des Krieges« (ein Satz, den er im Bürgerkrieg hassen sollte). Diese Behauptung hatte eine gewisse Berechtigung. West war wegen seiner Sympathie für Napoleon bekannt; Leslie, der zwar niemals so stark antienglisch war wie Morse, freute sich über die sicheren Anzeichen einer befriedigenden Einigung Amerikas, um einen erfolgreichen Krieg führen zu können. Allston glaubte, daß die Engländer eine Führung brauchten, die ihnen neue Wege zeigte, und Ezekiel Cushing, ein amerikanischer Medizinstudent, begrüßte seinen Freund Morse bei den ersten Berichten über die amerikanischen Seesiege mit dem Ausruf: »Hurra, hurra, eins für uns!« Morse erklärte die Einigkeit aller Amerikaner in England als eine Folge der andauernden Unhöflichkeit ihrer englischen Gastgeber. Wenn man Amerika beschimpfen hörte als eine »Nation von Betrügern und entsprungenen Zuchthäuslern, die kleinmütig und feige seien«, dann genügte dies zu Beginn des Krieges, so meinte er, um das Blut jedes Amerikaners zum Kochen zu bringen. Der englische Stolz und ihre Reserviertheit machte ihn schaudern. Je länger er in England lebte, desto größer wurde sein Haß. Er sehnte sich nach Hause, um bei der Marine sein zu können.

In seiner Sorge um Finleys moralische Standhaftigkeit und seine beruflichen Erfolge erkundigte sich Dr. Morse über ihn bei Henry Bromfield, seinem Londoner Vertreter, durch den er Finley Geld zukommen ließ, und bei dem Schwager seines Kollegen in der Orthodoxie, Dr. Pearson. Die Antwort bestätigte Finleys eigene Erklärungen über seine Einstellung. »Ich habe ihn niemals über dieses Thema sprechen gehört«, schrieb

Bromfield, »nur bei aktuellen Ereignissen, die mit Amerika zusammenhingen – aber wie sollte es einem Amerikaner möglich sein, die bittere Animosität, die hier im letzten Jahr so sehr zugenommen hat, mitanzusehen & nicht gleichzeitig für die Ehre & die Interessen seines Landes einzutreten, die tatsächlich geschmäht und angegriffen wurden.«

Aber der Irrtum anderer Amerikaner war Mrs. Morse keine angemessene Entschuldigung für ihren Sohn. Unverzüglich erwiderte sie, daß die meisten Amerikaner in Europa »verstreute Ungläubige« seien, wie er selbst auch gewußt habe, bevor er dorthin übersiedelte. Bei West und Allston machte sie allerdings eine Ausnahme.

Gerade zur Zeit, da Finley sich am sehnlichsten wünschte, bei der Marine zu sein, besuchte er seine englischen Verwandten, ebenso wie er Abkömmlinge von Anthony Morse, der im Jahr 1635 nach Neuengland ausgewandert war, und erkundigte sich nach dem Morsewappen. Wir wissen leider nicht, wie ihm zumute war, als er den Wappenspruch entdeckt zu haben glaubte, der folgendermaßen lautete: *In Deo, non armis, fido.*

Es war Finley wahrscheinlich nicht bekannt, daß der Maler Robert Fulton, der einige Zeit vor ihm seine Zimmer bewohnte, seiner Kunst den Laufpaß gegeben hatte, um der amerikanischen Sache zu dienen. In seiner Einfältigkeit versuchte Fulton den Amerikanern einzureden, sie müßten eine solche verheerende Vernichtungswaffe einführen – gemeint war sein kürzlich erfundenes Unterseeboot –, daß die Menschheit es für immer ablehnen würde, einen Krieg zu führen.

Finleys Militarismus beschränkte sich ausschließlich auf starke, heroische Ausdrücke. Sein Bruder Richard ging etwas weiter. Als Boston einen englischen Seeangriff befürchtete, meldete er sich als Freiwilliger, um sich bei Fort Strong an den Hafenverteidigungsarbeiten zu beteiligen. Alle seine Söhne gingen zu weit, meinte Dr. Morse. In seiner Enttäuschung über ihren »militärischen Geschmack«, hoffte er nur noch, bei Lebzeiten »das Ende der Kriege und Gefechte… & Kleidungsstücke, verfault von Blut« zu sehen.

Gar viele Briefsendungen haben den Atlantischen Ozean nach beiden Richtungen überquert, die alle für eine Reform plädierten. Aber es konnten weder die Eltern ihre politischen Ansichten denen ihres ältesten Sohnes anpassen, noch konnte er sich nach den ihrigen richten. Als er sich 1836 um den Bürgermeisterposten von New York bewarb, konnte er in seinen Kampfschriften mit Stolz erklären, er sei mehr als 20 Jahre Demokrat gewesen.

4 Als Maler in Feindesland

Eines Tages zeigte Morse seinem Freund West eine Zeichnung des farnesischen Herkules, die er nach einer kleinen Gipskopie gemacht hatte. Nach eingehender Betrachtung gab ihm der Lehrer das Bild zurück und lobte ihn mit den Worten:»Sehr gut, mein Herr, sehr gut, fahren Sie so fort und machen Sie sie fertig.«

»Aber sie *ist* fertig!« antwortete Morse, der zwei Wochen daran gearbeitet hatte.

»O nein«, sagte Mr. West, »schauen Sie hier, und da und da.« Der Student sah nun die Fehler.

Eine Woche später kam er wieder zu West und zeigte ihm voll Vertrauen die ausgebesserte Zeichnung. Der Lehrer lobte ihn wieder und sagte dann zum Schluß:»Wirklich sehr gut, mein Herr; fahren Sie so fort und machen Sie es fertig.«

»Ist es denn nicht fertig?« fragte Morse verzweifelt.

»Noch nicht. Sehen Sie, dieser Muskel ist nicht richtig und auch nicht die Gliederungen der Fingergelenke.«

Fest entschlossen, ein endgültiges Urteil von seinem Richter zu erlangen, arbeitete Morse noch mehrere Tage an der Zeichnung. »Wirklich ausgezeichnet«, lautete Wests Gutachten über seine dritte herkulische Arbeit und fügte hinzu:»Fahren Sie so fort, und machen Sie sie fertig.«

Morse war enttäuscht.»Ich kann sie nicht fertigmachen«, protestierte er.

Schließlich war West so sehr von der tatsächlichen Hilflosigkeit seines Schützlings überzeugt, daß er antwortete:»Ich habe Sie jetzt lange genug auf die Probe gestellt. Sie haben bei dieser einen Zeichnung mehr gelernt, als wenn Sie in der doppelten Zeit ein Dutzend halbvollendeter Ansätze gemacht hätten. Nicht die Anzahl der Zeichnungen, sondern der *Charakter einer einzigen* macht den wahren Meister.« West hatte nämlich schon lange bemerkt, daß Finley wankelmütig war.

Zu gleicher Zeit sah er, wie Allston für sein Gemälde *Dead Men Restored to Life* (Tote erwachen zum Leben) sich der Methode einiger alter Meister bediente, indem er für seine Figuren Tonmodelle anfertigte. Morse schob seine »unfertige« Zeichnung beiseite und folgte dem Beispiel seines Lehrers. Für sein Gemälde *Sterbender Herkules* modellierte er den sterbenden Helden in der Stellung, die er zu malen beabsichtigte. Als Allston diese reliefartige Arbeit sah, legte er ihm nahe, die Figur als Vollskulptur zu vollenden.

Sobald das fertige Modell in gebranntem Gips gegossen war, trug es Morse zu West. Der alte Herr setzte seine Brille auf und betrachtete es einige Male von allen Seiten. Der Held wand sich in Todesschmerzen, seinen rechten Arm in einer edlen Gebärde ausstreckend. Das Modell brachte für seine Größe von einem halben Meter eine erstaunliche Kraft zum Ausdruck. Unter wiederholten Ausrufen erklärte West: »Ich habe Ihnen immer gesagt, jeder Maler kann ein Bildhauer werden.«

Morse hörte von einigen Freunden, die Adelphi Society of Arts habe für Originalwerke auf dem Gebiet der Malerei, Skulptur und Architektur eine goldene Medaille gestiftet. Sie drangen in ihn, sein Modell zum Wettbewerb einzusenden. Einige Tage später, während Engländer ihre amerikanischen Gegner auf dem Schlachtfeld töteten, erhielt der junge Amerikander Morse die goldene Medaille aus den Händen des Duke of Norfolk. Das war der Anfang vom Glück! Das Modell war seine erste Skulptur, die Medaille seine erste Auszeichnung. Diese Arbeit ist die einzige von ihm bekannte Skulptur geblieben, aber die Auszeichnung war die erste einer ganzen Reihe, die ihn zu einem der meist dekorierten Amerikaner des letzten Jahrhunderts machte.

Als er für sein Modell ausgezeichnet wurde, war das Gemälde, wofür er es gemacht hatte, bereits vollendet. In Somerset House reichte er um die Bewilligung ein, es für die Ausstellung der Royal Academy einsenden zu dürfen. »600 Einsendungen wurden abgewiesen«, erklärte er seinen Eltern pedantisch, »woraus Ihr entnehmen könnt, daß ein Bild – insbesondere bei diesem Format (es war sechs mal vier Fuß groß) – gewisse Verdienste haben muß, um 600 anderen vorgezogen zu werden. Ein kleines Bild könnte eventuell zugelassen werden, auch wenn es nicht sehr gut ist, weil man damit einen kleinen Raum ausfüllen kann, der sonst leer geblieben wäre, aber ein großes Bild muß, gerade weil es eine größere Menge kleinerer Gemälde ausschließt, ganz besondere Qualitäten aufweisen, um aufgenommen zu werden.« Von allen zugelassenen Bildern zog sein Gemälde die Aufmerksamkeit auf sich. Der Kritiker des Londoner *Globe* schrieb:

»Das auffallendste Merkmal an dieser Ausstellung besteht darin, daß sie uns mehrere besonders wertvolle Werke von Künstlern zeigt, deren Schöpfungen, ja sogar deren Namen uns bis jetzt unbekannt waren. Den ersten Platz in dieser Reihe nehmen die Herren Monro und Morse ein.« Der Kritiker zählte das Gemälde von Morse zu den zwölf besten der ganzen Ausstellung, und in einem Artikel der *British Press,* den Morse bis zu seinem Tod aufbewahrt hatte, wird er zu den ersten *neun* gerechnet.

Seine Mutter befürchtete, daß ihm dieser Erfolg zu Kopf steigen könnte. »Vielleicht wird er alle weiteren Anstrengungen aufgeben«, klagte sie, »sobald er entdeckt, etwas Besonderes leisten zu können.« Dr. Morse bestätigte diese frohe Nachricht nur sehr vorsichtig, als ob er einen argen Rückfall befürchtete, der bald folgen könnte. »Er hat die goldene Medaille der Gesellschaft für schöne Künste in London erworben«, schrieb er an Präsident Dwight, »und zwar für sein Tonmodell des sterbenden Herkules – ferner einen Preis der Royal Academy für sein Gemälde nach dieser Figur – wir sind also informiert.«

Morse betonte immer wieder, er habe seinen Erfolg seinen amerikanischen Lehrern zu verdanken. Voll Stolz zählte er die Reihe der großen amerikanischen Maler auf. An erster Stelle stand Stuart, ohne jede Konkurrenz in England; dann kam West, der größte unter den Amerikanern in England; dann Copley und schließlich Colonel Trumbull. Aber sie alle waren alt, und wenn sie nicht mehr sein sollten, würde Allston, so meinte Finley, alle Künstler der früheren und modernen Zeit überflügeln. Nach ihm würde Leslie kommen.

Sollten seine Eltern ihren Freunden erzählen, daß er und Leslie in England studierten, so bat er sie, ihnen zu sagen, sie seien Schüler von Allston und nicht von West. »Sie werden nicht lange zu fragen haben, wer Mr. Allston ist«, fügte er hinzu; »sehr bald wird er die Welt in Erstaunen setzen. Er betrachtet mich ausschließlich als seinen Schüler, und vor ungefähr zwei Tagen sagte er mir scherzend, er würde mit Mr. West zu kämpfen haben, weil er keines seiner Rechte auf mich aufgeben wolle.«

Finley schämte sich nicht, seine Bewunderung für den Meister offen zu bekennen. Die Anhänglichkeit war aber nicht der Ausdruck eines vorübergehenden Gefühls, denn 20 Jahre später konnte er immer noch sagen: »Ich stehe zu Allston wie ein Komet zur Sonne.«

Im Herbst 1813 ging Morse mit seinen Malutensilien nach Bristol, einer Handelsstadt, wozu er sich nie entschlossen hätte, wenn nicht die Aussicht auf ganz besondere Verdienstmöglichkeiten bestanden hätte. Er

wohnte in der Nähe eines Gönners, Harman Visscher, eines Geschäfts-
freundes der New Yorker Familie van Rensselaer, die er bereits kannte.
Ein anderer amerikanischer Geschäftsmann, der Bruder von Miß Russell,
die das schönste Haus von Charlestown bewohnte, war sehr entgegen-
kommend und erlaubte ihm, nicht nur sein Porträt für seine Schwester zu
malen, sondern auch seine Tochter Lucy so gut kennenzulernen, daß
Morse dem »alten Spiel, sich zu verlieben«, fast wieder zum Opfer gefallen wäre. Der Herbstaufenthalt in Bristol erwies sich als eine erfolgreiche
Zeit und enthielt Versprechungen für die Zukunft.

Er war mit seinen Einkünften zufrieden und konnte sogar in Bristol
seine monatlichen Einnahmen bei Mr. Bromfield von den üblichen 22
Pfund auf dreizehn Pfund zehn Schilling herabsetzen. Von seinem Gönner
dazu ermutigt, hoffte er, so lange er in England blieb, sich selbst erhalten
zu können. Seine Eltern hatten ihm für seinen dreijährigen Englandaufent-
halt 1000 Dollar pro Jahr zugesichert. Im Lauf des darauffolgenden Sommers, als die drei Jahre verstrichen waren, gelang es ihm, seine Eltern zu
bewegen, ihm – trotz der Depression in Neuengland – nochmals 1000
Dollar für ein viertes Jahr zu schicken. Aber damals im Sommer wußte er
bereits, daß er, wenn er anschließend nach Frankreich fahren wollte, selbst
für die Spesen aufkommen müsse. Dabei lag es ihm nicht, auf kleine Mittel
und Wege zu sinnen, um einige Groschen zu ersparen.

Im Sommer kehrte Morse nach Bristol zurück, in der Hoffnung, dort
genügend Geld zu verdienen, um sich in Übereinstimmung mit seiner
Position noch einige Zeit in Europa aufzuhalten. Damals war Allston die
ganze Zeit mit ihm.

Aber während der sechs Sommer- und Herbstmonate fanden sie in
Bristol keineswegs die nötige Beachtung. Er erklärte den Rückschlag
damit, daß sie beide Amerikaner waren. Gewiß, die Amerikaner aus dem
Allston-Kreis wurden nicht ausspioniert, man drohte ihnen nicht mit
Beschlagnahme ihres Eigentums oder mit Internierung für die Dauer des
Kriegs und erhob auch keinen Protest gegen die Auszeichnungen, die sie
erhielten, aber Reibungen waren unvermeidlich. Colonel Trumbull und
Morse erklärten sich ihren vorübergehenden Mißerfolg in England aus
einer gewissen feindlichen Gesinnung. Nur wenige Kriege erzeugen so
starke Gefühle von Ressentiment wie Bürgerkriege – und der angelsäch-
sische Krieg war ein wirklicher Bürgerkrieg.

Wieder nach London zurückgekehrt, wurden sie vom Mißgeschick
verfolgt. Gerade eine Woche, nachdem die Allstons ihre neue Wohnung

bezogen hatten, starb Mrs. Allston. Der Maler war außer sich, und am nächsten Tag glaubte Morse, sein Freund habe den Verstand verloren. Leslie und Morse versuchten, ihn liebevoll aufzurichten; sie und John Howard Payne waren die einzigen, die ihn beim Begräbnis begleiteten und dem Sarg bis zum Grab folgten. Die neue Wohnung wurde für Allston eine Stätte des Schreckens, weshalb Leslie und Morse ihn überredeten, in ihre Wohnung zu übersiedeln. Allmählich gelang es ihnen, seine krankhafte Erregung in eine milde Melancholie zu verwandeln. Trotzdem hatte Allston dieser Schlag tief erschüttert. Er wandte sich mehr und mehr dem Pietismus zu, ließ sich in der englischen Kirche konfirmieren und zeigte eine übertriebene Zuneigung für den Puritanismus.

Der Friedensschluß, dessen Wirkung die Zeitgenossen kaum ermessen konnten, bedeutete für die Londoner Bevölkerung die Vorführung einer großen Anzahl eindrucksvoller Sehenswürdigkeiten. In der Hoffnung, als erster seine Eltern mit dieser Nachricht überraschen zu können, hatte Morse im April 1814 bereits geschrieben, die Alliierten seien in Paris eingezogen und hätten Napoleon vertrieben.

Zu Beginn des darauffolgenden Winters brachte der Friede auch jenseits des Atlantischen Ozeans die gewünschte Entspannung. Amerika und England bereiteten dem Krieg ein unentschiedenes Ende. Der Krieg endete, wie er begonnen hatte, nämlich aufgrund gewisser bedeutungsvoller Tatsachen, die durch die entsprechenden Befehle ins Leben gerufen waren. Wenn es Morse möglich gewesen wäre, die Friedensnachricht augenblicklich mittels seiner Telegrafie an General Jackson zu kabeln, so hätte dieser auf seinen Sieg bei New Orleans verzichten müssen und wäre daher niemals Präsident geworden. Aber Morse genügte der Friede an sich, auch ohne den Sieg von New Orleans. Seiner Meinung nach hatte Amerika an Charakter gewonnen, weil es den Krieg so gut bestanden hatte. Keine europäische Nation, am wenigsten England, würde es nunmehr wagen, sich in einen Krieg mit Amerika einzulassen.

Die kriegsmüde Welt war aber wie vor den Kopf geschlagen, als Napoleon zum zweitenmal eine begeisterte Armee um sich versammelte und die gräßlichen »Hundert Tage« folgten.

Am 26. Juni erhielt Morse in London die Nachricht über den Sieg bei Waterloo. Nach den Friedensnachrichten konnte er es kaum erwarten, Frankreich zu besuchen. Schon über ein Jahr hatte er die Absicht, dorthin zu fahren, aber jetzt schien die Möglichkeit dazu gegeben. Kaum zwei

Tage entfernt lag Paris mit seinen Kunstschätzen aus der ganzen Welt, die – im Gegensatz zu den Londoner Museen – ihm frei zur Verfügung standen. Ferner war das Leben in Paris billiger, schrieb er seinen Eltern. Sie brauchten nicht zu befürchten, die Großstadt mit ihren Gefahren könne ihn verderben, denn als 23jähriger Mann habe er bereits feste Lebensgewohnheiten angenommen. Sein Vermögensverwalter Bromfield gab ihm jedoch den Rat, nicht ohne Einwilligung seiner Eltern wegzugehen. Monatelang wartete er schon auf eine Antwort. Er glaubte jetzt, daß sie seine Anfragen um ihre Zustimmung zwar erhalten hätten, aber ihm nicht antworten wollten. Anfang 1815 kam endlich die Antwort seines Vaters, der ihm einerseits den Rat gab, nicht zu gehen, weil er ja vom nächsten Herbst an für sich selbst zu sorgen habe, aber andererseits ihm die endgültige Entscheidung überließ. Morse stellte fest, daß der günstige Moment unwiderruflich vorbei sei. Sein Plan, nach Amerika zurückzugehen, stand bereits fest, und wahrscheinlich war es ihm nicht bekannt, daß sein Vater inzwischen schon eine Empfehlung für seinen Sohn an Joe Barlow, den amerikanischen Gesandten in Paris, geschickt hatte. Wer weiß, was geschehen wäre, wenn Morse Paris besucht hätte. Vielleicht hätte ihm Barlow ebenfalls den Kopf verdreht, so wie er Robert Fulton von der Malerei abgebracht und zur Erfinderlaufbahn geraten hatte.

Zwei Jahre nach seinem Erfolg mit seinem *Herkules* beabsichtigte Morse, sich an einem zweiten Wettbewerb der Royal Academy für eine historische Darstellung zu beteiligen.

Den Gegenstand, den er wählte, hatte er öfter auf griechischen Vasen abgebildet gesehen: Es stellte Jupiter dar, der Marpessa die Entscheidung überläßt, entweder den unsterblichen Apoll oder den sterblichen Idas zu lieben. Die Figuren waren in dramatischer Stellung dargestellt, die Bäume kühn umrissen und die Farben außerordentlich prächtig: Das Ganze war ein Bild barbarischer Erhabenheit. Gerade für diese Art historischer Darstellungen hatte Morse eine Vorliebe, sie wurde auch von West und Allston aufs wärmste unterstützt.

Wests bedeutendster Beitrag zur Kunstgeschichte lag auf dem Gebiet der Historienmalerei. West und Allston versuchten, ihren Schülern die größte Verachtung für die Porträtmalerei beizubringen. Allston brachte seine Befürchtung zum Ausdruck, Morse werde nach seiner Rückkehr nach Amerika »niemals imstande sein, eine höhere Stufe zu erreichen, als die eines angesehenen Porträtmalers«. Seines Erachtens könne Morse zwar Besseres leisten, aber es würde ein schwerer Weg sein.

Bevor Morse nach England kam, wollte er Historienmaler werden, und jetzt zweifelte er nicht mehr an seiner Berufung. »Ich kann nicht glücklich sein, solange ich noch nicht die geistige Seite der Kunst erreicht habe«, schrieb er nach Hause. »Dem Porträt fehlt dieser Charakter vollkommen; die Landschaft besitzt ihn teilweise, aber die Historienmalerei hat ihn zur Gänze.« Obwohl seine Eltern mit ihrem gesunden Urteil ihm zu verstehen gaben, daß in dem ungebildeten Land für Porträtaufträge noch die besten Aussichten bestünden, hegte er hingegen die Hoffnung, der Einfluß seiner Familie könne ihm zu einem einträglichen Auftrag verhelfen, wie zum Beispiel zu einem Bild in einer Kirche oder einem Saal für zwei- oder dreitausend Dollar. »Ich spreche hier nicht von *Porträtmalern*«, schrieb er übertrieben deutlich, »denn wenn ich keine höheren Ideale hätte als die eines erstklassigen Porträtmalers, würde ich einen ganz anderen Beruf gewählt haben. Es ist mein Bestreben, einer von denen zu sein, die dem 15. Jahrhundert den Ruhm streitig machen, die den Kampf mit dem Genie eines Raffael, eines Michelangelo oder eines Tizian aufnehmen; es ist mein Bestreben, zu dem genialen Gestirn gezählt zu werden, das jetzt in diesem Land emporsteigt. Ich möchte leuchten, aber nicht durch ein Licht, das ich von anderen geliehen habe, sondern ich will mich anstrengen, selber das hellste Licht auszustrahlen.«

Mitte Juli war sein *Jupiters Urteil* vollendet; seine Finanzen waren erschöpft, und er traf Anstalten, nach Hause zu segeln. Vor seiner Abfahrt erlebte er noch eine Enttäuschung. Trotz der Unterstützung von West, lehnte die Akademiekommission es ab, sein Gemälde zu dem Wettbewerb zuzulassen, wenn er nicht im Land bliebe, um eine eventuelle Auszeichnung persönlich entgegenzunehmen. Nachdem West sein Bild genau untersucht hatte, gab er ihm den Rat, zu bleiben. Auch der Brief, den ihm Allston für seinen Vater mitgegeben hatte, war ebenso vielversprechend. Was konnte ein Vater noch mehr verlangen?

London, 4. August, 1815

Sehr geehrter Herr!

Es ist mir nicht möglich, von meinem jungen Freund Abschied zu nehmen, ohne ihm ein Zeugnis mitzugeben, das für eine freundliche Aufnahme bei seinen Freunden, die ihn gut kennen, gewiß nicht nötig ist, aber andererseits den Beweis liefern soll, wie hoch ich seinen Charakter schätze und wie sehr ich mich für sein Wohlergehen interessiere. Es ist mir eine ganz besondere Ehre, Ihnen aufrichtig zu einer Tatsache

Glück zu wünschen, die frommen Eltern vor allem zu Herzen gehen muß, die Tatsache nämlich, daß ein Sohn mit unbefleckter Seele aus einer der gefährlichsten Städte der Welt zurückgekehrt ist.

Es muß Sie immer wieder zur Zufriedenheit stimmen, daß das Fundament, das Sie in seine Seele gelegt haben, sich stark genug zeigte, um allen Angriffen standzuhalten, sogar von solchen Menschen, die lasterhaft erzogen wurden und sich zu Ungeheuern entwickelt haben. Denn dies kann mit Fug und Recht von sehr vielen behauptet werden, die in dieser Hauptstadt leben.

Was seine Fortschritte auf dem Gebiet der Kunst betrifft, so bin ich fest davon überzeugt, daß die Probearbeit, die er jetzt mitbringt (Apoll, Marpessa & Idas), die Erwartungen seiner Freunde bestätigen wird. Es war beabsichtigt, dieses Gemälde im kommenden Winter zu einem Wettbewerb in die Royal Academy einzusenden. Es wurde aber nicht zugelassen, weil der Maler selbst nicht bis November hierbleiben konnte, um bis zu diesem Termin eine Skizze anzufertigen, die es ihm ermöglichen sollte, als Bewerber aufzutreten. Das war aber eine reine Formalität, von der man ihn hätte befreien können und müssen. Aber man lehnt hier alle möglichen Verbesserungen ab, lediglich aus Angst vor Neuerungen. Ich bedaure diese Enttäuschung außerordentlich, weil ich mit vollstem Recht von seinem Erfolg überzeugt bin, denn sein Gemälde übertrifft alles, was ich bei ähnlichen Anlässen gesehen habe. Wenn er die nötige Unterstützung findet, wird er ein großer Maler werden.

Ich will diesen Brief nicht schließen, ohne meine tiefe Anerkennung für seine Liebenswürdigkeit zum Ausdruck zu bringen, die er mir in meinem Kummer erwiesen hat. Er und mein junger Freund Leslie haben mir jede Art von Aufmerksamkeit entgegengebracht, wie ich sie in meinem Elend nur bei liebevollen und mitfühlenden Freunden finden konnte. Sie waren gut zu mir, als ich Güte am nötigsten hatte. Indem ich Sie bitte, Mrs. Morse meine herzlichsten Grüße zu übermitteln, verbleibe ich mit dem Ausdruck vorzüglichster Hochachtung

Ihr W. Allston

Morse war berechtigt, von großen Dingen zu träumen, als er London verließ, denn das herzliche Zeugnis, das er seinem Vater mitbrachte, war von einem Mann geschrieben, der zu urteilen verstand.

5 Der fahrende Künstler

In dem weißen Pfarrhaus unter den Ulmen von Town Hill war alles gleich geblieben. In ihrer kurz angebundenen Art herrschte Nancy noch immer in der Küche. Prince fuhr Dr. Morse noch immer nach Andover zu Konferenzen über orthodoxe Kriegstaktik, und Mutter Morse, die bald ihren 50. Geburtstag feiern sollte, überschüttete ihre Söhne noch immer mit ihrer warmen Liebe und guten Ratschlägen.

Nachdem Dr. Morse die Unitarier seiner eigenen Partei vorübergehend in die Verteidigung gedrängt hatte, konnte er sich jetzt mehr seinen Söhnen widmen. Genauso wie er Sidneys Zeitung gefördert und Richard auf der Suche nach einer Pfarrei unterstützt hatte, ließ er auch seinem ältesten Sohn jede Hilfe zukommen, um ihn als Künstler zu etablieren. In seinen Augen war Boston ein guter Boden für die bildenden Künste.

Morse spürte, daß seine Familie mit vereinten Kräften hinter ihm stand. Seitdem er nun selbst in Amerika entdeckt hatte, daß die Föderalisten durch ihre unangebrachte Haltung während des Kriegs viel verloren hatten, stritt er mit seinen Eltern nicht mehr über Politik. Seine Laufbahn erforderte seine ganze Energie.

Als sein *Sterbender Herkules* aus England angekommen war, ließ Dr. Morse das Gemälde einrahmen und in einem gemieteten Raum in Boston ausstellen. Die Ausstellung geriet zum Mißerfolg, noch bevor der Künstler angekommen war.

Zwei Monate später wurde das Gemälde wiederum ausgestellt, diesmal in den eigenen Räumen des Malers, und zwar in der Nähe der Buchhandlung Mallory, wo er vor fünf Jahren gearbeitet und sich so unglücklich gefühlt hatte. Dort konnte er sich jetzt ein Atelier einrichten, das ebenfalls von seinem Vater gemietet wurde. Im neuen *Recorder* seines Bruders wurde das Publikum zur Besichtigung eingeladen.

Aber es war mehr der Künstler als sein Werk, der die freundliche Aufmerksamkeit auf sich zog. Senator James Lloyd, ein Bekannter seines

Vaters aus der föderalistischen Gruppe, übernahm die Aufgabe, Finley in die gebildeten Kreise, in denen sich vielleicht einige Gönner finden ließen, einzuführen. Die lebhafte gesellschaftliche Anerkennung war für den Anfang recht befriedigend, aber Morse brauchte noch etwas anderes. Am Ende des Winters hatte noch kein einziger Einwohner von Boston ein Bild gekauft oder ihm einen Auftrag erteilt. Außerdem deckten die Einnahmen der Ausstellung deren Kosten nicht einmal zur Hälfte.

Um sich selbst zu beschäftigen, malte der junge Künstler seine Brüder, seine Großmutter Breese und seinen Großvater Morse. Dem Bostoner Verleger Nathan Hale schenkte er ein Bild und hoffte, dadurch bekannter zu werden.

In diesem kritischen Jahr – er war damals 25 – lieferte er den Beweis, daß er nicht die übliche Jünglingsfigur aus gutem Hause mit guter Erziehung war. Im Lauf des erfolglosen Jahres heiratete er und befaßte sich ernsthaft mit der Porträtmalerei, einem Kunstzweig, den er bis dahin verachtet hatte und womit er später in Amerika das Höchste in seinem Beruf erreichen sollte. Er widmete sich auch einer Erfindung, die ihm einen Schatz von Erfahrungen zugunsten seines Lebenswerkes, der Telegrafie, verschaffte. Aber er war noch vielseitiger, als es die Öffentlichkeit jemals erfuhr, denn die meisten haben vergessen, daß er in dem Jahr, als er von der Entdeckung neuer Kräfte schwelgte, voll Selbstvertrauen ein altes Ideal aufgriff und Architekt, ja sogar Theologe werden wollte.

Die Hitze des Hochsommers machte die Straßen im Hinterland von Boston so trocken und staubig, daß er in nördliche Richtung zog. Wenn die Gönner nicht in sein Atelier kommen wollten, würde er sie selbst aufsuchen. New Hampshire war reich an Bildmotiven, aber sein eigentlicher Zweck, den er sich nur ungern eingestehen wollte, war das Geld, das damals in Amerika nur mit Porträtieren zu verdienen war. Durch wertvolle Empfehlungen hatte ihm sein Vater den Weg geebnet.

Anfang August sehen wir ihn in Concord. Morse war kaum zwei Wochen in diesem Ort, als er schon von Samuel Sparhawks zum Essen eingeladen wurde. Er war Kassier der Upper Bank, deren Büroräume in seiner Wohnung untergebracht waren. Das Haus hatte eine romantische Geschichte, denn hier begegnete Morse zum erstenmal dem Enkelkind des einstigen Richters, Lucretia Pickering Walker. Einige Dezennien später kehrte Morse nach Concord zurück, um dieses Haus wiederzusehen.

Concord war für Morse günstiger Boden. In drei Wochen hatte er über 100 Dollar mit seiner Malerei verdient. Aber das war nicht alles.

»Neben geldlichen Vorteilen habe ich auch noch andere Freuden in diesem Ort«, schrieb er nach Hause. »Kennt Ihr die Familie Walker von hier? Charles Walker, der Hochwohlgeborene, Sohn des Richters W., hat zwei Töchter, von denen die älteste sehr schön und liebenswürdig ist und einen ausgezeichneten Charakter besitzt. Das ist auch die Meinung des ganzen Ortes. Ich habe mich noch ausdrücklich bei Dr. McFarland über die Familie erkundigt, und seine Antwort war in jeder Beziehung zufriedenstellend, abgesehen davon, daß sie keine Religionslehrer sind. Er ist ein echter Familienvater und außergewöhnlich reich; das letzte hat, wie Ihr wißt, bei mir niemals den Ausschlag gegeben, aber bei meinem Beruf ist es doch beruhigend, dies zu wissen. Ich will mir nicht schmeicheln, aber ich glaube doch, daß ich mit meiner Bewerbung Erfolg haben werde. Wir brauchen uns nicht zu beeilen, das Mädchen ist erst 16....

Selbstverständlich ist diese Mitteilung streng vertraulich, sonst könnte nichts daraus werden; ich habe auf diesem Gebiet *eine gewisse Erfahrung.*«

Im College gab es zwei Namen, die sein Herz höher schlagen ließen: Ann Davenport aus Stamford und Jeanette Hart aus Saybrook, aber er war zur festen Überzeugung gekommen, daß die Liebe der Malerei weichen müsse. Knapp vor einem Jahr hatte er sich in der englischen Stadt Bristol in die Tochter seines Förderers James Russell verliebt, aber auch hier war er zu dem Schluß gekommen, »daß Liebe und Malerei streitsüchtige Genossinnen sind und daß das Haus meines Herzens für beide zu klein ist«, weshalb er »Fräulein Liebe die Türe gewiesen« habe. Aber jetzt betrat Fräulein Liebe das Haus seines Herzens durch den Haupteingang, und sie war herzlich willkommen.

Schon bald erkannten die Walkers seine Absichten. Im Lauf der beiden letzten Wochen in Concord besuchte er sie wiederholt, und der schweigsame Mr. Walker sowie seine redselige Frau unterstützten seine Werbung, indem sie ihn immer wieder zum Tee und zum Abendessen einluden. Überall in der Stadt erkundigte er sich über Lucretia. Erst in den letzten Tagen seines Aufenthalts in Concord wagte er es, sich ihr mitzuteilen. Er wußte, sie würde ihn nicht abweisen. Es freute ihn aber, daß sie ihm, statt sich in unklaren Worten zu verlieren, die ihn quälen könnten, zaghaft, aber ganz offen erwiderte, daß auch ihr Herz ihm gehöre. Sie war bereit, zwei oder drei Jahre zu warten.

Er ließ seine Liebe in Concord zurück, aber auch noch acht Porträts. Er war gezwungen, die Bilder klein, zart und auf Pappe zu malen, da er für sieben Bilder nur 15 Dollar pro Stück erzielte und für das achte nur zehn, weil der Abgebildete ihm vier Aufträge besorgt hatte. Die Summe, etwas über hundert Dollar, reichte jedoch nicht aus. Er und Lucretia konnten »nicht lange von der Luft leben«, schrieb ihm seine Mutter ziemlich kühl. »Denke daran, daß man mehrere hundert Dollar braucht, um den Topf warm zu *machen* und ihn warm zu *halten*.«

Von Concord ging er in westlicher Richtung nach Walpole und folgte dann nördlich dem Connecticut bis Windsor am Vermontufer. Dort malte er sechs Porträts für 15 Dollar pro Stück, ein kleines für zehn und noch eines für Unterhalt und Unterkunft. Sogar hier war Lucretias Schönheit bekannt.

Lange Zeit bevor er nach Hanover ging, hatte er vom Kriegslärm gehört, der dies kleine Städtchen erschütterte. Als sich Finley der unglücklichen Stadt näherte, wo zwei Institute um den gleichen Besitz und um die Studenten kämpften, träumte er davon, den Kampf zu seinem Vorteil nutzen zu können. Auf der kolossalen Leinwand, die er von England nach Hause gebracht hatte, wollte er alle in diese Affäre verwickelten Personen darstellen: die Beamten, das Kuratorium und die Studenten. Er stellte sich vor, das Werk in einer Woche zu vollenden und dafür 5000 Dollar zu verlangen. Dann wollte er in einem herrlichen Wagen nach Hause fahren, um Sidney zu beschämen, der sich täglich für seinen *Recorder* mit 19 Abonnenten abplagen mußte. 5000 in einer Woche – das wären 260 000 im Jahr. In zehn Jahren würde er der glückliche Besitzer von 2 600 000 sein!

In Hanover wurde er aber bald bescheidener und malte einzelne Porträts. Er hatte sich damit abgefunden, nur zwei- oder dreitausend Dollar im Jahr zu verdienen. Das würde, seiner Meinung nach, zum Leben genügen, auch wenn es keine 2 600 000 waren.

Ungefähr im Oktober dieses Jahres kehrte er nach Concord zurück, glücklicher denn je, weil er seine Lucretia wiedersehen konnte. Es war inzwischen auch an der Zeit, bei ihren Eltern offiziell um ihre Hand anzuhalten. Die Eltern des Mädchens empfingen ihn noch an dem Tag, an dem sie seinen Brief erhalten hatten, und er konnte sich leichten Herzens verabschieden: »Alles ist in Ordnung! Gelobt sei Gott, von dem alles Gute kommt!« Gottes Segnungen hatten sich für ihn rasch erfüllt, auch wenn er im Lauf des Frühjahrs seine große Hoffnung auf eine Laufbahn als Historienmaler aufgeben mußte. Er hatte den Beweis geliefert, mit seinen Porträts ein anständiges Einkommen erzielen zu können, und es war ihm gelungen, die ständige Liebe jenes Mädchens zu erwerben, das er sich erwählt hatte.

Damals begnügte sich der Maler nicht allein mit seiner Kunst. Er befaßte sich intensiv mit der Theologie, suchte seine Chance bei einem Architekturwettbewerb und arbeitete mit seinem Bruder Sidney an der Erfindung einer Pumpe.

Seit dem Frühjahr 1816 hatten Sidney und Finley ihre Abende in Charlestown damit zugebracht, kleine Modelle eines Apparats auszuprobieren, dem sie einen Scherznamen gegeben hatten: »Morses patentierter, in Metall ausgeführter, zweiköpfiger, ozeantrinkender und sintflutverscheuchender Ventilpumpapparat.« Er war als eine Verbesserung der Handpumpe gedacht und konnte auf Schiffen, bei Feuerspritzen oder bei Blasbälgen der Hufschmiede Anwendung finden.

Die Erfindung selbst war das gemeinsame Werk des »Hasens« und der »Schildkröte«. Sie sprachen immer von »unserer« Pumpe. Das amerikanische Patent stand auf beider Namen. Sidney hatte wahrscheinlich die Leitung bei der Konstruktion und der Verbesserung der Apparate, die sie anfertigten, während es zweifellos Finleys besondere Aufgabe war, die Zeichnungen zu machen, die für die Patentanfragen benötigt wurden. Außerdem setzte er sich tatkräftig ein, um den Absatz zu sichern. Man hatte ihm Bestellungen in Andover, Hanover und Concord zugesagt, wenn die Feuerspritze einen wirklichen Fortschritt bedeutete. Es gelang den Brüdern, einen Geldgeber zu finden, der ihnen vier- bis fünfhundert Dollar lieh. Sie mußten ihm die Summe später zurückzahlen und ihm außerdem ein Drittel des Reingewinns jeder verkauften Feuerspritze abtreten. Aber nur eine einzige Art der Pumpe fand einen reißenden Absatz, und zwar die »kleine für Gärten und Straßen«, die im Lauf des nächsten Sommers für 20 Dollar pro Stück so schnell verkauft wurde, daß für Leihapparate der Nachfrage kaum entsprochen werden konnte. Der Feuerspritzenspekulant aber bekam nur 200 Dollar von seiner Einlage zurück. Das war der Preis für die einzige Feuerspritze, die verkauft und nach Concord geliefert worden war.

Da jetzt die Aussicht auf gute Verdienstmöglichkeiten mit der Pumpe bestand, schrieb Finley an seine Lucretia: »Gewiß, ein Erfinder verdient sein Geld sehr schwer. Ich habe nicht die Absicht, nochmals alle Qualen, Verzögerungen und Enttäuschungen mitzumachen, die ich bereits erlitten habe, auch wenn ich damit das Doppelte verdienen könnte.« Die Erfahrungen mit der Pumpe und einem Entwurf für ein Dampfschiff lehrten ihn langsam, Geduld zu üben, eine der wichtigsten Bedingungen für einen Erfinder – denn Geduld besaß Finley von Natur aus nicht.

Er kannte seine Schwächen nur zu gut, aber dieses Wissen konnte ihm das Vertrauen zu seiner neuen Erfindung nicht nehmen. »Wir machen gerade Versuche mit unserer neuen Maschine, die allen Erwartungen entspricht«, fügte er hinzu, »wir haben sie in unserer Scheune.«

Da sich die Aufträge für Porträts verringert hatten, fand er Zeit, sich über Theologie, Architektur und Erfindungen Gedanken zu machen. Nachdem die Theologie und die Architektur ausgeschaltet waren, hatte er durch den Rückgang der Pumpenbestellungen wiederum Zeit, über den Stand seiner beruflichen Laufbahn nachzudenken. Wie lange würde er mit 15 Dollar pro Porträt zufrieden sein? Als er aus Europa heimgekehrt war, hatte er gehofft, bald wieder nach England zurückkehren zu können, um seine Studien zu vollenden. Er war mit seinen Bildern nicht erfolgreich genug, um dies möglich zu machen. Er hatte die wildesten Pläne ausgeheckt und wollte nach Westindien oder Haiti gehen, um viel Geld zu verdienen. Auch diese Pläne hatte er aufgegeben, aber dennoch blieb eine Reise nach dem Süden das Vernünftigste, denn dort gab es Menschen, deren Lebensstil ohne schönste Künste nicht denkbar war.

Während die meisten seiner Verwandten als strenge Geistliche oder Erzieher in Neuengland beheimatet waren, lebten doch auch einige in guten Verhältnissen an der Seeküste von Carolina. In seinen früheren Jahren hatte Dr. Morse in Midway als Geistlicher gewirkt. Während die Jungen im College waren, hatte er aus Gesundheitsrücksichten gemeinsam mit Mrs. Morse einen Winter in Charlestown verbracht. Dort waren sie u. a. auch die Gäste von Dr. Finley, Arzt von Beaufort, einem Onkel von Mrs. Morse. Im Herbst 1817 schrieb Morse an Dr. Finley und erhielt die ermutigende Antwort, Charlestown wäre im Winter ein günstiger Boden für Porträtaufträge.

Kurz vor der Abfahrt schrieb er Lucretia: »Porträts, Apparate, Pumpen, Blasbälge und einige Modelle der verschiedensten Dinge, Briefe, die zu schreiben, und Besuche, die abzustatten sind, dazu allerlei Vorbereitungen für eine Reise zu Wasser und zu Lande – das alles stürzt auf mich herein.« Auf seiner Fahrt nach dem Süden hatte seine Pumpe bereits Erfolge. In New Haven konnte er seinen früheren Professoren Benjamin Silliman und Jeremias Day (letzterer war inzwischen als Dwights Nachfolger Präsident von Yale geworden) sowie einem neuen Professor, Eli Whitney, ein Modell zeigen. Silliman ließ es in einer seiner Klassen vorführen und Präsident Day schrieb einen Empfehlungsbrief, in dem er erklärte, der Apparat vereinige »einfache Konstruktion und vollkommene Ausschaltung jeder Reibung« in sich. Auch Whitney, der schon lange Zeit wegen seiner Egreniermaschine berühmt war, schrieb eine allerdings vorsichtig klingende Empfehlung. In New Haven und auch in New York versuchte er für seine Pumpe einen Vertreter ausfindig zu machen. In New Haven hatte er Glück, aber in New York erreichte er nichts. Plötzlich wurde er der ganzen Pumpenangelegenheit überdrüssig; sie versprach geringe Verdienstmöglichkeiten und verschaffte ihm nur Qual und Plage. Ohne völlig aufgegegen zu werden, sollte sie seiner Malerei untergeordnet bleiben. Als er in New York seine Sachen wieder verlud, wußte er, daß ihm von allen Betätigungen, die ihm gelingen könnten, nur die Malerei die erwünschte Unabhängigkeit sichern würde.

6 Ein Winter im Süden

Wie erwartet, wohnte Finley bei seinem Onkel Finley in der King Street in der Nähe der Batterie, wo die führenden Plantagenbesitzer, Rechtsanwälte und Kaufleute ihr Heim hatten. Er wurde von seinen Verwandten in mehrere Familien in der liebenswürdigsten Weise eingeführt. Aufträge aber kamen zunächst keine. Die Bewohner von Charlestown, die zu den bewandertsten Kunstförderern Amerikas zählten, wollten erst einige Proben seines Könnens sehen, bevor sie sich seinem Pinsel anvertrauten. Wie lange konnte er noch zuwarten? Nachdem sein Vertrauen zur Großzügigkeit des Südens verschwunden war, scheint er, wie sein Freund Dunlap berichtet, in seiner Verzweiflung den Entschluß gefaßt zu haben, Dr. Finleys Bild als Andenken an seine Gastfreundschaft zu malen und dann nach Hause zu fahren.

Es ist nicht klar, ob die günstige Wendung, die plötzlich eintrat, der Tatsache zu verdanken ist, daß das Porträt seines Onkels ausgestellt wurde, jedenfalls zwangen ihn die vielen Porträtaufträge, die er in der dritten Woche seines Aufenthaltes erhielt, zu einem neuen energischen Entschluß. Er schrieb an Lucretia, er wolle sie im nächsten Herbst als seine Frau nach Charlestown mitnehmen, und sie erklärte sich damit einverstanden, nur mit einem einzigen Vorbehalt, aus dem ihr gütiges Verständnis für Finley hervorgeht: vorausgesetzt, »daß Du inzwischen keine *anderen Pläne* hast«.

Plantagenbesitzer, Kaufleute, Richter, Geistliche und Generale ersuchten den jungen Yankee, sie zu porträtieren. In kaum zwei Monaten konnte er 80 Porträtaufträge buchen, die meisten für 60, 70 oder 80 Dollar pro Stück! Das war ein gewaltiger Fortschritt gegenüber den armseligen 15 Dollar, die seine Landsleute in Neuengland gezahlt hatten. – Morse errechnete, auf dieser Basis 1000 Dollar pro Monat verdienen zu können, wohingegen das unsichere Pumpengeschäft doch »eine Persönlichkeit mit ganz anderer Erziehung« verlangte, und nahm sich vor, die angesehensten Familien von Carolina zu porträtieren.

Sie schienen sein Atelier in der King Street, gegenüber dem Geschäft des Mr. Aubin, einfach zu stürmen. John Ashe Alston aus Georgetown, der Bilder von West und Vanderlyn angekauft hatte und sich auf gute Bilder verstand, bot ihm 200 Dollar für ein Porträt seiner Tochter Sarah, in Lebensgröße. Ja sogar General C. C. Pinckney gab ihm 300 Dollar für ein Bild seines Bruders, des Generals Thomas Pinckney. Colonel William Drayton war der Meinung, daß sein eigenes Porträt 300 Dollar wert sei. So war ein Yankee in der Hauptstadt des Südens in Mode gekommen.

Wenn er tatsächlich 53 Porträts vollendete – wie man behauptet –, bevor er im Mai wegging, muß er mit großem Fleiß gearbeitet haben. Dennoch lieferten die auffallende Ähnlichkeit mit seinen Modellen, das Erfassen der verschiedenen Charaktere der Dargestellten sowie eine flotte Technik den Beweis, daß er als Maler den Höhepunkt der Reife erreicht hatte.

Mit Porträtskizzen beladen, die er noch vollenden mußte, und einer Börse mit mehr als 3000 Dollar kehrte er für die Sommerzeit nach dem Norden zurück. Ein Jahr früher würde eine gefüllte Börse die Rückkehr nach Europa bedeutet haben, aber jetzt fuhr er nach Hause, um Vorbereitungen für seine Heirat zu treffen.

Lucretia war es, die ihn als erste über den possierlichen Mißerfolg einer seiner Pumpen informierte. Im April hatte Concord durch Vermittlung des Mr. Sparhawk eine Feuerspritze angekauft, die in der Stadtzeitung folgendermaßen beschrieben wurde: »Eine neue Erfindung Mr. Morses… die für die Hälfte der üblichen Kosten angeschafft werden kann, also für ungefähr 150 bis 200 Dollar. Sie verlangt bedeutend weniger manuelle Anstrengung und spritzt das Wasser von einer ebenso großen Entfernung und in gleich großen Mengen.« Als der Apparat im Garten des Mr. Sparhawk ausprobiert wurde, gab er überhaupt kein Wasser. Lucretia hatte die sarkastischen Bemerkungen der Zuschauer gehört, und in der Meinung, daß Finley daran »ein wenig Spaß« haben würde, schrieb sie ihm, wie jemand gesagt haben sollte: »Mr. Morse soll bei seinem Pinsel bleiben, *damit wird er Erfolge haben.*« Einige Monate später verzeichnete das Familiennotizbuch folgende Eintragung: »Apparat aus Concord zurück.«

Am 2. September rechnete er sich vor, daß er nur mehr zwei- oder dreimal über die Brücke zu Boston zu gehen habe, um die wöchentliche Dienstagspost aus Concord abzuwarten.

S. F. B. Morse: Lucretia, geb. Pickering Walker, die Frau Morses (Privatbesitz Herbert L. Pratt).

»Ich zähle die Tage mit Ungeduld«, schrieb er, »von heute an noch 28 Tage. Also, meine Liebste, am nächsten 10. werde ich mit dem städtischen Beamten sprechen, damit das Eheaufgebot zwischen Sam. C. F. B. Morse aus Charlestown und Lucretia Pickering Walker aus Concord N. H. bekanntgegeben werde. Was sagt die Dame dazu? Ist sie einverstanden? Gibt es vielleicht noch Befürchtungen? Oder möchte sie etwas mehr

Zeit gewinnen, um sich klar zu werden, ob sie den oben erwähnten Herrn lieben kann? Was diesen Herrn betrifft, glaube ich, daß er schon den Entschluß gefaßt hat, sie in guten und auch in schlechen Zeiten zu ehelichen; er nimmt sogar das Risiko auf sich, daß sie ein Hausdrache, eine Nörglerin, ein Quälgeist oder etwas Ähnliches werden könnte. Ich möchte gerne die Meinung der jungen Dame kennenlernen.«

Mit einiger Verzögerung zwar »lernte er die Meinung der jungen Dame« kennen, und der Tag der Eheschließung sollte der 29. September 1818 werden. Auf Wunsch der Walkers waren Morses Eltern nicht anwesend. Es sei günstiger, wenn die Walkers sie ein anderes Mal als ihre Gäste empfangen könnten. Am frühen Morgen wurde im nördlichen Gastzimmer des Walkers-Hauses die Ehezeremonie vom Pfarrer McFarland vollzogen.

Lucretia war die zweite Walker aus Concord, die einen später berühmt gewordenen Erfinder heiratete. Die erste wurde die Frau von Benjamin Thomson, der später als Count Rumfort berühmt wurde.

Um neun Uhr waren sie bereits in einem Einspänner auf dem Weg nach Concord. Sie blieben mehrere Wochen in Concord und Charlestown und segelten am 12. November von New York ab.

Die Reise war rasch zu Ende. Der Schoner passierte Fort Moultrie und James Island und ging in Charlestown vor Anker. Während die Ladung von verkrusteten Fässern mit Rum, Bier, Apfelsaft, Fleisch, Getreide und Digby-Heringen gelöscht wurde, gingen Morse und seine Frau an Land. Bald fanden sie die Familie Finley, und mit ihrer freundlichen Unterstützung wurden sie in der Pension Mrs. Munros in der Church Street für zehn Dollar pro Woche untergebracht. In dieser Pension fühlten sie sich zu Hause wie niemals nachher.

Die Zahl der Kunden, die sich von ihm porträtieren ließen, steigerte sich mehr und mehr. Schon bald nach seiner Ankunft erhöhte er seinen Mindestpreis von 60 auf 80 Dollar pro Bild. Dennoch klopften die Auftraggeber rege an seine Türe. Der Aufenthalt in Charlestown berechtigte ihn später zu der Feststellung, daß er im Lauf eines Jahres in Charlestown 9000 Dollar verdient hatte, seine Kosten nicht mitgerechnet.

Kurze Zeit darauf meldete sich auch die Regierung bei ihm. Als Präsident Monroe mitgeteilt hatte, daß er auf seiner Fahrt durch das Land – es war die erste seit Washingtons Reise – auch diese Stadt besuchen wolle, stellte die Stadtverwaltung Morse einstimmig 750 Dollar zur Verfügung, um das Porträt des Präsidenten zu malen. Als der Präsident im April mehreren Tanz-, Theater- und Feuerwerkvorführungen sowie einigen Militärparaden beigewohnt hatte, ersuchte ihn der Stadtrat, Morse Modell zu sitzen. Er erklärte, dafür keine Zeit zu haben, aber Morse fand Gelegenheit, sich längere Zeit mit ihm zu unterhalten und einen genauen Plan für die Sitzungen in Washington im kommenden Herbst zu verabreden.

Jetzt schwelgte er in Arbeit! Ungefähr im Juni reisten die Morses mit vielen unerledigten Aufträgen nach dem Norden, um dort den Sommer zu verbringen. Lucretia erwartete ein Kind.

Während des Sommers herrschte in Charlestown eine schlechte Stimmung. Die Unzufriedenen, die in der Kirche blieben, betrachteten es als ihre Aufgabe, »den ganzen Schmutz« auf ihren Pfarrer abzuladen, wie Mrs. Morse berichtet. Im Winter 1819 unterschrieben 25 Mitglieder eine Eingabe für die Entlassung von Dr. Morse. Sie beklagten sich unter anderem darüber, daß er seinen Geografiebüchern zu viel Zeit widmete.

Gequält und unsicher, ob er sich seiner Pflicht, weiterzukämpfen, entziehen könnte, gab Dr. Morse doch schließlich nach und legte sein Amt als Pfarrer nieder. Nachdem Finley und Lucretia einige Wochen zu Hause verbracht hatten, gab Dr. Morse am 29. August 1819 von der Kirchenkanzel seinen Rücktritt bekannt.

Kaum begannen die Ulmen auf Town Hill ihren vollen Blätterschmuck abzulegen, traf Finley wieder Vorbereitungen, um nach dem Süden zu fahren. Diesmal wußte er, daß er in diesem Haus, sollte er jemals zurückkehren, weder im obengelegenen Atelier die vertrauten Reihen seiner Studienbücher antreffen würde, noch im Wohnzimmer seine Familienporträts, die die Wände schmückten. Er wußte bereits, daß seine Verwandten den Entschluß gefaßt hatten, nach New Haven zu ziehen, um den ewigen Zänkereien mit missionsverschmähenden Unitariern und geografieverachtenden Trinitariern zu entgehen. Er ließ seine Lucretia mit der zwei Monate alten Sue in Concord zurück.

Da er den Auftrag der Stadt Charlestown ausführen mußte, Präsident Monroe zu malen, hielt er sich einige Zeit in Washington auf. Es waren genaue Anordnungen für die Sitzungen geschaffen worden, weshalb er seine Staffelei im Weißen Haus aufstellte. Aber die Sitzungen waren zu kurz, denn der Präsident hatte jedesmal nur zehn oder zwanzig Minuten Zeit. Einmal hatte Morse um zehn Uhr seine Palette bereitgestellt und mußte dann bis vier Uhr warten, bis der Präsident seinen Schreibtisch verlassen konnte. Als dann Morse nach ungefähr zehn Minuten das

Gefühl hatte, er könnte den genauen Ausdruck auf der Leinwand festhalten, wurden sie zum Abendessen gerufen. Nichtsdestoweniger freute er sich, mit den Monroes zusammen zu sein; er fühlte sich sehr wohl in ihrer Gesellschaft. Dreimal war er bei der Familie zum Abendessen eingeladen, wurde öfter von ihnen zum Tee gebeten und durfte auch einen der »Salons« der Gastgeberin besichtigen. Endlich war das Porträt so weit, daß Morse nur mehr fünf Tage im Weißen Haus zu arbeiten brauchte. Die Familie zeigte große Anerkennung für sein Werk. Dem Präsidenten gefiel dieses Gemälde besser als das von Stuart, schrieb er voll Stolz an seine Eltern, und Monroes Tochter bat für sich selbst um eine Kopie des Kopfes. Sehr befriedigt verließ er nach einem Aufenthalt von einem Monat Washington und fuhr mit der Postkutsche nach Frederichsburg, Richmond, Raleigh und Fayetteville.

In Charlestown angekommen, hatte er die schwere Aufgabe, die Familie Finley zu besuchen. Er wußte, daß Dr. Finley vor einigen Monaten gestorben war, und empfand großen Schmerz, als er die Witwe und ihre Kinder besuchte.

Zwei Winter hindurch hatte er im Süden Glück gehabt, und noch zwei weitere verbrachte er in den Kreisen von Carolina, aber jetzt mit abnehmendem Erfolg und in zunehmender Vereinsamung. Er fühlte sich niedergeschlagen inmitten jener Menschen, die Lucretia gekannt hatten und die sich alle nach ihrer Rückkehr sehnten. Es war ein Glück, daß sein Bruder Richard im Lauf des dritten Winters in der presbyterianischen Kirche von Johns Island predigen mußte, und deshalb gelegentlich in die Stadt kommen würde.

In Finleys neuem Ausstellungszimmer in der Broad Street hing ein Porträt von Sarah, der Tochter des John Ashe Allston. Der Hintergrund des Bildes war eine sorgfältig gemalte Landschaft. Finley hatte sich besondere Mühe gegeben, seinem Onkel eine Freude zu bereiten. Er machte jetzt die Entdeckung, daß Washington Allston und auch Gilbert Stuart sich sehr anerkennend über diese Malerei geäußert hatten. Allston sagte, daß dieses Gemälde »sogar im Somerset House Aufsehen erregen würde«. Und Stuart erklärte, es gefiel ihm sowohl in der Auffassung als auch in der Ausführung. Man behauptet, die Anerkennung habe das Bild so populär gemacht, daß Morse davon mehrere Kopien anfertigte. In der Ankündigung im Charlestowner *Courier* vom 22. Januar 1820 über die bevorstehende Ausstellung dieses Bildes in den Räumen des Malers

S.F.B. Morse: Washington Sala Dunkin (Privatbesitz Mrs. Aiken Simons).

wurde die eingehende Beschreibung aus dem *New England Galaxy* zitiert: »Mr. Morse hat den Versuch gewagt... eine neue und poetische Idee als Hintergrund zu komponieren. Das ganze Gemälde wird von Ruinen eines ehrwürdigen, zerbröckelten und verfallenen Architekturgebildes in gotischem Stil beherrscht – es ist von Efeu und üppigen Blumengirlanden umrahmt –, und dazwischen sieht man den Schimmer eines blauen Himmels. Es ist tatsächlich eine sehr glückliche Idee – und wir hoffen, daß sie auch andere inspirieren wird, sich von den zahmen, nichtssagenden, geraden und zierlichen griechischen Säulen zu befreien.«

Im großen und ganzen war er mit der Lebensführung der besseren Klasse im Süden einverstanden und fühlte sich dort so zu Hause, wie es sich ein religiöser Mensch nur wünschen konnte. Solange es hier Kunst-

S. F. B. Morse: Die kleine Miss Hone, wahrscheinlich die Nichte des Bürgermeisters Philip Hone. Entstanden 1824–25 (Privatbesitz Mrs. Edward Bok).

förderer gab und solange er mit seinen Basen im Hause der Finleys gelegentlich Klavier spielen konnte, mit Cogdell Austern essen oder mit dem einheimischen Miniaturmaler Charles Fraser über die Zukunft der Kunst des Südens plaudern konnte, war er zufrieden und träumte davon, Lucretia in ein oder zwei Jahren nach Charlestown zu holen, um sich dort ansässig zu machen.

Im Lauf des dritten Winters gingen die Aufträge langsam zurück, und im vierten hörten sie vollständig auf. Nach einem intensiven Kampf mit seinem Stolz siegte der Verstand. Morse gab seine relativ teure Wohnung bei Mrs. Munro auf und schlief jetzt in seinem Atelier, wiederum in der St.-Michael-Allee. Seine Lebensführung wurde jetzt genauso einfach wie seinerzeit in London, als er gemeinsam mit Leslie wohnte.

Bevor die gesellschaftliche Saison des Jahres in den letzten Februartagen zu Ende ging, kündigte Morse in den Zeitungen an, daß er innerhalb von vier Wochen Charlestown endgültig verlassen werde. Auch diese Drohung brachte ihm nur wenige Aufträge ein. Er gab sich bei diesen Arbeiten ganz besondere Mühe, denen zuliebe, die in letzter Stunde gekommen waren, und mußte selbst zugeben, daß er besser malte als bei seinem ersten Besuch im Süden, als er noch ohne feste Absichten gekommen war. Auch die Gründung einer neuen Kunstakademie, deren Führung er, Cogdell und Joel R. Poinsett übernommen hatten, brachte keine Änderung. Im April verließ er endgültig Carolina, ließ aber dort viele Porträts zurück, die später eifrig gesammelt wurden.

7 Die Kongreßhalle

Allmählich hatte die ganze Familie Morse in New Haven Unterschlupf gefunden, wo der Unitarismus noch nicht durchgedrungen war. Nach dem Tod ihres zweiten Kindes war Lucretia mit der kleinen Sue von Concord hierher gekommen. Sidney, dessen schlecht gehender *Recorder* eingestellt werden mußte, hatte erst in Andover Theologie studiert und kehrte jetzt auch zu seiner Familie nach New Haven zurück. Richard kam von John Island, und schließlich erschien auch Finley, nachdem die Förderung seiner Kunst im Süden ein Ende gefunden hatte. Im Frühjahr 1821 hatte ein verarmter Vater drei Söhne zu beherbergen, die 30, 27 und 26 Jahre alt waren und über kein regelmäßiges Einkommen verfügten.

Damals war die Familie Morse sogar gezwungen, sich Geld leihen zu müssen.

Im Lauf der ersten drei Jahre in New Haven liehen sie Geld von Samuel Sparhawk in Concord, von Lucretias Vater, von Timothy Dwight, dem Sohn des Präsidenten von Yale, von ihrem Nachbar Eli Whitney sowie von Banken in New Haven, Hartfort und Boston. Im Zuge einer glücklichen Spekulation kaufte Dr. Morse das Haus, das sie bewohnten, für 4000 Dollar, aber bald darauf war er wieder gezwungen, es mit einer Hypothek zu belasten und es schließlich Whitney zum Verkauf anzubieten, unter der Bedingung, daß er es weiter mieten könne und das Vorkaufsrecht hätte. Obwohl Bücher für den Vater und seine beiden jüngsten Söhne das tägliche Brot waren, wurde ein Teil der Familienbibliothek auf einer Auktion in Washington versteigert, wofür sie etwas über 500 Dollar erzielten, die sie dringend benötigten.

Trotzdem fehlte es den Männern nicht an Unternehmungsgeist. Mit Ausnahme von Finley beschäftigten sich alle mit Schriftstellerei. Tagaus, tagein arbeitete Dr. Morse an seinem Bericht über die Indianer, Richard an der Revision des *Gazetteer* seines Vaters und Sidney an der neuen Ausgabe der Geografie.

Auch Finley war schöpferisch tätig. Er beschäftigte sich weiter mit Porträtmalerei und träumte inzwischen davon, im grandiosen Stil von West und Allston zu malen. Für 400 Dollar baute er sich ein bewegliches Holzhaus, das er sein Atelier nannte und das sich je nach Belieben mit dem Familienhaus verbinden ließ oder separat im Garten stehen konnte. Hier malte er nicht nur, sondern arbeitete auch an seiner neuen Erfindung, einer Marmorschneidemaschine, die, wie viele ähnliche Erfindungen aus jener Zeit, ohne Meißel auf maschinellem Weg Kopien von Skulpturen anfertigen konnte.

Einer der merkwürdigsten Freunde Finley Morses war der Dichter-Geologe James Gates Percival. Als dieser sich bei einem New Yorker Freund über Finley erkundigte, ob er »ein flotter Bursche« sei, erhielt er die Antwort: »Während des kurzen Gesprächs, das wir führten, hat er mir gefallen. Er hat auf jeden Fall ein gutes Gesicht – nicht hübsch, aber aufgeweckt und geistvoll. Habe ich ihn gut geschildert?«

Als Percival aus New Haven darauf erwiderte, hatte er eine seiner üblichen schlechten Launen. »Ich habe hier keinen einzigen Freund, keinen einzigen, mit dem ich Umgang pflege. Vor kurzem wurde ich näher mit Morse bekannt, während er meine Physiognomie malte. Ihr Urteil ist ziemlich richtig. Er ist ein guter Künstler, und seine Ideen sind weit über dem Durchschnitt.« Dem Dichter gefiel das Porträt so gut, daß er Morse dazu bewog, es einem Verleger zur Verfügung zu stellen, der eine neue Ausgabe seiner Gedichte mit einem Porträtstich ausstatten wollte.

Morse malte mehrere seiner Freunde und Professoren von Yale. Er malte auch Präsident Jeremias Day und seinen Nachbar Eli Whitney, an den er in den folgenden Jahren oft zurückdenken sollte, ferner einen anderen Nachbar, Noah Webster. Dieses Porträt fand so großen Beifall, daß es in der ersten Auflage von Websters Wörterbuch aus dem Jahr 1828 als Titelbild in Kupferstich erschien, und seither viele weitere Auflagen ziert. Für De Forest, einen amerikanischen Geschäftsmann, der früher in Südamerika gelebt hatte und jetzt die Anerkennung der neuen argentinischen Republik durchzusetzen versuchte, malte Morse zwei seiner besten Porträts. Es ist eine ehrliche, eindringliche und rechtschaffene Arbeit, die einerseits die schwerfällige Kraft des Mannes und andererseits die selbstbewußte Grazie der Frau zum Ausdruck bringt.

S. F. B. Morse: Noah Webster (Privatbesitz Mrs. Howard Field).

Aber schon bald bemerkte Morse, daß es auch in New Haven zu wenig Porträtaufträge gab. Die Pläne zur Gründung einer Akademie fanden keine Unterstützung, die Marmorschneidemaschine war noch nicht so weit, daß sie patentiert werden konnte, und der Gedanke, Palmettostämme für die Reisreinigung zu verwenden, war noch nicht reif. Oft war er mit Professor Silliman zusammen, entweder in seiner Wohnung oder auf Forschungsfahrten in den Berkshires und Adirondacks, und manchmal arbeitete er mit ihm in seinem Laboratorium. Aber alle Experimente mit Kameras und den neuesten Batterien schienen zu keinem Ergebnis zu führen. So war Finley wieder gezwungen, seinen Vorrat an Plänen und Ideen einer Musterung zu unterziehen.

In den ersten Wintertagen des Jahres 1822 ging er nach Washington und besuchte Präsident Monroe, verschiedene Kongreßmitglieder und

S. F. B. Morse: Benjamin Silliman (im Besitz der Gallery of Fine Arts, Universität Yale).

seinen früheren Mitbewerber Charles Bulfinch, den derzeitigen Erbauer der Rotunde, die die beiden Säle des Abgeordnetenhauses miteinander verbinden sollte. Mit ihrer Unterstützung wurde ihm ein Zimmer in der Nähe des Abgeordnetenhauses zur Verfügung gestellt. Sobald er die Skizzen der »Mitglieder« fertig hatte, konnten sie also bequem zu ihm herüberkommen, um ihm zu sitzen. Der Verhandlungssaal des Abgeordnetenhauses müßte an erster Stelle gemalt werden, mit den Kongreßmitgliedern und dem Obersten Gerichtshof, dann würde der Senat folgen, und schließlich käme dann das Gesellschaftszimmer im Weißen Haus mit den Beamten der Exekutive an die Reihe.

Zur gleichen Zeit hatte er die Entdeckung gemacht, daß die Furchen im Gesicht seiner Mutter weniger scharf wirkten, wenn er sie bei Kerzenlicht malte. Somit kam er auf die Idee, daß der Verhandlungssaal bezaubernd wirken müßte, wenn er ihn im Licht der 30 Lampen des großen Messinglusters malte. Die Gruppierung von etlichen 80 Personen in der gleichen Größe und von gleicher Bedeutung war nicht leicht, und noch größere Schwierigkeiten bereiteten ihm die unregelmäßige Kuppel und die gebogenen Sitzränge. »Ich habe große Schwierigkeiten mit der Perspektive meines Gemäldes«, schrieb er, »aber ich habe sie überwunden und habe das erreicht, was ich wollte. Nachdem ich den Großteil dreimal gezeichnet hatte, habe ich das Ganze mindestens ebensooft vollständig umgearbeitet. Mehrmals habe ich mich von frühmorgens bis elf Uhr abends angestrengt, um ein einziges Problem zu lösen.«

Nach wenigen Wochen bat er die Kongreßmitglieder, ihn in seinem Zimmer zu besuchen. Durch die Wand konnten sie die Reden ihrer Kollegen im Verhandlungssaal verfolgen, so daß sie, wenn heftige Diskussionen über die Nationalbank, die Kanäle oder die Anerkennung der neuen südamerikanischen Republiken losgingen, in die Halle zurückgehen konnten, um ihren Standpunkt zu verteidigen.

Beim täglichen Skizzieren der Kongreßmitglieder kam seine ganze Energie zur Entfaltung. »Ich bin in der richtigen Stimmung«, schrieb er damals, »und jetzt geht es vorwärts.« Je größer die Anzahl seiner endgültigen Skizzen der Kongreßmitglieder wurde, desto mehr begeisterte er sich für seine Arbeit. Er konnte beobachten, wie gerne die Mitglieder zu den Modellsitzungen kamen, und wie andere, die dazu nicht aufgefordert wurden, sich um seine Gunst bewarben. »Meine Zuversicht steigert sich von Tag zu Tag«, schrieb er nach Hause, »und ich glaube, daß es populärer sein wird als jedes andere bis jetzt ausgestellte Bild.«

Zwei Wochen später war es so weit, daß er nach Hause gehen konnte, mit Skizzen von mehr als 80 Kongreßmitgliedern und von den Richtern des Obersten Gerichtshofes.

Nach einer langen Fahrt, bei Tag und Nacht, waren Finley und Henry am 16. Februar zu Hause angekommen, beide mit einer schweren Erkältung. Finley war so erschöpft, daß er, nach Ansicht seiner Mutter, vollkommene Ruhe brauchte, um »wieder zu Kräften zu kommen«. Endlich konnte er, von seiner Mutter ermutigt und mit den Ratschlägen seiner Frau versehen, die Arbeit an seinem großen Gemälde aufnehmen.

Im Herbst mietete er in Boston einige Ausstellungsräume für zehn Dollar pro Woche. Nachdem er das Bild in den ersten Wintertagen von 1823 für kurze Zeit in New Haven ausgestellt hatte, trafen Morse und Henry endlich am 11. Februar in Boston ein. Die Firma Jocelyn hatte den

»Führer mit erklärendem Text« per Schiff abgeschickt, während das Bild selbst, die *Kongreßhalle,* mit einem Gewicht von 640 Pfund gut verpackt per Schlitten befördert wurde. Kaum war es richtig aufgestellt, bat Morse seinen Freund Allston, er möge sein großes Belsazarwerk einen Augenblick unterbrechen, um sich das Bild anzuschauen. Allston sagte Morse, daß es großartig sei, worauf er – wie Morse schrieb – »einige kleine Verbesserungen vorschlug, die ich in zwei Tagen vornehmen kann«. Morse nahm den Rat seines von ihm vergötterten Meisters genau so ergeben an, wie er es immer getan hatte, und schob die Eröffnung einige Tage hinaus, um die nötigen Änderungen durchführen zu können. Er erwartete, daß die Verzögerung der Ausstellung zum Vorteil gereichen würde, denn die Neugierde war bereits sehr groß.

Als die Ausstellung eröffnet wurde, hatte Morse den Eindruck, daß er in jeder Beziehung mit einem Erfolg rechnen könne.

Morse beobachtete die Besucher, die das Gemälde studierten und gelegentlich in den von ihm verfaßten Führer schauten. Bald darauf faßte er den Mut, den Saal auch abends geöffnet zu halten, und gab Henry den Auftrag, Öllampen mit Blechspiegeln aufzustellen, die einen so gedämpften Lichtschein gaben, daß der Luster auf dem Gemälde das stärkste Licht im Saal zu sein schien.

Es kamen einige der führenden Persönlichkeiten, die in Boston die öffentliche Meinung beherrschten und das Bild sehen wollten.

Auch viele Einwohner von Charlestown überquerten die Brücke, um Finleys Gemälde zu sehen, unter anderen der gegenwärtige Inhaber der Pfarrei auf Town Hill, Pfarrer Fay, der Diakon Tufts und das frühere Kongreßmitglied Gorham. Sogar diejenigen, die nicht nach Boston gehen konnten, wurden durch die Zeitung darauf aufmerksam gemacht.

Als einige Wochen vergangen waren, verlor die *Kongreßhalle* anscheinend ihre Anziehungskraft. Der Besuch in den Sälen des Malers zeigte eine fallende Tendenz. Seit seiner Rückkehr nach New Haven waren im März in den letzten drei Wochen die Einnahmen von kaum 70 Dollar in der ersten Woche auf 30 in der nächsten und knapp 25 in der darauffolgenden Woche zurückgegangen. An einem regnerischen Tag kamen nur drei Besucher, aber seine Verpflichtungen dem Gutsbesitzer gegenüber stiegen ununterbrochen.

Nach einem Wettrennen von ungefähr sieben Wochen hörte Henry am 12. April auf, den Holzofen zu heizen, und wickelte die Kongreßmitglieder in schützende Decken. Allston brachte Morse gegenüber seine Sympathie zum Ausdruck.

Während Boston sich damit brüstete, die Heimatstadt Allstons zu sein, hatte es die Hochburg des Puritanismus vor vielen Jahren leider versäumt, denselben Anspruch in bezug auf Dr. Morse und Finley zu erheben. New York hatte Boston als Zentrum der schönen Künste schon längst überholt. Das New Yorker Publikum, das die *Kongreßhalle* sehen sollte, bekam auch andere Bilder zu Gesicht, die ebenso wertvoll und von anerkannten Künstlern gemalt waren. Rembrandt Peale stellte zu dieser Zeit sein bekanntes Bild *Am Hofe des Todes* aus. Dieses Bild, das noch größer war als das Gemälde von Morse, machte einen überwältigenden Eindruck auf das moralisierende Publikum. Sogar mit seiner Kopie von Granets *Kapuzinerkapelle* sonnte sich Thomas Sully im Widerschein seines Ruhms. Ein unternehmungslustiger Seemaler aus Philadelphia, Thomas Birch, hatte aus einem bekannten Schiffbruch Kapital geschlagen und sein Bild »*Untergang der Albion*« ausgestellt. Auf den Ausstellungen gab es tatsächlich nur ein einziges Bild, das kein historisches Thema darstellte. Denn drei Jahre nach dem Tod von West stellten vier markante Maler, Morse, Sully, Vanderlyn und Peale, die seine Schüler gewesen waren, ausschließlich Bilder aus in dem von ihm so geliebten historischen Stil. Das einzige ausgestellte Bild, das kein historisches Motiv darstellte, war das von Sir Thomas Lawrence gemalte Porträt von West selbst.

Während die Familie Morse die zweifelhafte Laufbahn der *Kongreßhalle* verfolgte, hatte sie auch noch andere Interessen in New York. Ebenso wie in Boston tauchten auch hier die neuen Auflagen des Atlas und des *Gazetteer* in den Buchhandlungen auf. Aber damit nicht zufrieden, lancierte Sidney mit Richards Unterstützung eine neue New Yorker Zeitung, ein religiöses Wochenblatt in der Art seines Vorgängers, des Bostoner *Recorder*. Die erste Nummer des New Yorker *Observer* enthielt die Mitteilung, daß das Gemälde von Morse in der Stadt angekommen sei. Die erste Nummer, in der Anzeigen aufgenommen wurden, brachte die Ankündigung von Henry, daß das *Abgeordnetenhaus* in Fulton Street Nr. 144, in der Nähe des Broadways, zu besichtigen wäre. Es war nur zu begreiflich, daß die ersten Nummern des *Observer* Neuigkeiten über Morse brachten, und in den darauffolgenden 50 Jahren sollte dieses bekannte Blatt seines Bruders sein Leben in allen Einzelheiten verfolgen.

S. F. B. Morse: Die Kongreßhalle (Concoran Gallery of Art, Washington).

Das Unternehmen der beiden jüngeren Brüder mußte eine schwere Anlaufzeit durchstehen, da die Zahl der Abonnenten nur langsam stieg, aber das Wagnis des ältesten Sohnes drohte vollkommen zu scheitern. Die wöchentlichen Eingänge waren noch geringer als in Boston. Anschließend an die Ankündigung, daß die Ausstellung nur noch einige Tage geöffnet sein werde, brachte eine Zeitung am 4. Juli folgende ominöse Anmerkung der Redaktion: »Wir möchten nur feststellen, daß New York sich, in Anbetracht der Arbeit und der Kosten, die der Künstler auf sich genommen hat, nicht sehr dankbar gezeigt hat.« Nachdem die Ausstellung in New York ungefähr sieben Wochen gedauert hatte, gab Finley als letzten Ausstellungstag den 16. Juli bekannt.

Nachdem weitere Ausstellungen nicht in Betracht gezogen wurden, befaßte er sich auch nicht mehr mit dem Plan, den Senatssaal und das Gesellschaftszimmer des Weißen Hauses zu malen. Morse hatte zwar noch andere Möglichkeiten, sein *opus magnum* zu seinem Vorteil zu nutzen, aber zu Hause in New Haven beschäftigte er sich eingehend mit seiner Marmorschneidemaschine. Wenn auch sein historisches Gemälde ihn nicht in die Lage versetzte, ein eigenes Haus für seine Frau und Kinder zu erwerben, gab es doch noch immer eine schwache Hoffnung, daß es ihm seine Maschine ermöglichen würde. Sollte dies nicht der Fall sein, müßte er seine Porträtmalerei wieder aufnehmen. Alles in allem betrachtet, war das noch immer das Beste. Er wußte genau, welche Sorte von Menschen am günstigsten zu malen wäre. Es waren die klugen, reizlosen, gemütlichen und moralisierenden Neureichen. Aber New Haven war bereits ein steriler Boden für einen Künstler geworden. Er dachte an New Orleans, nicht wissend, daß Audubon dort lebte, der sich danach sehnte, Vögel zu malen, und sich gerade mit Porträtieren ein elendes Einkommen verschaffte. Auch nach New York gingen seine Gedanken.

Es war nicht die Wanderlust, die ihn aus der elterlichen Wohnung vertrieb; während er in Albany einige Porträtaufträge aufzutreiben versuchte, schrieb er Lucretia am 16. August: »Das Herumsuchen wird allmählich ermüdend. Allein die bittere Not zwingt mich zu dieser Reise. Denke aber nicht, daß ich kleinmütig bin. Ich werde diesen Weg weiter verfolgen, wie schmerzlich die Trennung von meiner Frau und Familie auch sein mag, bis die Vorsehung mir zeigt, daß es meine Pflicht ist, zurückzukehren.«

Diese wenigen Wochen in Albany waren sehr schwer für ihn. Er hatte zwar viele Zusagen, malte aber nur drei Porträts, davon eines als Geschenk für seinen Förderer Stephan van Rensselaer. Tagelang hatte er nichts zu tun. Es gab auch keine Bilder oder Skulpturen, die er kopieren konnte. Wohl behandelten ihn einige Familien sehr zuvorkommend, aber das war dann auch alles. Das Nichtstun wurde ihm zur Qual. Zum wiederholten Mal verließ er Lucretia, die Kinder und seine Eltern. Er schiffte sich nach New York ein, fest entschlossen, der hervorragendste Künstler der Stadt zu werden.

8 Ein Herzenswunsch wird spät erfüllt

Seine Bemühungen, New York zu erobern, hatten seine Energie und seine Begeisterung vollkommen erschöpft. Er hatte »geworben, Besuche abgestattet, Ratschläge erteilt«, bei seinen Bekannten »geworben, vorgesprochen, geraten und Besprechungen geführt«, aber es hatte ihm wenig genützt. Sonstige Verdienstmöglichkeiten hatten ebenfalls versagt. So hatte ein Unbekannter das Prinzip seiner Marmorschneidemaschine patentieren lassen. Seine *Kongreßhalle* wurde von einem anderen Vertreter in Albany, Hartfort und Middletown ausgestellt, aber wieder mit Verlust. Um Geld zu sparen, schlief er auf dem Fußboden seines Ateliers am Broadway, entgegen dem ausdrücklichen Wunsch seiner Lucretia. Schließlich kam der Tiefpunkt, als ihm sein Hut gestohlen wurde. Um sich einen neuen kaufen zu können, mußte er seinen letzten Fünfdollarschein ausgeben und büßte viel von seinem Selbstvertrauen ein.

Während Lafayette das Land besuchte und die unzähligen Teller, von denen er gegessen, und die Betten, in denen er geschlafen hatte, um etliche vermehrte, rissen sich die Künstler um die Ehre, das Bild Lafayettes für die Stadt malen zu dürfen. Vanderlyn, J. W. Jarvis und James Herring reichten offiziell beim Gemeinderat um dieses Vorrecht ein, und bald kamen noch andere Bewerber hinzu, wie Sully, Waldo, Inman, Ingham und Morse.

Morse war wieder in der Stadt, um sein Glück zu versuchen. Sein Atelier befand sich wiederum am Unteren Broadway, in der Nähe von Wall Street, wo seine Mutter geboren wurde.

Im Wettbewerb um den Lafayette-Auftrag hatte er einen Vorsprung durch die Leichtigkeit, mit der er sich anfreundete. Obwohl er nur einmal im Leben wirklich Freundschaft empfunden hatte – es war die Zeit, da er mit Cooper in Paris lebte –, war er ein ausgesprochen geselliger Mensch. Er verstand es, die freundschaftlichen Beziehungen seiner Brüder und

Eltern zu vertiefen. Er kannte die Künstler der Stadt besser als die meisten von ihnen, die hier jahrelang gelebt hatten. Jeder, der beweisen konnte, daß er ein Freund des sprühenden Allston, des launischen Coleridge, des gelehrten Silliman und des unberechenbaren Percival war, konnte mit einem freundlichen Empfang in den Salons der New Yorker Kaufleute und der einflußreichen Persönlichkeiten der besseren Gesellschaft rechnen. Auf dem Gebiet der öffentlichen und privaten Moral nahmen sie den gleichen Standpunkt ein wie er. Ihr soziales Empfinden war aristokratisch und ihre politischen Ansichten waren in vielen Fällen konservativ-demokratisch, genauso wie es bei ihm der Fall war. Ihre Wohnungen dienten als Schauplatz und Treffpunkt des intellektuellen und künstlerischen Lebens, zum Beispiel für die Dichter Hillhouse, Halleck und Bryant, für den Romanschriftsteller Cooper und den jungen Autor Dana sowie für die Kritiker Dunlap und Verplanck.

Hillhouse hatte ihn bei Isaac Lawrence, einem reichen Kaufmann, eingeführt, als seine *Kongreßhalle* in New York ausgestellt werden sollte. Es war der Intervention des Isaac Lawrence zu verdanken, daß Morse – wie Dunlap berichtet – vor den Augen des Gemeinderates Gnade fand. Durch Lawrence hatte Morse die Bekanntschaft von Philip Hone gemacht, der sich von seinem Auktionshaus zurückgezogen und bereits früher das von Morse gemalte Porträt des Kanzlers Kent gekauft hatte. Philip Hone war Mitglied des städtischen Komitees für den Empfang von Lafayette.

Jetzt hörte Morse, daß er ausersehen sei, das Porträt des Marquis Lafayette zu malen. Er würde mindestens 700 oder vielleicht sogar 1000 Dollar daran verdienen und mußte für die ersten Sitzungen nach Washington kommen. Ohne zu erfassen, wie richtig seine Worte waren, schrieb er nach Hause: »Meine einzige Angst ist, es könnte mir meine liebe Lucretia rauben.«

Im Januar 1825 schien es ihm endlich möglich, an ein Heim für seine Frau und seine Kinder zu denken. »Wenn ich mir überlege, wie wunderbar alles mithilft, um dieses große und *lang ersehnte* Ereignis – ständig bei meiner Familie zu sein – herbeizuführen, dann versinken alle unerfreulichen Gedanken bei der Vorfreude, und ich sehe dem Frühling dieses Jahres mit der frohen Erwartung entgegen, meine liebe Familie für immer in unserer eigenen gemieteten Wohnung um mich zu haben.« Es war schon bitter genug, von Lucretia überhaupt getrennt zu sein; noch schmerzlicher war es für ihn, daß sich seine Familie über ihre Anwesenheit in New Haven beklagte. »Die ganze Regelung, die beiden Familien in einen Haushalt in New Haven zu vereinigen, ist – erklärte sein Bruder Richard – schlecht, und die Schwierigkeiten können nicht ausbleiben.« Aber jetzt war ein Ausweg in Sicht.

Gegen Monatsende war er einige Tage bei seiner Lucretia und ihrem neugeborenen Baby »Fin«. Damals las er seiner Frau eine Lebensbeschreibung von Lafayette vor. Mutter und Kind waren beide wohlauf.

Am 7. Februar kam Morse in Washington an und bezog ein Zimmer im Hotel Gadsby, in dem auch Lafayette wohnte. An diesem Tag schrieb Dr. Morse ihm folgendes: »Deine liebe Frau ist auf dem Weg der Besserung. Wir werden sie in dieser Jahreszeit nicht aus ihrem Zimmer vertreiben – alle Kinder sind weiterhin so gesund und verspielt, wie Du sie verlassen hast. Wir nehmen an, daß Du heute mit dem Marquis beginnst.«

An diesem Nachmittag stand Lucretia wie gewöhnlich auf, damit ihr Bett frisch gemacht werden könne. Voll froher Zuversicht sprach sie über das baldige Wiedersehen mit ihrem Mann in ihrem eigenen New Yorker Heim. Als sie wieder im Bett war, hatte sie einen kurzen Augenblick einen Schüttelfrost, dann sank sie in die Kissen zurück. Nach fünf Minuten, gerade in dem Augenblick, da Dr. Morse in ihr Zimmer kam, um ihr seinen regelmäßigen Besuch abzustatten, war sie bereits verschieden.

Am nächsten Tag – einem Mittwoch – wurde Morse zu einem Besuch bei Lafayette gebeten. Er erinnerte sich, gehört zu haben, daß sein Aussehen enttäuschend sei: eine schiefe Stirne, hervorquellende Augen und eine Zwiebelnase. Aber im Gegenteil: Lafayette hatte ein nobles Aussehen! Sein Gesichtsausdruck und sein Charakter deckten sich vollkommen und verrieten eben jene Standhaftigkeit und Unbestechlichkeit, die ihn berühmt gemacht hatten.

»Dieser Mann steht jetzt vor mir, derselbe Mann«, so schrieb er seiner bereits verstorbenen Frau, »der im Kerker von Olmütz darben mußte; derselbe Mann, der den Eid auf die neue Verfassung im Namen so vieler Millionen leistete, während Tausende Augen auf ihn gerichtet waren (wie es so wunderbar in der Biographie beschrieben ist, aus der ich Dir kurz vor meiner Abreise zu Hause vorlas); derselbe Mann, der seine Jugend, sein Vermögen und seine Zeit opferte, um (mit Hilfe der Vorsehung) unsere glückliche Revolution herbeizuführen; der Freund und Gefährte Washingtons, das Schreckgespenst der Tyrannen, der starke und standhafte Beschützer der Freiheit, der Mann, dessen gesegneter Name von einem Ende dieses Kontinents bis zum anderen widerhallt, um dessentwillen alle zusammenströmen, um ihn sehen zu können, und dem alle ihre Verehrung zum Ausdruck bringen möchten. Und gerade diesen Mann werde ich porträtieren!«

Seine Rührung schien ihn beinahe überwältigen zu wollen, als der General ihm die Hand drückte und sagte: »Mein Herr, ich freue mich außerordentlich, Ihre Bekanntschaft zu machen, ganz besonders bei solch einem Anlaß.« Sie vereinbarten, am nächsten Tag zusammen zu frühstücken und anschließend mit der ersten Sitzung zu beginnen.

Zwei Tage nach dem Tod seiner Frau, von dem er noch keine Ahnung hatte, verbrachte er einen interessanten Abend bei der Inauguration des neuen Präsidenten. Bei der Inauguration des Präsidenten im Weißen Haus wünschte Morse Adams Glück. Er sah auf den ersten Blick, daß der neugewählte Präsident in guter Stimmung war. Er beobachtete, wie General Jackson auf ihn zuging und ihm herzlich die Hand drückte. Er hatte den Eindruck, daß Jackson seine Niederlage wie ein Mann trug. Auch der gewählte Vizepräsident Calhoun war anwesend und selbstverständlich der Marquis.

Morses Aufenthalt in Washington war beinahe beendet, als ihn die Nachricht vom Tod seiner Frau erreichte. Lafayette sagte ihm, daß niemand seinen Schmerz besser nachfühlen könne als er, denn auch er habe als junger Mann eine schöne Frau verloren.

Am nächsten Tag fuhr Morse nach Hause. In New Haven hörte er, daß das Begräbnis schon vor einigen Tagen stattgefunden hatte und die sterbliche Hülle seiner Frau neben zwei seiner Kinder ruhte.

Immer wieder hatte er ihr gesagt, der Herr habe sie ihm gegeben und der Herr werde sie auch nehmen, zu einer Zeit, die Ihm gutdünke. Er hatte sie davon überzeugt, daß jeder bereit sein müsse, die Augen des anderen ruhig und liebevoll zu schließen, in der festen Überzeugung, daß die Ewigkeit sie wieder für einander öffnen werde. Trotzdem war ihr plötzliches Hinscheiden ein schweres Opfer für ihn, und seine Familie litt darunter, wenn sie ihn kämpfen sah, um sein seelisches Gleichgewicht wieder zu erlangen. Aber wenn er ihre Notizen und ihr Tagebuch fand und darin die noch frischen Beweise las, daß sie ihren Glauben hatte und auf den Tod »vorbereitet« war, fühlte er sich getröstet. Nur befürchteten seine Brüder, der Schmerz könnte ihn überwältigen.

Er hinterließ seine mutterlosen Kinder der Obhut der treuen Nancy und der Großmutter und kehrte nach New York zurück. Seine Arbeit half ihm über vieles hinweg. Jetzt wurde er von Aufträgen überhäuft – vielleicht auch deshalb, weil man einsah, daß er die Arbeit jetzt dringender nötig habe als früher in der größten finanziellen Not. Die Sitzungen mit Lafayette wurden fortgesetzt, als der Marquis wieder in New York war, um von dem neuen Bürgermeister Philip Hone gefeiert zu werden. In diesem Jahr vollendete Morse auch das Porträt der Nichte des Bürgermeisters, erhielt den städtischen Auftrag, John Stanford, den Seelsorger des Armenhauses, und wahrscheinlich auch William Paulding, den früheren Bürgermeister, zu malen. Im selben Jahr malte er das starke und doch weiche Porträt seines Freundes William Cullen Bryant, das heitere Bild des Gouverneurs Clinton und den triumphierenden Pfarrer bei der Vermählung des Eriesees mit dem Atlantischen Ozean sowie ein feines Porträt seines Nachbarn Benjamin Silliman.

Begreiflicherweise gesellte sich zu seinem beruflichen Aufstieg auch eine Zeit gesellschaftlicher Erfolge. Morse gehörte zu jenen Verehrern Coopers, die sich an bestimmten Abenden in einem kleinen abseits gelegenen Zimmer in Wileys Restaurant trafen, das Cooper »Die Höhle« genannt hatte und das sich an der Ecke der Wall Street und New Street befand. Alle schwärmten sie von Coopers Witzen: ansehnliche Dichter, wie Percival, Hillhouse und Halleck, Colonel Stone, der Herausgeber des New Yorker »Commercial Advertiser«, der junge Schriftsteller Dana und natürlich auch der immer wachsame Dunlap. Gegen Jahresende wurde Morse eingeladen, einem von Cooper gegründeten Klub, »The Lunch« genannt, beizutreten. Zu den später gewählten Mitgliedern zählten Halleck, Brevoort, Dunlap, Sands, Vanderlyn, Jarvis und Durand. Morse fühlte sich durch diese Auszeichnung geschmeichelt.

»Eine literarische Gesellschaft«, schrieb er nach Hause, »die nur bei Einstimmigkeit neue Mitglieder aufnimmt und viele angesehene literarische Persönlichkeiten der Stadt ablehnt, hat mich zum Mitglied gewählt, gemeinsam mit den Dichtern Mr. Hillhouse und Mr. Bryant. Diese sind mir gut gesinnt, um einen schwachen Ausdruck zu gebrauchen, und ich zweifle nicht daran, daß es letzten Endes von Vorteil für mich sein wird. Deo Gloria!«

Im Lauf dieses Jahres lebte er einige Zeit gemeinsam mit einem Freund, Dr. Mathews, dem späteren Kanzler der Universität der Stadt New York. Im Frühling konnte der Maler auf so viele berufliche Erfolge zurückblicken, daß er den Entschluß faßte, sich ein eigenes Heim zu mieten. Er wählte eine Wohnung in der Canal Street in der oberen Stadt, Tür an Tür mit Isaac Lawrence. Endlich, wenige Monate nach dem Tod Lucretias, hätte er ihr das geben können, was sie sich am meisten gewünscht hatte: ein eigenes Heim.

9 Die Gründung der National-akademie für bildende Künste

Zur Zeit der Erdbeerernte 1825 lud Morse seine Kunstkollegen in sein neues Heim ein, wobei man sich ungezwungen unterhielt und die Berufssorgen für kurze Zeit zu vertreiben suchte.

Nachdem hier schon mehrere Zusammenkünfte stattgefunden hatten, nahmen die Künstler auch jetzt Morses Einladung gerne an. Im Lauf ihrer Gespräche kamen sie zu der Erkenntnis, daß die Leitung der amerikanischen Kunstakademie in andere Hände übergehen sollte. Diese Erkenntnis sollte schon bald nicht unwesentlichen Einfluß auf die amerikanische Kunstgeschichte haben.

Es war für Morse ein großes Glück, daß sich sein stiller Wunsch, Präsident Trumbulls Platz, als das amerikanische Haupt der New Yorker Künstler, einzunehmen, vollkommen mit den Bestrebungen der Kunststudenten deckte, die mit Trumbulls Leitung der Akademie unzufrieden waren.

Die Studenten waren ganz besonders erbost über die Art, wie ihre Übungsstunden gehandhabt wurden. Laut Stundenplan sollte die Akademie frühmorgens um sechs oder spätestens halb sieben Uhr geöffnet werden, wagten sie es aber so früh zu kommen und an die Türe zu klopfen, dann wurden sie mit beleidigenden Worten abgewiesen. Bei einem solchen Zusammenstoß hatten die Studenten und die älteren Künstler aufgrund ihrer gemeinsamen Interessen zueinander gefunden.

Als Morse nach längerem Hin und Her die ganze Situation überblickte, sah er für die Künstler keine andere Möglichkeit mehr, als die Gründung einer eigenen Akademie. Während der nächsten Versammlung des New Yorker Verbandes der graphischen Künstler machte er den Vorschlag, daß die Mitglieder 15 Berufsakademiker wählen sollten, und zwar als selbständiges und sich immer wieder ergänzendes Direktorium einer Institution, der Morse den Namen Nationalakademie der graphischen Künste geben wollte. Als seine Vorschläge am 16. Januar 1826 angenommen wurden, wählte der Verband folgende Berufsakademiker als Vorstand: Morse, Inman, Durand, Ingham, Dunlap, Cummings, Wright, Danforth, Town, John Frazee, William Wall, Edward Potter, Hugh Reinagle und Gerlando Marsiglia. Morse wurde zum Präsidenten gewählt und Morton zum Sekretär.

Präsident Morse führte die neue Akademie mit folgendem klaren Programm in die Öffentlichkeit ein:»Die Nationalakademie der graphischen Künste gründet sich auf dem allgemein anerkannten Prinzip, daß *jeder Beruf in der menschlichen Gesellschaft selbst am besten die Mittel kennt, die zu seiner eigenen Vervollkommnung notwendig sind.*« Dies war ein offener Angriff gegen die Kunstförderer, die nicht nur die amerikanische Akademie kontrollierten, sondern auch über die Lebensmöglichkeiten aller New Yorker Künstler zu entscheiden hatten.

Im Mai wurde die erste Jahresausstellung der Nationalakademie mit einem feierlichen privaten Empfang eröffnet. Die Akademiker mit einer weißen Rosette im Knopfloch begrüßten ihre Gäste im zweiten Stockwerk eines Hauses, Ecke Broadway und Reade Street, und führten sie in ein Zimmer, das kaum siebeneinhalb mal fünfzehn Meter groß war, aber, wie sie stolz betonten, über die neue Beleuchtungsmethode mit Gasbrennern verfügte. Die Ausstellung erntete größtes Lob, endete aber mit einem Defizit von 163 Dollar.

Ein Jahr später wurde eine neue Ausstellung mit noch größerer Sorgfalt vorbereitet, um den Gegensatz mit der amerikanischen Akademie noch stärker zum Ausdruck zu bringen. Wurde dann jemand gefragt, ob er die Ausstellung der amerikanischen Akademie gesehen habe, erhielt man ständig die witzige Antwort:»Nein, ich sah sie voriges Jahr.« Die Nationalakademie erfreute sich allgemeiner Sympathie, weil sie ausdrücklich betonte, daß alle ausgestellten Werke nur von lebenden Künstlern und niemals vorher in der Stadt ausgestellt waren. Die zweite Jahresausstellung warf schon mehr als 500 Dollar ab, die dritte mehr als 800 und die vierte mehr als 1000. Die Künstler hatten gezeigt, daß sie stärker waren als die Traditionen und das Geld der alten Akademie.

Die Nationalakademie entwickelte sich in den ersten Jahren nur langsam. Morse, der immer wieder zum Präsidenten gewählt wurde, feuerte die Künstler unentwegt an, sich nicht von dem anhaltenden Spott der alten Akademie beeinträchtigen zu lassen. So erklärte ein Zeitungskorrespondent, daß er und seine Freunde »ihren eigenen Ruf ausposaunten«

und »tödliche Pfeile auf ihre Schwesterinstitution« abschossen. Auch Trumbull selbst wurde in die Pressekampagne einbezogen und mußte, wenn auch unbeabsichtigt, die Erklärung abgeben, daß Morse die führende Persönlichkeit der Gegnerschaft sei. Die ganze Spaltung sei sein Werk, er sei, wie Trumbull sagte, »der Anstifter und Vollender des ganzen Planes«.

Zuschriften, Flugblätter und offene Briefe in den Zeitungen ebneten Morse rasch den Weg zu seinem ersten Pressekampf. Die Kunst hatte er von seinem Vater gut gelernt, vielleicht sogar zu gut. Aber das Endresultat seiner Verteidigung und einer Doppelserie geschichtlicher Vorträge für das New Yorker Athenäum bestand jedenfalls darin, daß sein Ansehen sowohl bei den Künstlern als auch beim Publikum wuchs. Er hatte zum erstenmal den Beweis erbracht, daß er ein geschickter Organisator war.

Rückhaltlos äußerte er seinen Stolz, wenn er mit seinen Brüdern sprach oder nach Hause schrieb. Er selbst und die Akademie seien unzertrennlich miteinander verbunden. Er begann mit einem Loblied auf seine eigenen Führerstellung und endete mit Ausrufen über die Herrlichkeit einer Ausstellung der Nationalakademie. Dann wieder begann er mit einem Bericht über die wachsenden Einkünfte der Akademie und schloß mit den erwartungsvollen Worten, daß er über die nötigen Gelder verfügen würde, um nach Europa zurückzukehren, wo er seine, vor mehr als zehn Jahren unterbrochenen Studien vollenden könnte. Aber er war bestimmt nicht aufrichtig, als er behauptete, seine Akademie habe »*in ihrer Art die beste Ausstellung, die jemals in dieser Stadt gezeigt wurde*«, während die amerikanische Akademie nur »*abscheulichen Kitsch*« bringe. Cummings gab seinerseits folgende annehmbare Erklärung für Morses Stolz: Abgesehen vielleicht von Washington Allston gab es damals in Amerika keinen Künstler, der mit so vielen Vorzügen von Geburt, Erziehung und Reiseerfahrungen gesegnet war wie Morse.

10 Neue Launen, neue Wege

Tagaus, tagein war er an der Arbeit, von früh bis spät, nur mit einer einzigen Stunde Unterbrechung für seine Mahlzeiten. Manchmal war er am Ende der Woche so nervös, daß seine Glieder und sein ganzer Körper zitterten. Er war so sehr beschäftigt, daß sein Lafayette-Bild ein Jahr nach dem Tod seiner Frau noch immer unvollendet war und man ihm deswegen Vorwürfe machte. Kurz vor seiner Abreise nach Frankreich kam Lafayette noch ein letztes Mal zu einer Modellsitzung. Aber dann wurde Morse von der Akademie so stark in Anspruch genommen, daß das Bild noch lange Zeit unvollendet blieb. »Mehrere Male hatte ich die Absicht, alles andere liegen- und stehenzulassen und es fertigzumachen«, schrieb er am 10. März 1826 nach Hause, »aber unvorhergesehene Umstände haben die Arbeit von Beginn an unterbrochen und mich gezwungen, sie hinauszuschieben… Es sind jetzt 50 Menschen hier, die auf mich warten.«

Einige Wochen später ließ Finley seine Palette wieder im Stich, um seinen kranken Vater in New Haven zu besuchen. Bald darauf starb Dr. Morse; jetzt war Finley noch einsamer, ohne jede Hilfe und Rat dieses ruhigen, kleinen Mannes, der die erste amerikanische Geografie verfaßt, den Aufsichtsrat der ausländischen Mission gegründet und den Plan der theologischen Lehranstalt in Andover entworfen hatte, der aber am bekanntesten wurde, weil er Finleys Vater war.

Nach seiner Rückkehr nach New York arbeitete Finley so angestrengt, daß sein Lafayette-Porträt innerhalb weniger Wochen im Rathaus aufgehängt werden konnte, wo es seitdem Zeugnis gibt von New Yorks Dankbarkeit gegenüber Frankreich und in seiner tiefen Melancholie – wie manche behaupten – uns an den Seelenschmerz erinnert, der Morse erfüllte, als er das Bild malte.

Die Anerkennung, die er für das Porträt Lafayettes erntete, und die Ernennung als Präsident der Akademie bestärkten ihn in dem Glauben, sich nicht mehr um ein ständiges Einkommen kümmern zu müssen. Aber was nützte es ihm? Er war einsam. Nach dem Tod Lucretias hatte er die kleine Susan zu sich genommen, aber schon bald entdeckte er, daß er sich nicht um sie kümmern konnte. Jetzt, nach dem Tod seines Vaters, bat er seine Mutter, nach New York zu kommen und seine drei Kinder mitzubringen. Doch sie bevorzugte das ruhige Leben in New Haven, und er selbst mußte zugeben, daß New York nicht der geeignete Ort für Kinder war.

Wegen seines Ruhmes fühlte er sich berechtigt, ein großes Haus zu mieten und sich eine Frau zu suchen, aber in Wirklichkeit verfügte er nicht über das Einkommen, das er sich erwartet hatte. Obwohl er zu den ersten New Yorker Künstlern zählte, erlebte er nach der Vollendung seines *Lafayette* wieder eine Zeit, in der er Arbeit suchte und sie nicht fand.

Seine Mutter und Brüder begannen sich mehr und mehr um ihn zu sorgen. Ihrer Meinung nach verfügte er weder über die ruhige Besonnenheit noch über die Ausdauer, um sich ein regelmäßiges Einkommen zu sichern. »Ich bezweifle, ob er jemals aufgrund seiner eigenen Anstrengungen reich oder wenigstens ohne finanzielle Sorgen sein wird.« Sie versuchten ihm einzureden, daß er in finanziellen Angelegenheiten untalentiert sei, und ihre Behauptungen hatten so viel Wahres an sich, daß er es selbst glaubte, solange er lebte. Sie mußten zwar zugeben, daß er einen Namen hatte und fähig war, ständig zu arbeiten. Aber selbst als die Schulden ihres Vaters eine Höhe von mehr als 11 000 Dollar erreicht hatten und er sich selbst Geld leihen mußte, träumte er davon, nach Europa zu gehen!

In diesen Zerwürfnissen erblickte die alte Mutter eine Gefahr für den Zusammenhalt der Familie. Mit zitternden Händen beschwor sie ihre Söhne, den Frieden zu wahren, damit sie ohne Sorgen sterben könne. Finley versuchte das Wohlwollen seiner Brüder wieder zu gewinnen und schickte eine Promesse von mehr als siebenhundert Dollar mit der Unterschrift von Charles Walker nach Hause.

Der Familienfriede war aber von kurzer Dauer. Kurze Zeit nachdem seine Mutter Finley das Versprechen abgerungen hatte, niemals mehr einen Handwechsel auszustellen, starb sie. Sie war immer dieselbe liebevolle Frau geblieben, mit ihrer rührenden Sorge, anderen eine Freude zu bereiten. Ihre Eigenheit und ihr Charme bestanden in ihrer außergewöhnlichen Strenge und Liebe.

Das Auftreten einer gewissen Madame Hutin im neuen Bowery-Theater von New York gab Amerika zum erstenmal die Gelegenheit, den französischen Tanz kennenzulernen. Als die Tänzerin dort im Februar 1827 fast völlig nackt auftrat, verließen alle Damen in den ersten Reihen empört das Theater. Während die Tagesblätter sich mit der Feststellung begnügten: »Sie ließ niemals den geringsten *Zweifel* über ihre Reize aufkommen«, oder »sie führte viele Herren bis zum Gipfel der Begeisterung«, erhob sich ein starker Protest sowohl in der religiösen Presse New Yorks als auch in den meisten neutralen Provinzblättern. Morse glaubte, daß die städtischen Blätter den unsittlichen Tanz durch ihre hochgeschraubten Schlagworte, wie »bemerkenswerte« Vorführungen oder neue »Bewegungspoesie«, unterstützten, und fragte sich, ob denn die New Yorker Herausgeber kein soziales Verantwortungsgefühl hätten.

Mit steigender Begeisterung arbeitete er an der Gründung eines Blattes, das die mißratenen Zeitungen umstimmen sollte. Ein gewisser Arthur Tappan, ein ehemaliger Lehrling seines Onkels Josiah Salisbury in Boston und jetzt ein großer Seidenhändler in Boston, der später als Gegner der Sklaverei bekannt wurde, stellte für diesen Plan seinen Reichtum zur Verfügung. Er bat Morse, einen Prospekt zu entwerfen. Und Morse entwarf und schrieb auch diesen Prospekt. Den deutlichsten Hinweis, daß er den Namen *Journal of Commerce* erfunden hat, enthält ein Brief von Richard, und Morse selbst hat viele Jahre später auf diesen Ehrentitel Anspruch erhoben, indem er erklärte: »Wie vereinbart, schrieb ich den Prospekt, den ich auch drucken ließ, und nannte das Blatt *Journal of Commerce*«.

Der Prospekt teilte mit, daß die neue Zeitung weder Theater- noch Lotterieanzeigen aufnehmen würde. Auch sollte sie, um den Ruhetag zu heiligen, nicht am Sonntag gedruckt werden und erst am Montag in den späten Vormittagsstunden erscheinen. Es wurde die Versicherung gegeben, daß das *Journal of Commerce* durch seine rechtzeitige und verläßliche Berichterstattung dem Vergleich mit jeder anderen Handelszeitung in New York standhalten werde.

Nachdem Sidney die Schriftleitung abgelehnt hatte, wurde Finley mit der Erledigung der Korrespondenz betraut, bis William Maxwell, ein Rechtsanwalt aus Virginia, die Leitung übernahm. Die erste Nummer erschien am 1. September 1827. Nach Maxwell und Horace Bushnell, die kurze Zeit tätig waren, wurde das Blatt von David Hale und Gerard Hallock weitergeführt. Hale und Hallock stammten beide aus frommen Familien Neuenglands, beide hatten, so wie Sidney, für den Bostoner *Recorder* geschrieben, und ihnen war es auch zu verdanken, daß die

Gebrüder Morse das neue Blatt viele Jahre hindurch mit ihrer Sympathie unterstützten. Es war das *Journal of Commerce,* das Finleys Antwort an die *North American Review* mit seiner Verteidigung der Nationalakademie veröffentlichte. Als er ins Ausland ging, bat man ihn, als Sonderkorrespondent für das Blatt zu arbeiten, und später fanden seine politischen Bestrebungen hier auch gelegentlich Unterstützung.

Zu Beginn des Jahres 1827 besuchte Morse seinen Onkel Arthur Breese in Utica, wo er sich Ruhe und vielleicht auch einige Porträtaufträge erhoffte. Als dessen 17jährige Tochter, Sara Anna, eines Abends schlafengegangen war, brachte ihr jemand unter ihrem Fenster ein Ständchen. Aber sie wachte nicht auf. Am nächsten Morgen zeigte sie sich enttäuscht, weil sie dieses Vergnügen versäumt hatte und sprach darüber mit Morse, der ihr in seiner witzigen Art von seiner Unbeständigkeit erzählte.

»Meine Cousine«, sagte er, »ich bin Bildhauer, aber ebenso gut Maler, gewissermaßen Musiker und kann auch Gedichte schreiben!«

Sie wußte zwar, daß er malen konnte, denn er malte gerade ihr Porträt und das ihrer Eltern, aber ob er wirklich auch dichten konnte?

»Gib mir ein Thema«, bat er sie, »und morgen werde ich dir das Gedicht bringen.«

»Nimm das Ständchen«, befahl sie ihm.

Am nächsten Morgen übergab er ihr das Gedicht, das sie ihr ganzes Leben bewahrte.

Kurze Zeit darauf traf der angehende Dichter seine Freunde Gulian C. Verplanck und Robert C. Sands, die Material für den zweiten Band ihres jährlichen Geschenk-Almanachs sammelten. Sie gaben diesen gemeinsam mit Bryant heraus und fragten Morse, ob er ihnen keinen Beitrag liefern könne.

Als Antwort zog er eine Abschrift seines Gedichtes aus der Tasche und sagte: »Wenn Ihr damit zufrieden seid, könnt Ihr es haben.«

Kühn, wie sie waren, richteten sie einige Wochen später an den Dichter die Bitte, sein Gedicht zu illustrieren. Und tatsächlich erschien »Das Ständchen« in *The Talisman for 1828,* begleitet von einem Stich, der eine Gruppe Musikanten vor einem mit Weinlaub bewachsenen Turm darstellte. Aber sein erstes Gedicht, das veröffentlicht wurde, war wahrscheinlich auch sein letztes. Er war vernünftig genug, seine schriftstellerische Begabung im Dienst seiner unglaublich scharfen Logik zu entfalten – und zwar auf dem Gebiet der Politik, im Bloßlegen sozialer Mißstände und bei der Verteidigung seiner Akademie und später einmal seiner Telegrafie.

Morse hatte jetzt einen Namen zu verlieren. Er konnte es sich nicht mehr leisten, große Reisen für Bildaufträge zu unternehmen und immer wieder von Portsmouth nach Portland zu fahren, mit dem Resultat, daß zwei Auftraggeber abwesend waren und ein dritter »noch weniger Geschmack hatte als eine Kuh«. Er hatte sich auf die Unterstützung aufrichtiger Freunde und einiger Verwandten, wie seines Onkels in Utica und des Onkels Samuel im benachbarten Sconandoa, eingestellt. Mit ihrer Hilfe hatte er in diesem Sommer Porträtaufträge in Utica, Sconandoa, Cazenovia, Whitesboro, Trenton Falls, Cherry Vally und Cooperstown erhalten.

Im Sommer 1829 hielt er sich längere Zeit am Otsegosee auf. Cooper hatte den See bereits »Flimmerglas« getauft und eine Reihe Gebräuche eingeführt, die in der kleinen Stadt mit Liebe gepflegt wurden. Jetzt war der Schriftsteller nicht mehr anwesend; vor drei Jahren war er vom *Lunch* anläßlich eines gigantischen Empfangs nach Europa eingeladen worden. Aber Morse lernte andere Persönlichkeiten kennen, vor allem den zukünftigen General John A. Dix, der seinerzeit der dunklen Schönheit Lucretia Walker aus Concord den Hof machte, aber seinem Rivalen deshalb jetzt nicht böse war.

Nach seinem Besuch schrieb Mrs. Dix, daß sie sich ein wenig vor Morse gefürchtet hatte, »weil ich ihn vorher nur zweimal sah und er, abgesehen von seinem Europaaufenthalt, ein Mitglied des *ton* und einiger literarischer und philosophischer Gesellschaften ist. Aber er ist ein sehr angenehmer Mensch und wird von allen jungen Frauen bewundert, obwohl er ein Witwer mit drei Kindern ist und hie und da einige graue Haare hat. Er malt wunderbare Porträts und verlangt dafür 25 Dollar.« Morse war ein Salonlöwe, obwohl er selbst ähnliche Typen nicht ausstehen konnte.

Von der Wiese auf Apple Hill, dem Besitz der Familie Dix, hatte man eine herrliche Aussicht, die Morse auf der Leinwand festhielt. Hinter dem Hügel, in weiter Entfernung, den Ursprung des Susquehanna, das »Flimmerglas«, der von fernen Hügeln eingeschlossen ist. Ungefähr in der Mitte bemerkt man einen Wagen, der über eine Brücke fährt. Im Vordergrund zeichnet sich in zarten Linien eine Föhre ab und bildet eine scharfe Silhouette gegen den klaren Himmel. In der Nähe der Föhre auf der Wiese sieht man zwei Frauen, die wie feine japanische Figürchen gemalt sind. Entweder war es die reizende Komposition oder vielleicht das auffallende Fehlen der braunen Deckfarbe, die sonst so charakteristisch für die Landschaftsbilder von Morse und die seiner Freunde war, weshalb dieses Bild so viel Anklang fand. Dix war begeistert, aber Morse hatte bereits in dem

Verleger Bloodgood, seinem Freund, einen Käufer gefunden. Erst nach vielen Jahren fand das Gemälde, eines der besten Landschaftsbilder von Morse, den Weg zur Familie Dix zurück.

Als Morse Cooperstown verließ, hatte er den Plan gefaßt, endlich auf dem Kontinent weiterzustudieren. Nur die Armut hatte es ihm vor vielen Jahren unmöglich gemacht, den Kanal zwischen England und Frankreich zu überqueren, aber jetzt konnte er mit einer finanziellen Unterstützung rechnen, weil man mit verschiedenen Aufträgen für Europa an ihn herangetreten war.

Er hatte zwar ohne Studien auf dem Kontinent vieles erreicht, aber der Großteil seiner Erfolge lag nicht auf dem Gebiet der Malerei. Die Verbindung seiner vielseitigen Begabungen mit seinen Neigungen hatte in ihm eine erstaunliche geistige Waffe geschaffen, denn einerseits war er ein besinnlicher Mensch mit einem Hang zu Poesie, Literaturkritik und Erfindungen, und andererseits offenbarte er sich als eine aktive Persönlichkeit, die sich auf Menschenführung, Politik und eine Redegewandtheit verstand, die entschlossen, kühn und lehrreich wirkte. Er war anscheinend ein Demokrat im Clinton-Stil und interessierte sich auch als Künstler für »das Gift der Politik«, wie seine Mutter es nannte. Auch wurde er Schriftsteller des New Yorker Athenäums, einer Bibliotheksgesellschaft. Da er sich noch immer für die Naturwissenschaften interessierte, hörte er im Athenäum die aufsehenerregenden Vorlesungen von Professor James Freemann Dana über Elektromagnetismus, der vor zwei Jahren in Europa entdeckt worden war. Unter den Zuhörern befanden sich drei Männer, die einander noch nicht kannten, aber in nächster Zukunft zusammenarbeiten sollten, um den Elektromagneten für die menschlichen Bedürfnisse auszubauen. Es waren Morse, Joseph Henry und Leonard Gale. Morse befaßte sich jetzt so eingehend mit der Elektrizität, daß eine Beschreibung, wie der elektrische Strom durch einen Draht fließt, ihn wie eine Illustration in der Kunstvorlesung anmutete. Kein Wunder, daß James B. Longacre aus Philadelphia, einer der besten Kupferstecher im Land, sagte, daß seine Gespräche »inhaltsreich und belehrend« waren, besonders über die Künste, aber auch »über fast jedes Thema«. Aber Morse war noch immer nicht zufrieden mit seiner beruflichen Ausbildung, obwohl er als erster Künstler New Yorks galt. Er war überzeugt, daß er sich nicht als Maler behaupten konnte, ja daß er sogar im Abstieg begriffen wäre. Im Alter von 38

Jahren, mit grauen Haaren und scharfen Zügen um den Mund, glaubte er, daß er noch immer etwas lernen könne.

Dank gewisser Beschränkungen, die er sich auferlegt hatte, konnte er sich jetzt finanziell etwas freier bewegen. Nachdem er seine große Wohnung aufgegeben hatte, verkaufte er die Möbel an seine Brüder und lieh sich noch weitere 950 Dollar von ihnen aus. Der mürrische Richard verlangte jedoch die Zusicherung, daß dies das letztemal bleiben müsse, eine Tatsache, an die sich Finley in seiner Güte später nicht mehr erinnern wollte, als er ein reicher Mann geworden war. Als allerletztes verkaufte er seine *Kongreßhalle* für 1000 oder 1100 Dollar an Sherman Convers, der das Bild in England ausstellen wollte. Mit der Summe beglich er eine Schuld von 400 Dollar an Arthur Tappan, Förderer des *Journal of Commerce*. Den Rest gab er seinen Brüdern. Nur die Unterstützung mehrerer Gönner, die ihm Aufträge für Europa gegeben hatten, ermöglichte es ihm, ins Ausland zu gehen. Die Liste seiner Förderer zählte viele New Yorker Geschäftsleute, wie Philip Hone Myndert, Van Schaik, Stephen Van Rensselaer, G.G. Howland, Moses H. Grinell. Ferner enthielt sie die Namen Moss Kent, Charles Carvill und Morses Schwager Charles Walker, den Sekretär der Nationalakademie J.L. Morton, Morses Vetter Stephen Salisbury von Worcester, den bekanntesten New Yorker Arzt Dr. Hosack und den Verleger Bloodgood aus Albany. Ein Teil seiner Förderer überließ es Morse, das Thema selbst zu wählen, andere wieder gaben ihre näheren Wünsche bekannt. Die Preise schwankten zwischen 30 und 500 Dollar. Mit einer Gesamtsumme von über 2800 Dollar und in der Hoffnung, nach Beendigung seines Europaaufenthaltes und seiner Studien auf dem Gebiet der Historienmalerei vom Kongreß den Auftrag für eines der Felder der Kapitolsrotunde (Bulfinch hatte sie beinahe vollendet) zu erhalten, entschloß er sich, zu reisen.

Seine Kinder entzog er jetzt der Obhut der alten Kinderfrau Nancy. Die kleine Susan wurde für eine Zeit bei ihrer Namenstante, Susan Walker Pickering, in Greenland (New Hampshire) untergebracht. Charles und der arme, kleine, etwas zurückgebliebene »Fin« wurden bei seinen Brüdern (Richard hatte inzwischen geheiratet) untergebracht. Nachdem er seine Finanzen sowie seine Familienangelegenheiten halbwegs geregelt hatte, segelte er im November 1829 von New York ab, um nochmals eine große Studienfahrt anzutreten.

11 Ein Puritaner auf der Suche nach Schönheit

Während seines zweiwöchigen Aufenthaltes in Paris machte der Abend bei Lafayette den größten Eindruck auf Morse. Es war die erste Begegnung mit dem General, seit er ihn vor fünf Jahren gemalt hatte. Morse hatte den Eindruck, daß Lafayette von allen besser denkenden Franzosen respektiert wurde, aber er konnte noch nicht wissen, daß Lafayette bei seinem nächsten Besuch in Paris das Symbol der Ordnung inmitten eines Chaos werden sollte.

Morse kannte keine Ruhe und fuhr in einem Wagen nach Dijon. In Dijon machte er eine Ruhepause. Er wollte auch an einem Sonntag nicht reisen. Obwohl ihm der anglikanische Gottesdienst von seinem Aufenthalt in London her nicht unbekannt war, muß die katholische Liturgie für ihn ein Buch mit sieben Siegeln gewesen sein, bis er in Dijon eine katholische Kirche besuchte und seine ersten Eindrücke sammelte, die dann in den nächsten zehn Jahren zur Abfassung seiner politischen Schriften und zu leidenschaftlichen Pamphleten führen sollten. Als er von seinem Gastgeber hörte, daß es in der Stadt keinen einzigen protestantischen Geistlichen gab, ging er in die katholische Kirche, bahnte sich durch die knienden Andächtigen einen Weg bis zum Altar und wurde so Zeuge eines Traugottesdienstes. »Es fehlte nicht an Zeremonien, aber keine einzige machte auch nur den geringsten Eindruck auf mich«, schrieb er, »die Teilnahmslosigkeit war so augenfällig, besonders im Verhalten einiger Assistenten, daß es eher den Anschein eines feierlichen Spottes hatte. Am schlimmsten machte es einer, der anscheinend sehr stolz war auf die Art, wie er das *Amen* brüllte. Auch musterte er die Anwesenden ununterbrochen und winkte und lachte verschiedenen Personen zu. Mit seinem unehrerbietigen Geschrei und verstohlenen Lachen war sein Gebaren so unmöglich, daß ich mich wunderte, weshalb er von keinem der Priester zurechtgewiesen wurde.«

Wiederum an einem Sonntag erreichte er Avignon. In dieser alten päpstlichen Residenz aus der Zeit der Kirchenspaltung gab es wieder keinen protestantischen Gottesdienst. In der Kathedrale suchte er bei den Kirchenbesuchern nach Anzeichen echter Frömmigkeit. »Es liegt mir fern, zu behaupten, daß es hier keinen einzigen wirklich frommen Menschen gab, weil es schwer ist, so etwas wahrzunehmen, aber eines kann ich wohl sagen, daß die ganze Umgebung, anstatt die Frömmigkeit zu unterstützen, darauf eingestellt war, sie zu zerstören.« Sogar im Geist eines frommen Künstlers, der früher einmal die Absicht hatte, Geistlicher in einer Ritualkirche zu werden, ließen Gott und Schönheit sich nicht so leicht verbinden. Musik, Farben und große Steinmassen schienen seinen Geist von der Betrachtung der ewigen Dinge abzulenken und dem Zauber der Sinne auszuliefern, und er glaubte, daß dies auch bei allen anderen Kirchenbesuchern der Fall war. Die Musik der Frühmesse und ein Chor von Männerstimmen, der am Abend vor seinem Fenster vorbeizog, hatten ihn tief ergriffen, und jetzt befürchtete er, daß er dem Zauber der sinnlichen Schönheit verfallen könnte. Was er am Sonntag brauchte, war etwas anderes.

Bei wechselndem Regen und Mondlicht, an brausenden Wasserfällen vorbei erklomm sein Wagen den farbenprächtigen Apennin. Auf den weiten Abhängen glühte der graue Lehm in braunen und goldenen Tönen, im Hintergrund erschien der graublaue Schiefer bald grün, bald purpurfarben, und ganz in der Ferne zeichnete sich das tiefe Ultramarin der Berggipfel ab. Dann ließ der Wagen die Berge hinter sich und fuhr in das Tal des Vara-Flusses hinab. Er mußte lachen über die Ungeniertheit der »Frauen aus den niedrigen Klassen«, die ihre Röcke bis über die Knie aufhoben, um durch das Wasser zu waten.

Nachdem er vor mehr als fünf Wochen Paris verlassen hatte, sah er eines Morgens um neun Uhr die Kuppel der Peterskirche in der Ferne auftauchen. Um zwei Uhr erreichte der Wagen das eigentliche Stadtgebiet; Morse war in Rom, das er als Künstler so sehr lieben, aber als religiöser und vaterlandsliebender Mensch verabscheuen sollte.

Er bezog ein Zimmer in der Via Prefetti Nr. 17 (in den 90er Jahren wurde eine Gedenktafel an dieser Stelle angebracht), und bald darauf arbeitete er eifrig in den vatikanischen Museen, ganz begeistert bei dem Gedanken, sich länger als ein Jahr den bestellten Bildern widmen zu können. Daß seine Arbeit denen gefallen würde, die seine Reise finanziert hatten, war für ihn eine Selbstverständlichkeit.

Später besuchte er auch andere Museen und sah dort zum erstenmal viele große Gemälde. Die Aufzeichnungen in seinen Notizbüchern wurden rasch und selbstsicher niedergeschrieben, es waren die Gedanken eines Malers, der bereits seinen eigenen Stil gefunden hatte. Im Palazzo Colonna entdeckte er ein Bild, das ihm durch die wunderbare Farbenharmonie auffiel. Es war das Porträt eines Colonna aus dem 16. Jahrhundert, ein Werk des Paolo Veronese, das sogenannte *Grüne Gemälde*. Es lieferte Morse den Beweis, daß ein Gemälde in einer einzigen Farbe trotzdem eine schöne Harmonie aufweisen kann. Einige Jahre später erklärte er seinem Freund Dunlap, wie er, vor diesem Bild stehend, seine Theorie über die Verteilung der Farbtöne formulierte. Flüchtig warf er seine Notizen hin: »Vorhang im Hintergrund, *heiß*grün, Mitteltönung; Schleifen an den Armen, *kühl;* Weste, die das meiste Licht aufsaugt, sowie die Lichtflecken auf dem Vorhang, *warm;* weißer Kragen, der am hellsten ist, *kühl!!!*« Als er das Bild näher untersuchte, stellte er folgendes Prinzip auf: Wenn man ein richtig harmonisches Bild malen will, muß das stärkste Licht kalt, die Mitteltönung kühl, die Hauptmenge des Lichts warm, der Widerschein heiß und der Schatten negativ sein. Die verschiedenen Farbwerte standen, seiner Ansicht nach, in einem festen Verhältnis zueinander, wie es auch der Natur der Dinge entsprach.

Was die Farbgebung betrifft, waren Tizian und Veronese seine Ideale, und er bewunderte sie um so mehr, wenn Freunde ihn dazu bewegen wollten, die Farbe bei Landi, einem zeitgenössischen Italiener, zu studieren. »Ich weiß, daß Landi, cavaliere Landi, von den Italienern als der größte moderne Kolorist in den Himmel gehoben wird...«, schrieb er. »Es gibt auf allen Bildern, die ich gesehen habe, nicht ein Detail, nicht ein einziges, das ihn auf gleiche Höhe mit dem gewöhnlichsten Schildermaler Amerikas stellen könnte. Wenn vollkommene Mißachtung der Anordnung, wenn das Flimmern und Schillern der roten, blauen und gelben Farbtöne, die sich auf der ganzen Bildfläche den Rang streitig machen, als gutes Gesamtkolorit gelten kann und wenn Landi als ein hervorragender Kolorist gepriesen wird, dann erübrigt es sich allerdings, Tizian und Veronese zu bewundern.«

Was die Skulptur betrifft, betrachtete er, wie die meisten zeitgenössischen Amerikaner, den Dänen Bertel Thorwaldsen als den größten Künstler seiner Zeit. Als er ihm eines Abends begegnete, war Morse von der Persönlichkeit Thorwaldsens stark beeindruckt und wollte sein Porträt malen. Da Philip Hone ihn beauftragt hatte, ein beliebiges Bild nach eigenem Gutdünken zu malen, konnte er kein besseres finden als das Porträt des Bildhauers. Thorwaldsen erklärte sich einverstanden.

Fünf Monate nach seiner ersten Sitzung erklärte Thorwaldsen, daß ihm das nun vollendete Porträt gefalle. Als Morse es an Bord bringen ließ, um es an Mr. Hone zu schicken, zögerte er keinen Augenblick, dem Bürgermeister a. D. mitzuteilen, daß es ein gutes Bild geworden sei. Hone bestätigte das Urteil, und einige Zeit später schloß sich ein dänischer König dieser Meinung an.

Das Porträt von Thorwaldsen hing in der Galerie des Patriziers Hone; ursprünglich befand es sich in seiner Wohnung, gegenüber City Hall Park, und nach 1837 in seinem neuen Haus in der Great Jones Street von Broadway. So hing dieses Bild in einer der wertvollsten Privatsammlungen von New York neben Morses *Kanzler Kent*, einem Entwurf für seinen *Lafayette* und mehreren Gemälden, die von Morses Kollegen waren, zum Beispiel Cole, Leslie, Ingham, Dunlap, Gilbert Stuart Newton und Rembrandt Peale. 25 Jahre nachdem Morse das Porträt gemalt hatte, machte er eine Wallfahrt zum Thorwaldsen-Grab und -Museum in Kopenhagen. Die Gastfreundschaft König Friedrichs VII. ließ in Morse den Wunsch aufkommen, dem König sein Thorwaldsen-Porträt anzubieten. Viele Jahre nach Hones Tod kam es in den Besitz von John T. Johnston, dem ersten Präsidenten des Metropolitan Museum of Arts, der dafür 400 Dollar bezahlte, also das Vierfache von dem, was der Künstler erhalten hatte. Als man Johnston den sehnlichen Wunsch von Morse mitgeteilt hatte, bat er den Künstler, das Gemälde als Geschenk von ihm anzunehmen. So konnte der Künstler schließlich doch dem dänischen König das Bild Thorwaldsens anbieten, der es dann auch als das ähnlichste Porträt des großen dänischen Bildhauers annahm.

In Rom verbrachte Morse seine Tage mit Malstudien im Vatikan oder im Palazzo Colonna sowie mit Besuchen der unerschöpflichen Kunstsammlungen der Stadt. Seine Abende waren mit Konzerten, Opern, Theatervorstellungen ausgefüllt, und wenn er noch Zeit übrig hatte, ging er zu Abendgesellschaften von Künstlern oder Kunstförderern oder schlenderte über die Hügel oder Ruinen Roms.

In den Theatern bemerkte er keine zweifelhaften Frauen, wie man sie auf gewissen Plätzen bei den Vorstellungen in England und Amerika sehen konnte. Dies bewies aber nicht, daß Rom deshalb weniger schlecht war, im Gegenteil. So schrieb Morse nach Hause: Die Prostitution ist in

Amerika ein Hautgeschwür, das nur die Oberfläche entstellt, aber hier ist das ganze System bis in den Kern verfault. Seines Erachtens würden Tausende Römer ohne Theater vor Langeweile sterben, weil es ihnen an Gedanken fehlte. Die Themen, die sie eigentlich interessieren sollten, nämlich Theologie und Politik, wurden durch das Theater ersetzt. Die Regierung unterstützte das Theater, weil sie nicht wollte, daß das Volk zum Denken kam. »Aber wozu brauchen wir in Amerika Theater? Haben wir nicht Gesprächsthemen genug, über die wir diskutieren und uns unterhalten können? Läuft nicht die Wahrheit in der Religion, in der Politik und der Naturwissenschaft Gefahr, von allen möglichen Feinden angegriffen zu werden, und müssen deshalb nicht alle vernünftigen Menschen ihre Zeit opfern, damit sie studieren, verstehen, verteidigen und sich selbst in Wahrheit stärken können?« Der Künstler betrachtete das Theater nicht als eine Kunstform. Das Theater galt ihm bloß als eine Stätte der Zerstreuung nach den drückenden Lebenssorgen und der Langeweile des häuslichen Glücks. Trotz seines ererbten Mißtrauens dem gesamten Theaterwesen gegenüber, wußte er aufgrund seiner Erfahrungen in New York, London und Rom genügend Bescheid, um darüber reden zu können. Er war auch viel zu neugierig, um selbst die Theater völlig zu meiden.

Als sein Aufenthalt in Italien zu Ende ging, besuchte er noch den Mailänder Dom. Die Schönheit dieser Kirche veranlaßte ihn, ein wohlüberlegtes Urteil, das Resultat monatelanger Beobachtungen, über den Gegensatz seiner Liebe zur Schönheit und seiner Angst vor zu viel Schönheit in der Kirche zusammenzufassen: »Wie wunderbar ist im System der katholischen Kirche alles ausgedacht, um sich der Phantasie zu bemächtigen. Es ist eine Religion der Einbildungskraft, alle Künste stehen in ihren Diensten: Architektur, Malerei, Bildhauerkunst und Musik, sie alle stellen ihre Schönheit zur Verfügung, um die Sinne zu bezaubern und den Verstand zu überlisten, indem sie die erhabenen Wahrheiten des göttlichen Wortes, die an den Verstand appellieren, durch die Fiktionen der Poesie und durch das Blendwerk der Gefühle ersetzen. Wahrlich, das Theater ist die Tochter des Aberglaubens...
    Manchmal wäre ich fast geneigt, an der Berechtigung meiner eigenen Kunst zu zweifeln, wenn ich sehe, wie sie mißbraucht wird; aber andererseits bin ich völlig davon überzeugt, daß die Kunst an sich, vorausgesetzt, daß sie rechtmäßigen Zwecken dient, eines der wirksamsten Mittel zur

Milderung der Rohheit ist und zur Förderung des Schönen. Seitdem ich in Italien bin, fühle ich mich gezwungen, viel über die alteingeführte Verwendung von Bildern in der Kirche zur Unterstützung der Frömmigkeit nachzudenken. Ich habe selbstverständlich allen Grund, diesen Brauch günstig zu beurteilen, solange ich nur die angeblichen Interessen der Kunst ins Auge fasse. Daß Bilder gewissen Menschen zur Hebung ihrer Gefühle verhelfen können oder sogar tatsächlich helfen, steht für mich außer Zweifel, und in abstracto ist diese Praxis nicht nur harmlos, sondern sogar nützlich. Aber weil ich weiß, daß der Mensch eher durch seine Phantasie als durch jede andere seiner Seelenkräfte irregeführt werden kann, sind seine höchsten Belange meines Erachtens so sehr in Gefahr, daß ich – im Fall einer Kollision – lieber auf die Interessen der Kunst verzichte, als daß ich es wage, jene zu gefährden, die im Vergleich zu allen übrigen nicht einen Augenblick außer acht gelassen werden dürfen.«

In Italien war nicht der Künstler der katholischen Kirche abgeneigt, sondern der strenggläubige Protestant; aber in Frankreich sollte seine feindselige Haltung sogar darüber hinausgehen.

Als er Anfang 1830 nur wenige Tage in Paris verbrachte, war es dort noch ruhig. Im Juli hatte aber der Bourbonenkönig Karl X. einen gemeinsamen Aufstand der Bürger und Proletarier vom Zaun gebrochen, weil er die Pressefreiheit einschränken wollte. Der bürgerlich-liberale Lafayette war es, der die Aureole seines Alters und seiner militärischen Leistungen dazu benützte, einem Konflikt der beiden siegreichen Parteien vorzubeugen. Es gelang ihm, die aufständischen Arbeiter zu bewegen, sich mit einem liberalen konstitutionellen Monarchen in der Person Louis Philippes einverstanden zu erklären. Während die Trikolore wieder über Frankreich wehte, faßten die Liberalen der ganzen Welt neuen Mut, und Metternich in Wien mußte sich die neuen Bewegungen eines ruhelosen Europas mitansehen. Die Belgier befreiten sich erfolgreich von dem Druck der Holländer. Die Liberalen zwangen die Könige von Sachsen und Hannover, ihren Völkern eine Verfassung zu geben. Aufgrund ihrer langen Freundschaft mit den französischen Liberalen schlossen sich auch die polnischen Liberalen dem Aufstand gegen ihren König, den autokratischen Nikolaus I. von Rußland, an. In der Erwartung, von Louis Philippe unterstützt zu werden, erhoben sich auch bald darauf die Liberalen in den päpstlichen Staaten gegen die weltliche Gewalt des Papstes. Sowohl mit den polnischen als auch mit den italienischen Aufständischen stand Morse in den ersten Tagen von 1831 in unmittelbarem Kontakt.

Anfang Februar hörte Morse eine ihn größtenteils ansprechende Predigt, die der Sohn des Earl Spencer hielt, während die Geschütze von Sant'Angelo die Wahl des Papstes GregorXVII. verkündeten. Morse wohnte dieser Papstkrönung bei.

Da der neue Papst ein Anhänger von Metternichs Politik war, schlossen sich die Italiener dem Aufstand der Liberalen an. Die Nachricht über die Revolution auf päpstlichem Gebiet in Bologna, Ancona und in der Grafschaft Modena erreichte Morse am 10.Februar. Zwei Tage später sah er verängstigte Gesichter in den Straßen und hörte, wie Ausländer belästigt wurden. Drei Tage blieb er über die Bestrebungen der Aufständischen im unklaren. »Manche behaupten, daß man dem Papst seine weltliche Gewalt nehmen will – und einige Katholiken scheinen zu glauben, daß dies ihrer Religion zum Vorteil gereichen könnte; andere, daß man schon seit langem den Plan hegt, ganz Italien unter eine Herrschaft zu bringen, die die vielen Staaten in einem föderativen Verband zusammenhalten soll, wie in den Vereinigten Staaten.« Bald hörte er, daß der Papst gewillt sei, eine Verfassung anzunehmen, die Kardinäle dies aber ablehnten. Morse war entrüstet über das Fehlen genauer Berichte. In der Nacht schrien ihn die Posten an den Straßenecken mit dem Ruf an: »*Chi viva?*« Und als er »*Il Papa*« antwortete, beruhigte er sein Gewissen mit dem Gedanken, daß der Papst persönlich ein achtungswürdiger Mensch sei.

Die keineswegs ausreichende Unterstützung aus Frankreich war für die italienischen Aufständischen eine große Enttäuschung. Louis Philippe sandte nur eine Garnison an die Grenze der päpstlichen Stadt Ancona, wie auch Metternich bei früheren Revolutionen das Papsttum großzügig mit seiner ausländischen Hilfe unterstützt hatte. Aber inzwischen näherten sich die Aufständischen Rom, und die Ausländer begannen, die Stadt zu verlassen. Die Museen wurden geschlossen. Zum Glück hatte Morse sein Arbeitsprogramm in Rom erledigt, und seit Mitte Februar bemühte er sich sehr, die Reise nach Paris unternehmen zu können. Er hatte sich eine gemächliche Reise in nördlicher Richtung ausgedacht und wollte in Florenz, Mailand und Venedig Station machen, um dort in den Galerien zu malen. Aber es wurde März, bis ihm der amerikanische Konsul die Mitteilung machte, daß man ungehindert reisen könne. Nach Überwindung großer Schwierigkeiten gelang es ihm sowie zwei anderen amerikanischen Künstlern und einigen Italienern, sich einen Kutscher zu sichern, der sie durch die Kampflinien nach Florenz führen wollte.

In Florenz spürte man den Einfluß der revolutionären Truppen nicht mehr. Doch die Reise hatte Morse stark angegriffen. Als er sich für kurze Zeit bei seinem amerikanischen Kollegen, dem Bildhauer Horatio Greenough, niederließ, faßte er seine Gedanken folgendermaßen zusammen: »Ich wäre herzlich froh, wenn ich meine Studien in Italien beenden und nach Frankreich zurückkehren könnte, wo ich wenigstens eher in der Lage sein werde, etwas von daheim zu erfahren; und ich wäre noch glücklicher, wieder ein Land betreten zu können, wo wahre Freiheit verstanden und geschätzt wird. Zu Hause hören wir zwar von Despotismus, aber wir können ihn erst in seiner vollen Bitterkeit erfassen, wenn wir seinen Einfluß in unserer nächsten Umgebung spüren und sehen... Meine Erfahrungen zusammenfassend, komme ich zu diesem Ergebnis: *daß die Seele der Freiheit jene wahre Religiosität ist, die ihre moralische Kraft durch eine wohlerzogene Bevölkerung zur Geltung bringt.* Wer in seiner Liebe zu unserem Land den Charakter bilden will, muß die *Religion* und die *Erziehung* fördern. Die beiden Prinzipien müssen zusammenarbeiten, damit sie einen heilsamen Einfluß aufeinander ausüben können. Religion, die ohne Zusammenhang mit der Erziehung bleibt, läuft Gefahr, in Aberglauben, das heißt also in Tyrannei, auszuarten... Und Erziehung ohne Religion läuft Gefahr, den wilden Theorien und Hirngespinsten der Vernunft ausgeliefert zu werden, statt den einfachen und gesunden Lehren des Christentums, und gefährdet somit die tausende geheimen, moralischen Schranken... die allein die Religion aufziehen kann und die die ganze menschliche Gesetzgebung trotz jahrhundertelanger konzentrierter Geistesarbeit niemals hervorzubringen imstande ist... Es gibt zwei Wege, die Menschheit zu regieren, nämlich mit *physischer* und mit *moralischer* Kraft; der erste ist *despotisch,* der zweite *republikanisch.«*

Er verließ Florenz, ging nach Bologna und Ferrara und fuhr dann mit einem Schiff den Po stromabwärts. In einer Kabine voll Ungeziefer und mit einer Schachtel nahrhaftem Käse kam er nach Venedig, das damals im Hoheitsgebiet von Österreich lag. Der üble Geruch der Kanäle und die fast täglichen Gewitter machten ihn krank. Am 4. Juli hatte er Anwandlungen von Heimweh. Mit einem anderen Amerikaner grübelte er bei einer Tasse Kaffee über den Unterschied zwischen Pest, Hungersnot und den Kriegen in Europa einerseits und dem irdischen Paradies daheim, dem einzigen erfreulichen Erdenfleck, andererseits. Er sehnte sich nach Hause.

Aber es war ihm nicht möglich, die Schweiz, deren bezaubernde Landschaft ihn in Bann hielt, in Eile zu durchreisen. Auf dem Gipfel des

Rigi wartete er an einem Sonntag den Sonnenaufgang ab. Seine Reisegefährten waren wieder schlafengegangen, nur er allein harrte dem Durchbruch des Tageslichts. Tausende wohnen hier diesem Naturschauspiel
bei, so meinte Morse, ohne auch nur einen Gedanken an jenes Wesen zu
verlieren, das dies alles erschaffen hatte, ohne an seine Güte und Macht
und an ihre Pflicht Ihm gegenüber zu denken. »Da ich gezwungenermaßen von der Feier des öffentlichen Gottesdienstes ausgeschlossen bin,
bietet sich mir jetzt, auf dem Gipfel des Berges, eine Stätte des eigenen
Gottesdienstes, wie ich sie schon seit langem nicht mehr gefunden habe.
Ich bin allein auf dem Berg, vor mir ist eine Landschaft ausgebreitet, die
mich zu Anbetung zwingt; wie schwach muß jener Glaube sein, der an
solch einem Tag und vor solch einem Schauspiel nicht imstande ist, das
Herz über die Natur zu erheben zu Ihm, dem Gott aller Natur.« Seine
Erfahrungen in den katholischen Ländern hatten seinen Glauben an die
emporhebende Kraft der Schönheit gestärkt. In der Natur hatte er den
Weg zur Gottesanbetung gefunden.

12 Lafayette
als Anführer der Liberalen

Seit Morse Paris zum letztenmal besucht hatte, war kein Tropfen Blut in der französischen Hauptstadt vergossen worden. Ein verräterischer König war vom Thron gestoßen worden und ein konstitutioneller Monarch hatte seinen Platz eingenommen. Der alte Held zweier Kontinente, Lafayette, war jetzt der mächtigste Mann nach dem König. Bald lebte Morse wieder in seiner Nähe. Gemeinsam mit Greenough, der nach Paris gekommen war, um eine Büste des Generals anzufertigen, mietete er einige Zimmer.

Von einem Hügel zum anderen trafen jetzt mittels »telegraphischer Beförderung« – wie Morse die Nachrichtenvermittlung durch das Semaphor-System nannte – Meldungen aus Paris ein über den Fall von Warschau. Österreich hatte nicht nur den italienischen Aufstand unterdrückt, sondern stellte auch seine Hilfe zur Verfügung, um Polen zu überwältigen. Während die Polen einen ritterlichen Freiheitskrieg gegen den Zaren kämpften, ersuchten sie Frankreich und England um Unterstützung, aber es war keine Hilfe in Sicht. Die französischen Minister entschuldigten sich mit der Ausrede, daß Polen von den autokratischen Großmächten Rußland, Preußen und Österreich eingeschlossen sei. Die französischen Liberalen waren empört, und Morse mußte selbst mit anhören, wie man den Außenminister auspfiff.

Als Morse sich bei Lafayette meldete, wurde er sofort in dessen Schlafzimmer geführt. In einem Morgenrock kam ihm der General mit ausgestreckten Armen entgegen und freute sich außerordentlich, ihn nach seiner Rückkehr aus Italien wiederzusehen. Morse stellte ihm dann die Frage, ob für Polen noch eine Hoffnung bestünde.

»Oh ja«, erwiderte Lafayette, »ihre Sache steht nicht so verzweifelt, ihre Armee ist in Ordnung, aber das Verhalten Frankreichs und vor allem Englands war feige und tadelnswert. Wenn die englische Regierung nur den geringsten Willen gezeigt hätte, gemeinsam mit Frankreich tatkräftige Maßnahmen zur Unterstützung der Polen zu ergreifen, hätten sie bereits ihre Unabhängigkeit erreicht.«

Aber die Regierung Louis Philippes war für Lafayette bald eine Enttäuschung; er konnte den neuen Monarchen nur deshalb krönen, weil er den Pöbel mit einem gutangebrachten Epigramm beruhigt hatte: »Das ist der König, den wir brauchen; das ist die beste Republik.« Das Aussehen des Generals und sein Gang waren noch genauso frisch und kräftig wie seinerzeit in Amerika.

Da Lafayette sich mehr um die mißliche Lage der Polen als um die der Italiener kümmerte, waren auch seine amerikanischen Freunde ganz davon in Anspruch genommen, für die Polen Beiträge aus Amerika zu senden. Lafayettes politische Aufgaben hinderten ihn daran, Spenden, die aus dem Ausland kämen, persönlich zu verteilen. So übergab er – ohne seine Verantwortung aufzugeben – die Angelegenheit einem Komitee amerikanischer Freunde, das unter der Leitung von Cooper arbeitete.

Cooper war eben aus Rom zurückgekehrt und bewohnte ein Haus in der Rue Saint-Dominique. Gewöhnlich stand er um acht Uhr auf, las die Zeitungen, frühstückte um zehn und arbeitete im Morgenrock an seinem Schreibtisch bis ein Uhr, dann ging er in den Louvre, um Morse bei seiner Malerei zu necken. Um sechs Uhr kam er nach Hause, nahm mit Frau und Kindern das Abendessen ein und plauderte dann mit Morse und Greenough. Mittwoch abends waren nicht nur Morse und Greenough anwesend, sondern auch das amerikanisch-polnische Komitee. Lafayette selbst eröffnete die Zusammenkünfte mit Anekdoten aus seiner amerikanischen Zeit.

Das Komitee wollte die ihm zur Verfügung stehenden Gelder jenen Polen direkt aushändigen, die der russischen Rache zu entkommen trachteten und nach Preußen flohen. Der junge Samuel Gridley Howe wurde mit dieser Aufgabe betraut. Da er Lafayette schon immer bewundert hatte – er war dem General bei seinem revolutionären Marsch gegen das Hôtel de Ville mit dem Ruf: »Vive Lafayette! Vive la Liberté!« gefolgt – und mit eigener Lebensgefahr der gerechten Sache gedient hatte, nahm er den Auftrag bereitwilligst an und ging nach Preußen.

Als Howe fast alle Gelder an die Polen in Deutschland verteilt hatte, wurde er in Berlin verhaftet. Albert Brisbane, ein junger Amerikaner, der nach Berlin gegangen war, um nach einer neuen Gesellschaftsordnung zu suchen, hörte von der Verhaftung und setzte den Gesandten Rives in Paris

S.F.B. Morse: Lafayette, 1825 (New York Public Library).

davon in Kenntnis, weil es keinen diplomatischen Vertreter Amerikas in
Berlin gab. Gemeinsam mit Cooper richtete Morse an Rives das Ansuchen, sofortige Maßnahmen zu ergreifen. Nachdem man aus Paris einen
Kurier mit dem nötigen Beweismaterial geschickt hatte, daß Howes Mission keinen politischen Charakter habe, dauerte es immerhin noch zwan-

zig Tage, bis Morse erfuhr, daß Howe aus der Haft entlassen sei. Ohne Verhör und ohne Rückgabe seines Passes wurde er an die französische Grenze gebracht.

Die freundschaftlichen Beziehungen, durch das amerikanisch-polnische Komitee ins Leben gerufen, blieben noch lange Zeit aufrecht, auch nachdem das Komitee aufgelöst worden war. Trotzdem konnte Morse die Auffassungen von Brisbane und Howe nicht teilen. Es war ihm nicht möglich, Howe in seiner Begeisterung für die unitarischen Vereine von Boston zu folgen oder sich der extremen Richtung seiner Frau, Julia Ward Howe, anzuschließen, die jede Form von Sklaverei abschaffen wollte. Noch weniger konnte er Brisbane und seinen Idealisten beipflichten, die in der Mitte des vorigen Jahrhunderts einen utopischen Staat in Amerika einführen wollten. Die orthodoxe Theologie von Morse und sein aristokratischer Geschmack in sozialen Fragen hinderten ihn daran, einen Überfluß an Begeisterung für die völlige Abschaffung der Sklaverei sowie für das System von Fourier zu verschwenden. Er sympathisierte eher mit Cooper und vor allem mit Lafayette.

Cooper und Morse waren immer zusammen. Ob nun das polnische Komitee eine Sitzung abhielt oder nicht, Morse verbrachte »fast jeden Abend in seinem Hause im Kreise seiner Familie«, und jeden Nachmittag war Cooper »regelmäßig wie der Tag« im Louvre, um seinen Freund bei dem Kopieren alter Meister zuzusehen.

Zu Coopers »feiner Familie« gehörte auch die 19jährige älteste Tochter Susan. Vielleicht meinte Greenough diese Tochter, als er Morse sagte, er erwarte von ihm, daß er bald wieder heiraten würde. Aber Cooper scheint Morse bereits abgelehnt zu haben, als Greenough an Morse schrieb: »Ich beglückwünsche Dich zu Deinem vernünftigen Entschluß in der Angelegenheit, die Du scherzend erwähnt hast. Ledig zu bleiben, ist eine ausgezeichnete Idee, aber nur für eine Übergangszeit, denn ein Mann ohne richtige Liebe ist wie ein Schiff ohne Ballast, wie eine Gabel mit einer Zinke oder wie eine halbe Schere.« Es war ein Verdienst Morses und auch von Cooper, daß die Abweisung von Morses Heiratsantrag ihre Freundschaft nicht zerstören konnte.

Morse lernte einen neuen Cooper kennen, der eine Leidenschaft für »echten Rheinwein« hatte und der beinahe in Ekstase geriet, als er das Zauberschloß entdeckte, das er in seiner Erzählung *Heidenmauer* beschrieb. Er glaubte erst vollauf zu leben, wenn er, sensationslüstern, nach dem üblichen romantischen Rezept eine Kerze nahm, durch die Gänge eines alten rheinischen Klosters wandelte und sich schließlich in einem Raum mit »Heiligenbildern, Kruzifixen, im Dämmerlicht, mit klappernden Fensterläden und ganz allein« einsperrte. Aber es gab einen anderen Cooper, den Morse am meisten bewunderte, den Cooper des polnischen Komitees, Cooper, der der katholischen Kirche mißtraute und den englischen Stolz nicht leiden konnte, den republikanischen Cooper, der die Adelstitel und »den übrigen Tand, worüber sich die großen Kinder in Europa freuen«, verspottete, Cooper, der Lafayette die nötigen Informationen verschaffte, um die Beschuldigung zu widerlegen, daß Amerika das schwerstbesteuerte Land der Erde sei, und dem das Abgeordnetenhaus dafür seinen Dank abstattete, indem man ihn als den »sehr bekannten Romanschriftsteller« erwähnte – dieser Cooper war Morses politischer Taufpate.

Wenn Cooper Morses politischer Taufpate war, dann können wir Lafayette seinen politischen Vater nennen. In der Atmosphäre des französischen Antiklerikalismus entwickelte sich sein politischer Nationalismus. Viele Einflüsse spielen dabei eine Rolle: die lange Reihe seiner protestantischen Vorfahren, die antipapistischen Vereine aus seiner Jugendzeit in Neuengland, die geißelnden Predigten seines Vaters über die katholischen Illuminaten aus Bayern, sein wachsendes Selbstbewußtsein als Amerikaner und Protestant in Italien sowie als Amerikaner und Liberaler in Frankreich und schließlich seine Treue gegen Lafayette, dessen Einfluß für ihn ausschlaggebend wurde.

In Gesellschaft von Cooper, Mrs. Cooper, Susan und Habersham, in der behaglichen Wohnung in der Rue Saint-Dominique, kam Morse immer wieder auf seine Idee zurück, daß der elektrische Funke für die Telegrafie verwendet werden könnte. An diese Gespräche konnten sich alle erinnern. Cooper betrachtete es als ein Hirngespinst eines sonst nüchtern denkenden Künstlers, Nachrichten auf Flügeln des Lichts vermitteln zu wollen, und sprach auch in diesem Sinne mit seiner Familie. Aber Morse versuchte seine Gedanken weiterzuentwickeln und wies auf die von Franklin und Roger Bacon auf dem Gebiet der Elektrizität erreichten Resultate hin. Er erzählte Habersham allerlei Dinge über die Fortpflanzung des Schalls unter Wasser, über Saiten und Schlüssel wie bei einem Klavier oder über eine Reihe von Kanonenschüssen, die den Bericht über die Eröffnung des Erie-Kanals weitergeleitet hatten. Sie erinnerten sich, daß er unentwegt über diese Themen nachsann, solange er in Frankreich war, aber Morse selbst glaubte sich nur erinnern zu können, daß er sich ausschließlich mit dem französischen System des Semaphors beschäftigt habe.

Endlich waren seine eklektischen Malarbeiten so weit fortgeschritten, daß er sie zu Hause vollenden konnte. Während er seiner Kopie der *Mona Lisa* den letzten Pinselstrich gab, mag er vielleicht an die Vielseitigkeit Leonardos gedacht haben, der gleichzeitig Maler und Erfinder war. Die gewaltigen Anstrengungen der letzten Wochen hatten ihn fast krank gemacht. Trotzdem konnte er den Gedanken, daß er auf der langen Heimreise nicht malen sollte, kaum ertragen. Er hatte nicht die geringste Ahnung, daß diese Reise ihn zum amerikanischen Leonardo machen sollte.

Seiner Laufbahn widerfuhr eine wesentliche Änderung, weil er zufälligerweise mit den richtigen Leuten an Bord des Schiffes zusammentraf. Seine Freunde hatten alles darangesetzt, seine Begegnung mit solchen Menschen zu hintertreiben. Cooper versuchte ihn zu überreden, bis zum Frühjahr zu warten und dann mit seiner Familie nach Amerika zurückzukehren. Thomas Cole ersuchte ihn, gemeinsam mit ihm in Florenz an Bord zu gehen. Als Lafayette hörte, daß er sich am 1. Oktober auf der *Sully* einschiffen wollte, teilte er ihm mit, daß er – falls er bis zum 10. warten könnte – mit einigen angenehmen Reisegefährten in der Person des Kommodore Biddle und einer Gruppe junger Leute aus Philadelphia rechnen könne. Aber ein gewisser junger Mann, den Morse als Dr. Jackson kannte, »ein Sohn von Dr. Jackson aus Boston«, der sich in Paris »unermüdlich Tag und Nacht mit Cholerauntersuchungen beschäftigte«, hatte ebenfalls Anstalten getroffen, mit der *Sully* zu segeln. Wir wissen nicht, ob Morses Entscheidung in irgendwelchem Zusammenhang mit Jackson stand. Jedenfalls hatte er den festen Entschluß gefaßt, sich am 1. Oktober in Le Havre einzuschiffen.

Kurz bevor er Paris verließ, besuchte er Lafayette, um seine letzten Ratschläge entgegenzunehmen. Wie groß war der Unterschied zwischen dem Frankreich von 1832, das er mit den Augen eines Lafayette sah, und jenem Frankreich, das er vor fast 20 Jahren auf den Klippen von Dover, trotz des Nebels, zu erspähen versucht hatte! Damals hatte er die Franzosen als die Feinde der ganzen Menschheit betrachtet! Die »Bestie« Napoleon war endlich dem heldenhaften Lafayette gewichen. Voll Vertrauen gab Lafayette seinem Schützling den Auftrag, in Amerika ein getreues Bild von dem zu geben, was sich in Europa vollzogen hatte, und verabschiedete sich von ihm.

Morse verließ Paris, machte einen kurzen Besuch in London, blieb aber lange genug, um Leslie Modell für dessen Gemälde *Der Dichter Sterne entdeckt endlich sein Manuskript* zu sitzen, überquerte nochmals den Kanal und schiffte sich endlich in Le Havre für eine folgenschwere Reise ein.

13 Die Reise mit der Sully

Das Schiff sollte planmäßig am 1. Oktober seine Reise antreten, aber 24 Stunden später lag es, von Gegenwinden aufgehalten, noch immer im Hafen.

Inzwischen versuchten alle Passagiere, eine passende Reisegesellschaft für sich zu finden. Morse brauchte nicht zu suchen, nachdem Cooper ihm folgendes mitgeteilt hatte: »Ich höre soeben, daß Mr. Rives wahrscheinlich Dein Mitreisender sein wird. Versuche mit ihm in Kontakt zu kommen.«

Als amerikanischer Botschafter in Frankreich hatte Rives die Eingabe von Morse und Cooper unterstützt und sich für die Freilassung des Dr. Howe eingesetzt. Obwohl er ein aufrichtiger Anhänger Jeffersons war, konnte er die Auffassungen von Cooper und Lafayette nicht teilen. Er war ein Gegner von Coopers Plan, aufgrund von Statistiken nachzuweisen, daß das republikanische Regime in Amerika dem Volk geringere finanzielle Lasten auferlegte als das monarchistische System in Europa.

Morse fand noch Gelegenheit, seinem Freund Cooper von der *Sully* eine Antwort zukommen zu lassen: »Mr. Rives mit Familie, Mr. Fisher, Mr. Rogers, Mr. Palmer mit Familie sind tatsächlich hier sowie weitere Gesinnungsgenossen in einer vollbesetzten Kabine neben mir. Was soll ich mit dieser antistatistischen Gesellschaft anfangen?«

Endlich nach fünf Tagen erhob sich ein Südwestwind, und das Schiff konnte den Hafen verlassen.

Der erste Tag unterschied sich in nichts von anderen Reisetagen auf hoher See. Der Gischt schlug über die Reling der *Sully* und flutete dann an ihren verkrusteten Wänden wieder zurück. Stunde um Stunde heulte der Wind in der Takelage, und die Passagiere, die nicht unter der Seekrankheit zu leiden hatten, spazierten auf dem Deck, gingen essen, kamen wieder an Deck und schlummerten in der Nacht ruhig und unbekümmert, wie Emma Willard es vor wenigen Monaten in ihrem Gedicht auf die *Sully* beschrieben hatte:

> Ruhig und friedlich werde ich schlafen,
> Des Abgrunds Wiege schaukelt mich.

Das kleine Schiff zitterte und bebte und mühte sich, durch das schäumende Meer einen Weg zu bahnen, immer dem weiten Horizont entgegen.

Als aber auf halbem Weg einer der Passagiere den kühnen Entschluß faßte, jede Entfernung auf der Erde zu besiegen, hatte diese Fahrt ihre Ähnlichkeit mit anderen Seereisen verloren – die *Sully* war ein historisches Schiff geworden.

Morse stand mit der »antistatistischen« Gruppe auf gutem Fuß, vielleicht nur deshalb, weil er nicht über Politik sprach. Eines Tages, nach einem Lunch, plauderte man bei Tisch noch ein wenig über die Versuche von Ampère mit dem kürzlich entdeckten Elektromagnet. Einer der Anwesenden – es war der Rechtsanwalt Mr. Fisher aus Philadelphia, wie Morse sich später erinnerte – stellte die Frage, ob die Länge des Kabels eine Verlangsamung des elektrischen Stroms hervorrufen könne.

»Nein«, antwortete Dr. Charles T. Jackson, ein redegewandter junger Mann mit einem dunklen, runden Gesicht, der sich mehr für Laboratoriumsarbeiten als für seine Praxis in Boston interessierte und jetzt, nach seinen Studien bei den besten Pariser Professoren, nach Hause zurückkehrte. »Nein«, sagte er, »die Elektrizität durchströmt im gleichen Augenblick den ganzen Draht in jeder Länge. Franklin leitete den Strom über eine Entfernung von vielen Meilen und konnte niemals einen zeitlichen Unterschied feststellen zwischen dem Kontakt an der einen Seite und dem Funken an der anderen.« (Später zweifelte Morse, ob Franklin jemals ein solches Experiment gemacht hatte.)

»Wenn das so ist«, folgerte Morse sofort, »und die Anwesenheit der Elektrizität an jeder beliebigen Stelle der Leitung sichtbar gemacht werden kann, sehe ich nicht ein, weshalb eine Meldung nicht im selben Augenblick mittels Elektrizität in jede Richtung weiterbefördert werden kann.« Er sagte dies, als ob er erst jetzt auf diese Idee gekommen wäre.

Keiner der Anwesenden beachtete seine Bemerkung, nur Jackson erklärte ihm, daß sie vielleicht richtig sei, und fuhr dann mit seiner Beschreibung fort, wie man mit Hilfe von Magneten Funken erzeugen könne.

Es war ein Glück, daß kein Mensch, weder in diesem Augenblick noch später im Lauf der Reise, Morse mitteilte, daß seine Idee nicht neu sei.

Wahrscheinlich war keiner der Mitreisenden, auch Dr. Jackson nicht, genügend informiert, um ihm sagen zu können, daß bereits einige europäische und auch amerikanische Gelehrte die Möglichkeit einer unverzüglichen Verbindung durch Elektrizität angedeutet hatten. So war es ihm vergönnt, seine Gedanken weiterzuentwickeln, in der glücklichen Überzeugung, die Idee als einziger zu besitzen. Der Glaube, etwas ganz Neues entdeckt zu haben, versetzte ihn in größte Spannung.

Mit den Grundlagen der Elektrizitätslehre sowie dem relativ unbekannten Elektromagnetismus war Morse einigermaßen vertraut. Die Vorlesungen der Professoren Day und Silliman in Yale hatten seine Neugierde angeregt, mehr über die Batterien von Volta zu erfahren. In der Zeit, da er Tür an Tür mit Professor Silliman wohnte, hatte er ihm oft in seinem Laboratorium geholfen und dabei vielleicht einiges erfahren über die jüngste Entdeckung von Oersted und Schweigger, bezüglich der magnetischen Wirkung, die der elektrische Strom auf Nadeln ausübt. In New York war er mit Dana, dem begeisterten Forscher auf dem Gebiet des Elektromagnetismus, sehr befreundet. Er hörte auch Danas erste Vorlesungen in Amerika über Sturgeons Entdeckung des Hufeisenelektromagnets. Für einen Maler hatte er außergewöhnliche Kenntnisse über das eigenartige »Fluidum«, mit dem sich nur wenige in ihren Laboratorien befaßten und das noch keine Anwendung gefunden hatte.

Morse verfügte also über die nötigen Vorkenntnisse, um ein System auszuarbeiten, wodurch eine Nachricht mittels Elektrizität auf Papier weitergeleitet werden konnte. Er wußte, daß es möglich war, die Elektrizität durch einen Draht von beträchtlicher Länge zu leiten, ohne merkbare Schwächung der Stromstärke, ferner daß eine Stange aus weichem Metall im selben Augenblick elektrisiert wurde, wenn der darüber gewundene Draht elektrisch geladen war. Dadurch konnte genügend mechanische Kraft im Elektromagnet hervorgerufen werden, um ein beträchtliches Gewicht zu heben. Wichtiger jedoch als alle naturwissenschaftlichen Kenntnisse waren für die Durchführung seiner Ideen seine schöpferischen Kräfte, die ihn überall Zusammenhänge und Möglichkeiten erkennen ließen, ferner seine Geschicklichkeit im Basteln, seine Ausdauer und sein Organisationstalent, mit einem Wort alle jene Eigenschaften, die er im Lauf der Jahre mit seiner Pumpe, seiner Marmorschneidemaschine, seiner Arbeit als Präsident der Akademie und seinen Malereien entwickelt hatte.

Er zog seine Mitreisenden zu Rate und weihte Dr. Jackson in einige seiner Pläne ein. Er erzählte Rives von seinen Fortschritten, und wenn der

Botschafter Einwände machte, widerlegte er sie voll Selbstvertrauen. Die Idee der elektrischen Nachrichtenvermittlung »beherrschte ihn ununterbrochen«, wußte Mr. Fisher sich zu erinnern, und er war »der *einzige*, der anscheinend über die Fähigkeiten verfügte, damit zu einem praktischen Resultat zu kommen«. Kapitän William Pell hatte den Eindruck, daß »Hindernisse über Hindernisse sich Morse in den Weg stellten«, bis »der erste rohe Entwurf die verschiedenen Verbesserungsphasen durchschritten hatte« und seine Idee anscheinend zu »einem verwendbaren Instrument gereift war«.

Wie immer auf seinen Reisen, machte Morse auch jetzt ganz genaue Aufzeichnungen über seine Gedanken. So schrieb er auch, daß ihm klargeworden sei, daß die Meldungen festgehalten werden müßten, die auf elektrischem Weg befördert würden. Es kam ihm der Gedanke, daß Ziffern sich leichter für einen Kode eigneten als Buchstaben, weil sie nicht so zahlreich waren. In verschiedenen Kombinationen könnten sie als Worte fungieren, und so entwarf er einen beliebigen Kode mit Punkten und Strichen:

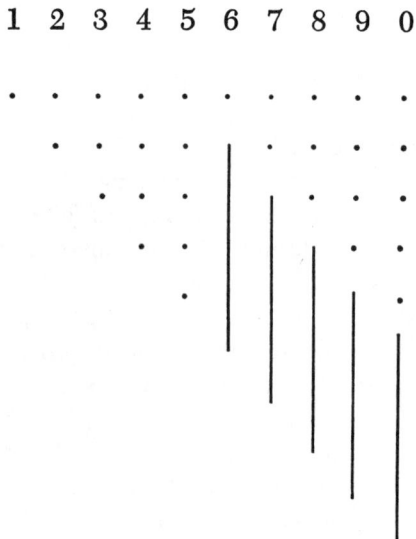

Im Geist begann er ein Verzeichnis von Worten zu entwerfen, die durch verschiedene Kombinationen der Ziffern dargestellt waren. Dann schrieb er mit Hilfe seines Kode den Anfang des folgenden Berichtes:

·· · ····· | ····· · ——— | · ····· |

Dann ließ er seinem Bericht die Übersetzung folgen:

215	56	15
Krieg	Holland	Belgien

Ein Wort jedoch, das er in seinen Bericht aufgenommen hatte, war in dem Kode von Punkten und Strichen überhaupt nicht vorhanden. Es war ein Ausnahmefall, weil es sich um den Eigennamen Cuvier handelte. In seinem geschriebenen Bericht setzte er die Ziffern unter das Wort, nicht darüber wie in anderen Fällen, und machte nach jeder Ziffer einen Punkt.

Cuvier

1. 6. 8. 5. 4. 3.

Aber kein Kode von brauchbarem Umfang konnte für alle Eigennamen ausreichen, weshalb er nach einer Methode suchte, die einzelne Buchstaben ebenso vermitteln konnte wie ganze Worte. Es geht nicht klar hervor, wie er schon damals dieses Problem löste; vielleicht beabsichtigte er in diesem System, einen Buchstaben durch eine Ziffer mit Punkt darzustellen, während Ziffern ohne Punkt ganze Worte andeuten sollten.

Dann begann er mit einem anderen Kode zu spielen. Wiederum wurden die ersten fünf Ziffern durch Punkte wiedergegeben, aber die nächsten fünf durch die entsprechenden Punkte mit einem Zwischenraum. So schrieb er in sein Notizbuch:

Ein einfacher Zwischenraum trennt die ersten fünf Figuren.
Zwei Zwischenräume trennen jede der letzten fünf.
Drei Zwischenräume trennen jede vollständige Gruppe.

Aufgrund dieser Ausgangspunkte konnten die brauchbarsten Kombinationen von Punkten und Strichen oder Punkten allein ausgearbeitet werden. Aber wie sollte der Kode weitergeleitet werden? Er ging an das Problem heran wie an ein neues Modell, bei dem er nach den verschiedensten Farbenkombinationen suchte, um die gewünschten Farben und Töne zu erreichen. Für die Weiterleitung von Punkten oder Strichen oder von beiden würde ein einziger Stromkreis genügen, für eine Weiterleitung auf zwei Wegen wäre ein doppelter Stromkreis notwendig. Wie könnte man nun den elektrischen Strom regulieren, um die Punkte und Striche mit regelmäßigen Zwischenräumen wiederzugeben? Zu diesem Zweck entwarf er ein sägeähnliches System in dieser Art:

Die Zähne müßten einen Hebel betätigen, der den Stromkreis unterbrechen sollte. Anscheinend beabsichtigte er, nur einen einfachen Stromkreis zu verwenden.

Die Drähte der Leitung waren als Untergrundleitungen gedacht, denn in seinem Notizbuch zeichnete er Entwürfe von Tonröhren verschiedener Art, die den Draht schützen sollten.

Über eine der Methoden bezüglich der Aufzeichnung von Punkten und Strichen sprach Morse ausführlich mit Dr. Jackson. Der elektrische Funke, der erzeugt wird, sobald man den Strom unterbricht, könnte verwendet werden, um auf einem chemisch präparierten und fortlaufenden Papierstreifen eine Spur zu hinterlassen. Nächstfolgende Zeichnung bezieht sich zweifellos auf diese Idee:

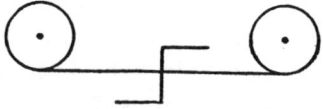

Dann erkundigte er sich bei dem jungen Chemiker, wie ein Papierstreifen zu präparieren wäre, damit ein Funke darauf seine Spur hinterlassen könnte. Jackson deutete einige Präparate an, die diesem Zweck entsprechen könnten, und versprach Morse, diesbezüglich Experimente anzustellen, sobald sie in Amerika dazu Gelegenheit haben sollten.

Aber wir finden noch eine andere Markierungsmethode in seinem Notizbuch vermerkt. Hierbei wird der neue Elektromagnet verwendet, der mit einem Bleistift oder einer Feder den Papierstreifen markiert, ohne irgendeine chemische Bearbeitung. Während die meisten seiner Notizbuchentwürfe später wieder beiseite geschoben wurden, muß man heute in der ganzen Welt zugeben, daß die Methode der Nachrichtenvermittlung das Wesen der telegrafischen Berichtgebung enthält. Es ist möglich, daß er die Zeichnung mit Hilfe einiger Mitreisender entworfen hat, aber jedenfalls ohne Studienbücher, ohne Magnet und ohne Hebel und Drähte zum Experimentieren. Er machte diese Zeichnung im guten Glauben, nicht nur der erste zu sein, der die elektromagnetische Kraft für die Nachrichtenvermittlung benützte, sondern überhaupt der erste zu sein, der die Elektrizität in Anwendung brachte. Das wesentliche dieser Idee war plötzlich geboren:

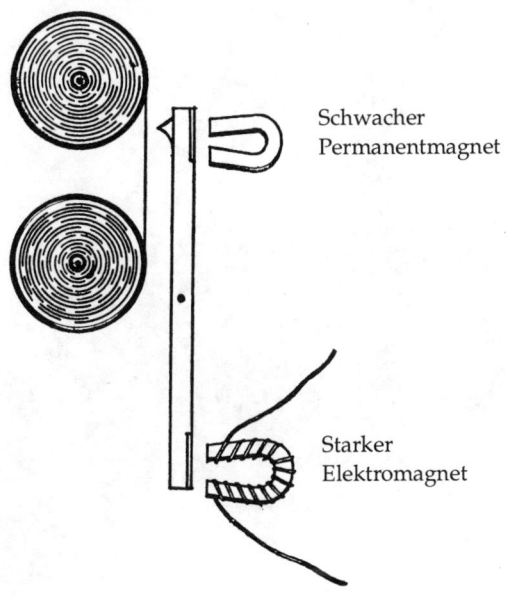

Schwacher
Permanentmagnet

Starker
Elektromagnet

Wenn der starke Magnet elektrisch geladen wird, bringt er den Hebel in Bewegung, so daß der Bleistift, der am anderen Ende des Hebels befestigt ist, mit einem Papierstreifen in Berührung kommt. Der schwache Magnet hat nur die Aufgabe, den Hebel in seine ursprüngliche Stellung zurückzubringen.

Der Künstler war außer sich vor Freude. Er wußte noch zu wenig von den abstrakten Elektrizitätsprinzipien, um sich der gewaltigen Schwierigkeiten bewußt zu werden, die diesen einfachen Mechanismus noch von der tatsächlichen Nachrichtenvermittlung über große Entfernungen trennten. Und wenn Dr. Jackson oder ein anderer Mitreisender diese Schwierigkeiten gekannt haben sollte, haben sie darüber mit ihm nicht gesprochen. Morse war der Meinung, daß er zum erstenmal in der Geschichte das Wort »Telegraf« (damals ausschließlich für den Semaphor

Morse verabschiedet sich vom Kapitän der Sully. Kupferstich aus Louis Figuier's »Les Merveilles de la Science«, Paris 1867–69.

verwendet) mit dem Beiwort »elektrisch« in Verbindung gebracht habe. Elektrische Telegrafie! Damit würde er die Welt in Erstaunen versetzen!

Er vergaß, wie eifrig er an seiner *Galerie des Louvre* gearbeitet hatte; er vergaß die schwerwiegenden Aufträge, die Lafayette ihm mitgegeben hatte; er vergaß die Fehler der »antistatistischen« Gruppe und vielleicht sogar die Enttäuschungen mit seiner Pumpe und seiner Marmorschneidemaschine und vergaß die Worte, die er einmal an Lucretia geschrieben hatte: »Gewiß, ein Erfinder verdient sein Geld sehr schwer. Ich habe nicht die Absicht, nochmals alle Qualen, Verzögerungen und Enttäuschungen mitzumachen, die ich bereits erlitten habe, auch wenn ich damit das Doppelte verdienen könnte.« Als die *Sully* am 16. November 1832 im Hafen von New York ihre Segel reffte, war er fest entschlossen, seine Ideen sofort zu verwirklichen.

»Ja, mein lieber Kapitän«, erklärte Morse mit großer Geste, »sollten Sie in den nächsten Tagen vom Weltwunder des Telegrafen hören, dann vergessen Sie nicht, daß die Erfindung an Bord der guten *Sully* gemacht wurde.«

14 Zu früh geboren

Unser Weltreisender fand im Rector-Street-Dock kaum Zeit, seine Brüder zu begrüßen, weil er ihnen sofort seinen Traum von den weltumspannenden Drähten erzählen mußte. Während sie auf dem vertrauten, rot gepflasterten Bürgersteig in die Richtung von East Broadway gingen, wo Richard und Sidney wohnten, zog er sein Notizbuch aus der Tasche und erklärte ihnen begeistert, daß er mit diesen kleinen Zeichnungen die ganze Welt in Erstaunen versetzen würde!

Sidney, der seinerzeit sein Partner beim Pumpengeschäft gewesen war, unterstützte ihn auch in dieser Angelegenheit bereitwilligst mit seinen Ratschlägen und war überzeugt, diese Sache würde jetzt der Familie einen großen Gewinn bringen. Er machte Finley aufmerksam, daß Draht nicht viel koste, und schlug deshalb 24 Leitungen vor, eine für jeden Buchstaben des Alphabets. Aber obwohl die Anwendung einer einzigen Leitung vielleicht komplizierter war, betrachtete Finley die Einfachheit als größeren Vorteil und blieb bei seinem ursprünglichen Plan, den er auf der *Sully* gefaßt hatte.

Die Freude, seinen Brüdern zu imponieren, ließ allmählich nach unter dem Druck des Großstadtlebens mit seinem Staub, den Schweinen, die sich in den Rinnsalen wälzten, dem gottlosen Geschrei nach Geld und Macht und dem Geschwätz über Geschmack, während man sich andererseits so wenig um die Kunst kümmerte, daß es keine einzige öffentliche Kunstsammlung gab! Seine geschäftlichen Sorgen hinderten ihn daran, sich längere Zeit mit seinen Telegrafieplänen zu befassen. Seine Kinder hatten kein Heim und wohnten voneinander getrennt. Die Akademie war im Begriff, ihren Ruf zu gefährden, indem sie ihre eigenen Mitglieder mit Auszeichnungen überhäufte. Sein unvollendetes Bild des Louvre nahm seine Aufmerksamkeit völlig in Anspruch. Der Traum seiner Telegrafie hatte nur einige Tage gedauert. Es folgten drei lange Jahre, in denen wir überhaupt nichts erfahren, weder vom Basteln seiner neuen Telegrafiezeichen noch von umwickelten Magneten oder Drähten, die er um das Haus seines Bruders spannte.

Hätte Morse sich ununterbrochen mit seiner Malerei beschäftigt, so wäre sein Telegrafieprojekt allmählich eingeschlafen und schließlich vollkommen im Sand verlaufen. Jetzt war es die bittere Not, die ihn daran hinderte, seine Erfindung weiterzuentwickeln. Trotzdem schrieb er viele Jahre später: »In der ganzen Zeit habe ich weder den Glauben an die praktische Durchführbarkeit meiner Erfindung noch die Absicht, sie zu überprüfen aufgegeben, sobald ich über die nötigen Mittel verfüge.«

Als die Geschichte seiner Erfindung bereits ein Teil der großen amerikanischen Legende geworden war, las Morse eines Tages in einer New Yorker Zeitung den nachstehenden Bericht über die ersten Jahre nach dem Verlassen der *Sully:* »Seine Freunde waren betrübt, daß eine so kurze Zeitspanne ihren genialen Freund in einen mürrischen, gefühllosen Menschen verwandelt hatte. Er war erfüllt von einer großen Erfindung, die die ganze Welt aufrütteln und beglücken sollte. Er hatte keine Gedanken, keine Gefühle, keine Fähigkeiten mehr für andere Menschen und Dinge, bis der Telegraf Wirklichkeit geworden war und unangefochten in die Reihe der großen Erfindungen dieses Jahrhunderts aufgenommen wurde.« Morse hingegen schrieb an den Rand die sarkastische Bemerkung: »Ziemlich übertrieben. Ha, ha.«

Während der fünf Jahre, bevor der Telegraf seine Zeit in Anspruch nahm, befaßte er sich mit seinen Malereien, mit der Leitung der Akademie und der Beseitigung des politischen Niedergangs in New York. Es wäre aber falsch, von verlorenen Jahren in seiner Erfinderlaufbahn zu sprechen, denn sie spielten eine bedeutende Rolle in der Geschichte Amerikas.

Morse wußte nur zu gut, daß die amerikanischen Künstler, die im Ausland gelebt hatten, einen sehr schweren Stand hatten, wenn sie in die Heimat zurückkehrten. Amerika war nun einmal kein kunstliebendes Land, und auch Morse machte diesbezüglich seine Erfahrungen. Er war keineswegs »der glücklichste Bursche der Stadt«, wie er gehofft hatte. »Ich glaube, Du bist manchmal in einer trübsinnigen Stimmung«, schrieb er Cooper, »was bei Deiner Veranlagung nichts Ungewöhnliches ist. Was mich betrifft, muß ich gestehen, daß auch ich öfter unter ähnlichen unangenehmen Anwandlungen zu leiden habe... Du wirst bestimmt trübsinnig, sobald Du hier angekommen bist, aber je länger man im Ausland war, desto schlimmer wird die Krankheit.«

Das erste Jahr nach seiner Rückkehr hatte er nur ein geringes Einkommen. Sein Kapital war wieder einmal erschöpft, die gemächlichen Abstecher nach Italien, durch die Schweiz, in die Rheingegend und nach Paris waren ihm nur dadurch ermöglicht worden, daß seine Brüder ihm Geld für die Briefe schickten, die im *Observer* veröffentlicht wurden. Das Angebot, im Hause seines Bruders ein Zimmer zu beziehen, bedeutete in dieser Zeit sogar eine Erleichterung für ihn.

Es war natürlich eine Auszeichnung, daß er zum Professor für Skulptur und Malerei an der neuen Universität der Stadt New York ernannt wurde, deren erster Kanzler sein eigensinniger Freund Dr. Matthews war. Er war stolz auf seinen neuen Titel und sorgte immer dafür, daß er auf keinem offiziellen Schriftstück fehlte. Im darauffolgenden Jahr sollte er eine Reihe Vorlesungen halten, was er ablehnen mußte, weil er keine Zeit hatte, diese auf Universitätsniveau zu bringen. Ebensowenig wollte er sich um eine Stelle als Professor für Zeichenunterricht in West Point bewerben, obwohl er dieselbe sofort hätte antreten können, wenn er darum gebeten hätte, und die so einträglich war, daß Leslie London verließ, um sie zu bekommen.

Obwohl Morse im Lauf der ersten Jahres keine Universitätsschüler hatte, knüpfte er doch allmählich in Universitätskreisen erfolgreiche Beziehungen an. Er konnte damals nicht wissen, daß seine Professur einmal als die erste Professur für bildende Künste an einer amerikanischen Universität in die Geschichte eingehen würde, und ebensowenig konnte es ihm bekannt sein, daß er in den Universitätsakten als »ihr berühmter Professor« aufscheinen würde. Aber inzwischen war er weder Ordinarius in Clinton Hall, wo die Universität zunächst untergebracht war, noch erhielt er ein Gehalt, ausgenommen die Kollegiengelder seiner Studenten.

Nach seiner Ankunft in New York arbeitete er monatelang an seiner *Galerie des Louvre,* und als das Gemälde endlich in den Ausstellungsräumen von Corvills Buchhandlung am Broadway at Pine aufgestellt wurde, war es wieder ein Mißerfolg. Es war zweifellos ein gutes Gemälde, Cooper hielt große Stücke darauf, und seine New Yorker Freunde liebten es. »Ich kann Dir nichts Besseres wünschen«, schrieb Leslie, »als einen ebenso großen Erfolg bei der Ausstellung wie bei der Ausführung.« Dunlap besuchte die Ausstellung einige Male und schrieb eine anerkennende Kritik in einer Tageszeitung. Das Gemälde blieb einige Wochen in New York ausgestellt und brachte höchstens 15 Dollar pro Woche ein; dann wurde es noch kurze Zeit in New Haven gezeigt, aber hier war die

Ablehnung so groß, daß er es zurückzog. Die Geschichte seiner *Kongreß-halle* hatte sich wiederholt.

Amerika hatte Morse bereits enttäuscht, als er vor 17 Jahren zum erstenmal aus Europa zurückkehrte, aber jetzt war für ihn, den 41jährigen Professor, die Enttäuschung noch größer. Er stand aber in seiner Verbitterung nicht allein. Auch seine Freunde hatten gehofft, als Künstler in Amerika mehr Verständnis zu finden.

Selbst im Osten, dem relativ kultivierteren Teil Amerikas, fühlte Morse sich als Bahnbrecher, und Cooper hatte nicht unrecht mit seiner Bemerkung, sie beide seien dreißig Jahre zu früh geboren. Aber das war für Morse eine zu billige Ausrede. Er antwortete Cooper: »Seit meiner Rückkehr hat man mir schon mehrere Male gesagt, ich sei in bezug auf die bildenden Künste in unserem Land hundert Jahre zu früh geboren. Ich habe darauf erwidert, daß ich – wenn dies der Fall wäre – mich bemühen würde, die Zahl auf fünfzig zu reduzieren. Ich gewinne immer mehr die Überzeugung, daß ich der Kunst mindestens ebensogut mit meiner Feder wie mit meinem Pinsel dienen kann, und wenn ich bei Lebzeiten das Publikum auf diese Weise aufklären könnte, um denen den Weg zu ebnen, die nach mir kommen, glaube ich der Kunst einen besseren Dienst erwiesen zu haben als durch das Malen von Bildern, die erst hundert Jahre nach meinem Tod Anerkennung finden würden.« Hätte Morse gewußt, daß hundert Jahre nach seiner Rückkehr in New York eines der größten Museen eine »Sonderschau« seiner Bilder veranstalten sollte, so hätte er sich niemals mit Drähten und Batterien eingelassen.

15 Der Nationalist

Eine neue nationalistische Welle hatte das Land überflutet. Die ersten Unruhen begannen im Jahr 1834, als ein Kloster in Charlestown, Morses früherer Heimat, in Asche gelegt wurde. Zehn Jahre später folgte eine Reihe von Aufständen, wobei die Polizei erstmalig die Morse-Telegrafie benützte. Damals bildete New York das Zentrum der Bewegung, und Morse selbst trat als einer der Anführer auf.

Der nationalistische Widerstand hatte sich vor allem in den Städten des Nordens und Ostens zusammengeballt, da in den 20er Jahren ungefähr 100000 Ausländer hier ins Land gekommen waren, und in den nächsten zehn Jahren fünfmal so viele folgten. Verschiedene europäische Staaten wollten ihren Überfluß an Verbrechern und Abenteurern loswerden und schoben sie auf billige Art nach Amerika ab. Die Folge davon war, daß ein Großteil des Proletariats, das auf die Unterstützung der Gemeinden angewiesen war, vor allem im Osten aus Einwanderern bestand. Die Emigrantenschiffe spien unaufhörlich neue Ströme von Menschen aus, die die Städte überfluteten. Da sie bereit waren, um jeden Preis und unter jeder Bedingung zu arbeiten, gefährdeten sie die Position der alteingesessenen Arbeiter. Damals kam gerade der größte Zuzug aus Irland. Alsbald erschienen in den organisierten Geschäften die bekannten Tafeln: »Iren werden hier nicht aufgenommen.« Die alteingesessenen Staatsbürger protestierten dagegen, daß sich die jüngst naturalisierten Ausländer mit dem stolzen Namen »Amerikaner« brüsteten.

Zu all dem waren viele dieser Neuankömmlinge auch Anhänger von Sekten, deren religiöse Bräuche, Geheimorden und politische Beziehungen zum autokratischen Europa schon immer ein Stein des Anstoßes für die Amerikaner gewesen waren. Je größer die Zahl der Immigranten wurde, desto mehr nahm der Einfluß der katholischen Kirche zu. Wenn diese zum Beispiel gegen den Gebrauch von kirchlich nichtapprobierten Bibelübersetzungen in Staatsschulen protestierte, konnten die Protestanten in ihrer Uneinigkeit nur die Namen von Luther, Kalvin und Knox stammeln. Unterdessen war durch einen Streit zwischen dem Kirchenrat einer katholischen Kirche in Philadelphia und dem Ortsbischof der Unterschied in der Organisation der katholischen Kirche gegenüber den protestantischen Sekten noch deutlicher ans Tageslicht getreten. Der Kirchenrat hatte das Recht, seine eigenen Pfarrer wählen und über den Kirchenbesitz verfügen zu dürfen, als ein demokratisches Recht bezeichnet. Nach einem erbitterten Kampf, der mehrere Jahre dauerte, konnte der Bischof auch tatsächlich seine Autorität behaupten. Den meisten Amerikanern schien es nun, als hätte eine ausländische Hierarchie, die von Rom unterstützt wurde, die natürlichen Rechte der Amerikaner angegriffen. Eine Anzahl religiöser Blätter forderte ihre Leser auf, eine Bewegung zu gründen, die das freie Amerika gegen die Drohung der katholischen Herrschaft schützen sollte. Noch zur Zeit, da Morse den kontinentalen Skeptizismus eines Lafayette kennenlernte, entwickelte sich in Amerika bereits die erste antipapistische Gesellschaft, die »New York Protestant Association«.

Als gläubiger Mensch, als Künstler, der mit Farben, Licht und Schatten zaubern konnte, und vor allem als Organisator, der die Künstler vereinigt hatte, waren auch Morse die Augen für das aufgegangen, was er als die äußerlichen Bedürfnisse seiner Stadt und Heimat betrachtete. Sein politisches Blickfeld war zwar noch beschränkt, aber angesichts seiner sonstigen Interessen war es schon anerkennenswert, daß er etwas von Politik verstand. Der amerikanische Leonardo hatte wiederum ein neues Gebiet entdeckt, wo er seine Fähigkeiten vollkommen entfalten konnte.

Seitdem er Paris verlassen hatte und nicht mehr unter dem Einfluß eines Lafayette und Cooper stand, war sein politisches Bewußtsein erwacht. Mit großer Sorge hatte er die Nichtigkeitsbestrebungen in Südkarolina, unter der Leitung von Robert Y. Hayne und Calhoun, verfolgt, aber jetzt freute er sich über ihr plötzliches Ende. Europäer, die über uns urteilen, so schrieb er an Lafayette, »vergessen so leicht, daß es sich hier um eine gewaltige Anzahl von Menschen handelt, die ihre eigenen Rechte sowie die ihrer Mitbürger genau kennen, um ein großes Volk also, das durch Erziehung zur inneren Überzeugung gelangte und nicht durch Gewalt«. Er konnte Lafayette so aufrichtig seine Meinung sagen, weil er des öfteren über sein Lieblingsthema, die Notwendigkeit einer tiefüberzeugten Religion auf der Grundlage einer freien Erziehung, mit ihm gesprochen hatte. Er glaubte, der General würde ihn verstehen.

Im Herbst 1834 besuchte er John England, den katholischen Bischof von Charlestown, den er früher gemalt hatte, und erkundigte sich bei ihm über die politische Macht der Kirche.

Als das Jahr noch nicht zu Ende war, machte Dunlap die plötzliche Entdeckung, daß der Präsident der Nationalakademie sich hauptsächlich mit der Bekämpfung der päpstlichen Macht befaßte.

Es wird behauptet, daß seine erste nationalistische Schrift, *Ausländische Verschwörung gegen die Freiheiten der Vereinigten Staaten,* eine Brandstiftung in Charlestown verursacht habe. Wie so viele Volksbewegungen war auch der Nationalismus von Gewalt und Betrug begleitet, aber Morse hat diese Begleiterscheinungen niemals persönlich unterstützt. Obwohl er auf politischem Gebiet eigentlich ein Laie war, hat er doch, besonders durch sein ehrliches und faires Auftreten, viel dazu beigetragen, dem Nationalismus ein besseres Ansehen zu verleihen. Er bemühte sich auch, in der heftigen und vergifteten Staatspolitik Ordnung zu schaffen. Zur Zeit, da er für die Bürgermeisterwahlen kandidierte, fand er noch Gelegenheit, zwei Kampfschriften herauszugeben. Die erste war seine Flugschrift *Drohende Gefahren,* in der er das beängstigende Immigrantenproblem in der Groß-stadt behandelte; sie erschien ursprünglich in Briefform in seiner eigenen Lieblingszeitschrift *The Journal of Commerce.* Die andere Abhandlung über die *Ausländische Verschwörung* wurde in Fortsetzungen veröffentlicht, und zwar zuerst im Jahrgang 1834 des New Yorker *Observer,* der mehr oder weniger presbyterianischen Zeitschrift seines Bruders. Bald darauf wurde sie in mehreren kongregationalistischen, methodistischen und baptisti-schen Blättern nachgedruckt und anschließend im *Vindicator,* dem *Dawnfall of Babylon* und anderen Presseorganen. Als Buch erschien sie zum erstenmal 1835; eine vierte Auflage folgte während seines Wahlkampfs. 16 Jahre später erschien eine 7. Auflage und viele Jahre nach seinem Tod die allerletzte. Sein erstes umfangreicheres Werk fand also die größte Verbreitung. Es war ein Dokument, das den Nationalismus wirksam unterstützte.

Im Frühjahr 1836 ersuchten die Nationalisten den früheren Bürgermei-ster Hone, für sie zu kandidieren, in der Hoffnung, daß seine eigene Whig-Partei ihn dabei offiziell unterstützen werde. Er lehnte es jedoch ab, nicht weil er anderer Meinung war, sondern lediglich aus Zeitmangel. Daraufhin ließen die »Amerikaner« den Whig fallen, wandten sich an einen Demokraten und baten Morse, bei den Bürgermeisterwahlen als ihr

Kandidat aufzutreten. Ursprünglich lehnte er es ab, aber auf die Bitte, diese Angelegenheit nochmals überlegen zu wollen, antwortete er mit einer Zusage.

Morse, zu anständig, um seine demokratische Gesinnung für die Stimmen der Whigs zu verkaufen, wurde schon bald das Opfer übler Intrigen und scheiterte letztlich als Kandidat für das Bürgermeisteramt. Die Nominierung eines eingefleischten Demokraten erwies sich zudem als kein geschicktes politisches Manöver.

Nach den Unruhen in Philadelphia im Jahr 1844 ließ das nationalistische Feuer etwas nach. Während Morse in dieser Zeit die Herstellung seiner ersten telegrafischen Verbindung in Washington leitete, wurde er wieder als eventueller Kandidat genannt, und man bat ihn, als Schiedsrichter eine Streitfrage im Exekutivkomitee der amerikanischen Partei zu schlichten. Aber damals trat er schon nicht mehr als politischer Führer auf.

Da Morse sich für die Missionen interessierte, bat man ihn um finanzielle Unterstützung. So schrieb ihm der Sekretär der amerikanischen protestantischen Vereinigung, die das Werk der New Yorker protestantischen Vereinigung fortsetzte: »Wir kennen Ihre Wohltätigkeit für die Gesellschaft zur Verbreitung religiöser Traktate, für die Christliche Allianz usw. Wir möchten in dieser Beziehung keine unerfüllbaren Wünsche äußern… Aber falls Sie kein Geld zur Verfügung haben, würden einige Telegrafieanteile genügen…« Kurze Zeit nach diesem Ansuchen vereinigten sich die Christliche Allianz – Operationsbasis Italien –, eine andere Gesellschaft mit dem Arbeitsgebiet Frankreich und die Amerikanisch-Protestantische Gesellschaft, die in Amerika arbeitete, und bildeten eine einzige Amerikanisch-Protestantische Christliche Union, deren Aufgabe es sein sollte, den Katholizismus durch Missionsarbeit zu bekämpfen. Morse unterstützte diese Union und wurde glegentlich auch einer ihrer Direktoren; ungefähr im Jahr 1854 beschäftigte sie 120 Missionare und Kolporteure.

Kurz vor seinem Tod sah das launenhafte Publikum in Morse nur den Entdecker der Telegrafie und schien ihn als Nationalist nicht mehr zu kennen. Aber in den Ausgaben seiner Werke und in seinen Briefen an Zeitungen betonte er immer wieder, daß er Nationalist sei. – Inzwischen war die allgemeine Presse zur Erkenntnis gekommen, daß es intolerant sei, der katholischen Kirche undemokratisches Verhalten vorzuwerfen, und daß die Einschränkung der Einwanderung offensichtlich eine Fehlrechnung für das wachsende Amerika bedeute.

16 Die Telegrafie gewinnt die Oberhand

Es war im Herbst 1835. Rechtsanwalt Robert G. Rankin ging spazieren, und als er die Ostseite des Washington Square erreicht hatte, hörte er plötzlich seinen Namen rufen. Er drehte sich um und sah, daß ihm ein graumelierter Herr hinter einem Gitter zuwinkte. Sofort erkannte er Professor Morse. Dieser stand vor einem Gebäude im gotischen Stil, der eben erst vollendeten Universität, und nahm Rankin beim Arm.

»Ich möchte gerne, daß Sie mit mir mein Heiligtum besuchen, um sich eine mechanische Vorrichtung anzusehen«, sagte der Professor. »*Sie* werden nicht lachen, auch wenn Sie die größten Bedenken haben.«

Sie stiegen bis in das dritte Stockwerk hinauf. Morse hatte eben erst einen neuen Titel bekommen: Professor für grafische Künste. Er hielt jetzt regelmäßige Vorlesungen und war zur freien Benutzung eines großen Zimmers berechtigt. Zusätzlich hatte er jedoch noch fünf Zimmer, für die er 325 Dollar jährlich bezahlen mußte. Eines davon war das höchstgelegene Zimmer im Nordwestturm mit der Aussicht auf den Washington Square, die übrigen vier lagen unter diesem. Hier malte Morse, hier unterrichtete, schrieb, schlief und aß er. Um seine Armut zu verbergen, ging er erst bei einbrechender Dunkelheit einkaufen, brachte die Lebensmittel in sein Zimmer und bereitete sich selbst das Essen. Ein Zeitungskritiker nannte seine Malereien die »brillanten« Produkte der »Künstlerschule, die sich unter dem Dach der Universität zusammenfand«. Zu dieser Gruppe gehörten viele seiner eigenen Schüler, insbesondere der vielversprechende Daniel Huntington. Durch ihren Einfluß fühlten sich viele bekannte Künstler zum Universitätsgebäude mit seinen vielen Türmchen hingezogen. Sie haben vielleicht dazu beigetragen, daß das Viertel in der Nähe des Square »Greenwich Village« das Bohemienviertel genannt wurde.

Vom Gang im dritten Stock führten drei Türen in die Zimmer von Morse. An einer Tür war ein Messingschild mit der Aufschrift: »S.F.B.

Morse.« Morse ließ Rankin eintreten. Das erste, was dem Besucher auffiel, war ein Instrument, das wie ein Akkordeon aussah. Ferner sah er im Zimmer eine große Menge von Geräten, Spulen, Flaschen mit Chemikalien und Teile von galvanischen Batterien.

»Lieber Professor«, rief der Besucher aus, »womit beschäftigen Sie sich jetzt? Mit Magnetismus, Elektrizität oder Musik?«

»Sehen Sie diese Spulen?« erwiderte der Professor. »Sie sind mit einem langen fortlaufenden Draht umwickelt... Sehen Sie die Batterie dort? Hier ist der positive Pol und dort der negative, die beide mit dieser Tastatur in Verbindung stehen.« Auf diese Weise begann er seine Erklärung.

Sobald Morse seine neuen Zimmer bezogen hatte, nahm er die Versuche mit dem Telegrafen wieder auf. Wahrscheinlich ließ er sich dazu verleiten, weil er es hier so bequem hatte und weil er hoffte, einiges mit seiner nationalistischen Schriftstellerei zu verdienen.

Sein Apparat sah folgendermaßen aus: Jede Taste des Sendeapparats war mit einem Hebel verbunden. Am äußersten Ende jedes Hebels befand sich eine Kontaktstelle. Drückte man nun auf eine Taste, so kam dieser Kontaktpunkt mit einer Scheibe in Berührung, auf der sich eine Anzahl hervorstehender Kontaktstellen aus Metall in verschiedenen Abständen und in verschiedener Länge befanden. Wenn der Kontakt hergestellt wurde, ging von der Scheibe ein elektrischer Stoß durch den Draht, der mit der Scheibe verbunden war; ein langer Stoß bei jeder Berührung mit einer langen Kontaktstelle, ein kurzer, wenn die Kontaktstelle kurz war, und überhaupt kein Stoß zwischen den Kontaktstellen. Die verschiedenen elektrischen Stöße wurden in einiger Entfernung mittels eines elektromagnetischen Empfängers wiedergegeben, und zwar in einer Wellenlinie, die aus Punkten, Strichen und Zwischenräumen bestand. Der Sendeapparat war also anders als der Metallentwurf, den er sich auf der *Sully* ausgedacht hatte, aber für die Wiedergabe verwendete er dasselbe System und denselben Kode (Punkte und Striche) und auch die einfache Stromleitung, wie er sie auf der *Sully* geplant hatte.

Nach den ausführlichen Erklärungen des Malers wußte sein Freund nicht, was er dazu sagen sollte. Dann rief er plötzlich aus: »Ich glaube, Professor, es ist ein wunderbares Spiel! Theoretisch ist es richtig, aber praktisch nur als Kaminschmuck verwendbar.«

Diesen Herbst wurden auch noch andere Freunde in sein Laboratorium eingeladen. Professor Henry B. Tappan hatte das Vergnügen, seine Worte, die er an einem Ende des Zimmers gesprochen hatte, auf einem

Papierstreifen im Apparat am anderen Ende des Zimmers lesen zu können. Daniel Huntington, Cooper, Commodore Shubrick und Paul Cooper, ihnen allen wurde der Apparat vorgeführt. Bei einer dieser Gelegenheiten mag Cooper ihm erzählt haben, daß er es sich zur Lebensregel gemacht hatte, niemals jemandem von einer Erfindung abzuraten, auch wenn sie noch so widersinnig schien. Er habe den Maler-Erfinder Robert Fulton gekannt, so erzählte er, als noch wenige an die Zukunft des Dampfschiffes glaubten, und das sei ihm eine Lehre gewesen.

Im Januar 1836 kam auch Leonard D. Gale, Professor für Physik, zu Morse und sah zum erstenmal seinen Telegrafen in Betrieb. Aus Gales genauer Beschreibung sowie der um einige Monate späteren eines Universitätsstudenten und aus Morses eigenen Aufzeichnungen geht mit Sicherheit hervor, daß Morse damals den sogenannten »Akkordeon«-Sender als zu plump aufgegeben hatte und wieder zum früheren Sendesystem zurückgekehrt war, das er sich ursprünglich auf der *Sully* ausgedacht hatte. Das System mit den Sägezähnen, das er kurz nach Verlassen der *Sully* entworfen hatte, wurde zum erstenmal, wie er sagt, »noch vor dem 1. Januar des Jahres 1836« angewandt.

Der Wiedergabeapparat war noch sehr primitiv. Er hatte einen alten Rahmen an der Seite eines gewöhnlichen Tisches angenagelt. In der Mitte dieses Rahmens hatte er an einer Stange einen Elektromagneten befestigt und diesen mittels eines Drahtes mit dem Sendeapparat verbunden. Oben am Gestell befestigte er einen Hebel, dessen Mitte in der Nähe des Elektromagneten hing und an dessen Ende ein Bleistift befestigt war. Sobald der Magnet elektrifiziert wurde, zog er den Hebel an und brachte den Bleistift in Bewegung. Wenn nun der Papierstreifen weiterlief, was er durch den Anschluß an ein Uhrwerk erreichte, zeichnete der Bleistift eine Zickzacklinie, die wie eine Reihe von V's aussah. Jeder Tiefpunkt dieser V's konnte wie ein Punkt gelesen werden und die längeren Zwischenräume wie Abstände. Und wenn der Elektromagnet etwas länger als für einen Punkt elektrifiziert wurde, so zeichnete der Bleistift ein V mit einer breiteren Basis, ungefähr so: _/, was man als eine Linie lesen konnte.

Infolge seiner Armut standen Morse nur Bilderrahmen und alte Uhrwerke zur Verfügung. Gegen Jahresende wurde seine Miete auf achtzig Dollar pro Zimmer erhöht, so daß er sich gezwungen sah, seine vier Zimmer gegen ein einziges großes einzutauschen, und dieses wurde dann in mehrere Räume unterteilt, von denen er wahrscheinlich einige seinen Schülern zur Verfügung stellte. Er konnte sich weder eine gute Einrichtung noch eine systematische Arbeit leisten, und abgesehen von der Geldfrage, waren in den New Yorker Geschäften keine Elektromagneten, keine Batterien und keine Isolierkabel vorrätig. Seine Apparate waren gezwungenermaßen noch so primitiv, daß er sie nicht zeigen wollte, obwohl er im Grunde an die Durchführbarkeit seiner Telegrafiepläne glaubte.

Er setzte seine Versuche fort. Im selben Jahr gelang es ihm, den elektrischen Strom direkt auf chemisch präpariertes Papier zu übertragen, ein Versuch, über den er schon mit Dr. Jackson auf der *Sully* gesprochen hatte. Aber schon bald konnte er mit Befriedigung feststellen, daß sein mechanischer Wiedergabeapparat praktischer und besser war.

Allmählich begann man auch in breiteren Kreisen von den mysteriösen Versuchen zu sprechen, die in der Universität vorgenommen wurden. Wenn der Präsident der Nationalakademie im Clinton Hall durch die Reihen seiner Studenten ging und sie auf die Fehler ihrer Zeichnungen aufmerksam machte, haben sie es sicher hinter seinem Rücken bedauert, daß ein so begabter Künstler seine Zeit mit solchen unnützen Experimenten vergeude. Sogar seine Freunde befürchteten, daß sich eine »verhängnisvolle Verblendung« seiner bemächtigt habe. Am anderen Ende der Stadt, in der Universität am Washington Square, schüttelten die Studenten verzweifelt den Kopf, weil einer der größten Künstler des Landes seine genialen Gaben einem Hirngespinst opferte.

Sie verstanden kaum, daß er mit seiner Telegrafie ein anderes Ziel verfolgte – vielleicht war es nur dies eine: ein gesichertes Einkommen, das es ihm ermöglichte, so zu malen, wie er wollte. Obwohl er viele Stunden mit seinen Drähten und Batterien verbrachte, und obwohl er noch in diesem Herbst für die Bürgermeisterwahlen kandidierte, war seine Zukunft in seinen Gedanken noch immer mit der Malerei verbunden.

Im Lauf dieses Sommers versetzte der Kongreß seiner Künstlerlaufbahn einen schweren Schlag. Durch die Machtergreifung des populären Jackson wurde John Quincy Adams seiner Präsidentschaft verlustig, übte aber noch immer einen gewissen Einfluß im Abgeordnetenhaus aus. Der Kongreß hatte vor kurzer Zeit ein gemeinsames Komitee ernannt, zu dem auch Adams gewählt wurde, und erteilte diesem den Auftrag, vier Maler namhaft zu machen, um im Innern der Rotunde in der Zentralkuppel des Kapitols – das sich zwischen dem Senatsgebäude und dem Abgeordnetenhaus befand – die noch fehlenden Dekorationen zu malen. Das Komitee wählte sieben Künstler aus, aber nicht einmal zu diesen sieben zählte Morse.

Er war verzweifelt. Schon jahrelang hegte er die stille Hoffnung, daß man ihn, den Künstler und Präsidenten der Nationalakademie, der sich ganz besonders mit der Historienmalerei befaßt hatte, wählen würde. Die diesbezügliche Eingabe, die seinerzeit unterstützt wurde, bestärkte ihn in diesem Glauben. Der große Meister Allston, der für seine Person den Auftrag abgelehnt hatte, empfahl Vanderlyn, Sully und Morse. Die einflußreiche Literatur- und Kunstzeitschrift, das Wochenblatt *Mirror* aus New York, nannte ihn, Weir, Sully, Inman und Neagle als die würdigsten Künstler nach Allston. Auch die Herren Jarvis und Preston, Vorsitzender und Stellvertreter des Komitees, sympathisierten mit ihm.

Die Nachricht, daß man den Plan mit den Entwürfen aufgegeben hatte, erfüllte ihn wieder mit Hoffnung. Diesen ganzen Sommer und Herbst wartete er voll Sehnsucht auf ein Wort aus Washington, und erst im darauffolgenden Februar erhielt er die Hiobsbotschaft, daß das Komitee die Mitglieder der Nationalakademie Inman, Chapman, Weir und Vanderlyn gewählt und ihn, den Präsidenten, übergangen hatte. Vanderlyn war von den vieren der einzige, der sich – wie Morse – in der Historienmalerei ausgebildet hatte. Morse hatte beabsichtigt, nach dem Süden zu fahren, um der Wucht des schweren Schicksalsschlags zu entgehen, aber dazu war es bereits zu spät.

Zu all dem kam noch eine bittere Enttäuschung, die ihm durch Adams zugefügt wurde. Inman schrieb dem Präsidenten van Buren einen Brief, in dem er seinen Rücktritt zu Morses Gunsten bekanntgab. Die Zeitungen, die seinerzeit ihre Enttäuschung geäußert hatten, weil Morse übergangen worden war, verlangten jetzt ausdrücklich, daß ihm jetzt die freigewordene Stelle von Inman zugesprochen werde. Obgleich es eine Demütigung war, als Ersatz für Inman betrachtet zu werden, schöpfte Morse doch wieder Hoffnung. Aber van Buren wollte Inmans Rücktritt nicht anerkennen, und schließlich gab dieser nach.

Morse war der Ansicht, daß für seine Demütigung Adams verantwortlich sei. »Er hat mich als Maler getötet, und er hat es absichtlich getan«, schrieb Morse später, »aber es gab noch einen, der mächtiger war als er. Derjenige, der mir einen Weg zeigte, den weder die Feinde meines Vaters – trotz all ihrer Voraussicht – noch ich selbst (falls ich die je besessen hätte) ahnen konnten. Gott verzeihe ihm, wie ich es tue.« Dr. Morse war nämlich mit Präsident John Adams befreundet gewesen, aber sein Sohn John Quincy Adams hatte die Wege seines Vaters verlassen und wurde Unitarier und Antiförderalist. Vielleicht konnte Adams junior es Finley niemals verzeihen, daß er der Sohn jenes Mannes war, der die Orthodoxie und den Förderalismus so sehr verteidigt hatte.

Morse begann zu grübeln. Viele Enttäuschungen waren ihm in den letzten Jahren zuteil geworden: die Ausstellung der *Galerie des Louvre* war ein Mißerfolg; seine verzweifelten Anstrengungen auf der Suche nach Aufträgen hatten ihn auf den verbitterten Gedanken gebracht, Künstler seien nur auf Wohltätigkeit angewiesen; die Verwandten seiner geliebten Frau hatten sich von ihm, dem 40jährigen Künstler, zurückgezogen, weil er kein regelmäßiges Einkommen hatte, und jetzt war ihm seine letzte Hoffnung, die ihn zehn Jahre lang aufrechterhalten hatte, zerstört worden. Er wollte seine Stelle als Präsident aufgeben und sich endgültig von der Kunst zurückziehen.

Seine Freunde begannen zu fürchten, daß er die Nerven verlieren könne. »Ihnen verdankt die Akademie ihre Existenz und ihre derzeitige Blüte«, schrieb Thomas Cole, »und sollte sie sich später einmal zu einer großartigen Institution entwickelt haben, so wird man sich ihre Größe nicht ohne Ihren Namen denken können. Wenn Sie uns aber verlassen, befürchte ich den Zusammenbruch des ganzen Gebäudes, Sie sind der Schlußstein des Gewölbes.«

Allston versicherte seinem früheren Schüler, er habe sich gewissenhaft bemüht, ihm den Auftrag zu sichern. »Aber lassen Sie sich von dieser Enttäuschung nicht niederdrücken, bester Freund«, schrieb er ihm, »es steht noch in Ihrer Macht, der Welt zu zeigen, was Sie können. Vergessen Sie diese Sache und nehmen Sie sich vor, noch besser zu malen. Gott segne Sie!«

Aber er schien sich nicht erholen zu können. Er wurde krank, und weder Cole noch Allston konnten seine trübsinnige Stimmung verscheuchen.

New York, den 20. März 1837

Lieber Cole!

Dein Brief hat mich, infolge der Entscheidung aus Washington, begreiflicherweise in großem Kummer erreicht.

Ich werde nichts Übereiltes unternehmen, aber sehe keine Möglichkeit, meine Flucht aus New York rückgängig zu machen. Derzeit denke ich tatsächlich an New Haven, in erster Linie im Interesse meiner Kinder und dann in meinem eigenen Interesse.

Ich muß die Stadt wenigstens vorübergehend verlassen, da gewisse Umstände mich sieben Jahre lang gezwungen haben, meinen Lebensunterhalt nicht in der Stadt, sondern auf dem Land zu verdienen. Ich mache der Stadt weder kollektiv noch individuell einen Vorwurf. Ich habe hier viele liebe Freunde kennengelernt und viele Beziehungen angeknüpft, die abgebrochen werden müssen. Besonders im Hinblick auf die Künstler tut es mir leid, und die Akademie bereitet mir die größten Sorgen. Aber lassen wir das. Ich wünsche ihr das Beste und hoffe auch, daß die Erinnerung an die Vorteile, die wir durch gemeinsames Denken und gegenseitiges Verständnis erreichten, alle jene Gefahren verhindern möge, die Du gegen meinen Verzicht auf die Präsidentschaft anführst. Das wird für unsere Institution wohl das beste sein, und ich sehe darin wenigstens einige Vorteile. Sie wird ihren Freundeskreis erweitern können, auch unter den vielen, die sich vielleicht meinetwegen abseits hielten...

Wie immer Dein Freund
Sam F. B. Morse

Einige Tage später besuchten ihn Cunnings und Morton in seinem Krankenzimmer in der Universität und berichteten ihm folgendes: Sie hätten mit anderen Künstlern und Kunstförderern eine Genossenschaft gegründet, die sich verpflichten wolle, eine Geldsumme zu stiften – man sprach von 3000 Dollar –, damit er eine historische Darstellung nach eigener Wahl malen könne.

Diese Meldung riß ihn aus seiner Depression. Niemals habe ich von »solch einer Tat beruflichen Edelmuts gehört oder gelesen«, rief er aus. Zu den Malern, die sich bereit erklärten, zählten erstens Cunnings und Morton, die Überbringer der Nachricht, ferner die drei Mitglieder der Akademie, die das Kongreßkomitee gewählt hatte, Inman, Weir und Chapman, zwei seiner Schüler, William Page und George Harvey, und einige Veteranen, wie Cole, Durand, Ingham, Sully und Dunlap. Sein Geist arbeitete fieberhaft und immer wieder sah er nur das eine Thema vor sich, dasselbe, das er sich für die Rotunde ausgedacht hatte. Ja, auch jetzt wollte er die Vertragsunterzeichnung auf der *Mayflower* malen – obwohl er dafür nur 3000 statt 10000 Dollar bekäme. Er wolle es genau so groß malen, so erzählte er, als wäre es für die Rotunde bestimmt.

Sofort erholte er sich von seiner Krankheit, wollte auch von seiner Stelle als Präsident der Akademie nicht mehr zurücktreten und machte Pläne für eine Studienreise nach Plymouth. Noch immer fiel es ihm leicht, seine Stimmungen zu wechseln und aus der tiefsten Verzweiflung in die hellste Begeisterung zu geraten.

Wenn die wachsenden Nachfragen nach dem Fortgang seiner telegrafischen Versuche seinen Ehrgeiz, die *Mayflower* zu malen, nicht durchkreuzt hätten, wäre ein Kunstwerk entstanden und die Wunde geheilt worden. Selbst wenn er nur bei seiner Porträtmalerei geblieben wäre, hätte er sein Gleichgewicht wiedergefunden, denn durch die Anhänglichkeit seiner Freunde in der Akademie und durch die edle Sympathie, die

– wie er sagte – aus den Briefen »der hervorragendsten Künstler und Kunstkenner meiner eigenen Heimat und Europas« sprach, hatte er sein Selbstvertrauen wiedergewonnen. Da jedoch die Telegrafie jetzt seine volle Hingabe erforderte, schwand sein Interesse für die Malerei allmählich, und später betrachtete er die Enttäuschung über den Kapitolauftrag als das Ende seiner Künstlerlaufbahn. Nach vielen Jahren schrieb er über seine einmal so heiß verehrte Geliebte, die Malerei: »Nicht ich habe sie verlassen, sondern sie mich.« Aber damals, ein Jahr nach dem ablehnenden Bescheid des Kongresses, schrieb er ganz anders: »Ich hoffe mich so rasch wie möglich von den Sorgen um die Telegrafie befreien zu können, damit ich Zeit habe, mich mit größerer Hingabe als je zuvor meinem Gemälde und dem Wohl der Akademie und der bildenden Künste widmen zu können.« Damals war der Maler noch nicht tot. Nicht Adams war es, der ihn mit einem Schlag zur Strecke brachte, sondern die Telegrafie, die seine Zeit und seine Aufopferung vollkommen in Anspruch nahm und schließlich so den Maler tötete.

17 Zusammenarbeit mit Gale, Vail und »Fog« Smith

Kaum hatten die Zeitungen die Nachricht über die endgültige Verteilung der Aufträge für die Bemalung der Rotunde verbreitet, erschien auch schon die erste Meldung über einen neuen Telegrafen, der von Gonon und Servell erfunden worden war. Morse und seine Mitarbeiter hatten sofort den Eindruck, daß man an seiner Erfindung irgendwie ein Plagiat begangen habe.

Auf die Meldung im *Observer*, daß der neue Telegraf in einer Stunde hundert Worte von New York nach New Orleans kabeln könne, ließ Morses Bruder Sidney eine kurze Erklärung folgen, die eigentlich die erste öffentliche Nachricht über seinen Telegrafen war. »Ein Herr aus unserem Bekanntenkreis«, hieß es dort, habe bereits vor einigen Jahren die Idee eines elektrischen Telegrafen angeregt, und es sei nicht schwierig, eine Drahtnachricht weiterzuleiten, wenn man 24 Drähte für die verschiedenen Buchstaben des Alphabets verwendete.

Sidney verriet kein einziges Geheimnis seines Bruders, im Gegenteil, seine Erwähnung der 24 Drähte scheint, wenn auch nicht beabsichtigt, einen seiner Konkurrenten auf die falsche Spur gebracht zu haben.

In der Annahme, daß ein anderer elektrischer Telegraf die volle Aufmerksamkeit auf sich ziehen könne, setzte Morse alles in Bewegung, um seinen Apparat in der erwünschten Form auszubauen. Bis zu diesem Zeitpunkt fehlen die Unterlagen, ob er irgendwelche finanzielle, technische oder wissenschaftliche Hilfe für seine Versuche erhielt, aber wir wissen genau, daß er sich von nun an eiligst die Mitarbeit Professor Gales sicherte, der bereits vor Ende des Sommers Teilhaber an seinen Telegrafenrechten war.

Leonard Gale kam aus Massachusetts. Nachdem er 1830 die Hochschule für Medizin und Chirurgie in New York absolviert hatte, war er dort ein Jahr im Lehramt tätig und wurde bei der Eröffnung der Universität

Professor für Geologie und Mineralogie und somit ein Kollege von Morse. Angesichts der Rolle, die er in der Geschichte der Telegrafie spielte, ist sein Name auffallend wenig bekannt. Dies läßt sich zum Teil dadurch erklären, daß er von den vier Beteiligten der einzige war, der den Historikern nur wenige Aufzeichnungen hinterließ. Wenn man anhand der Krisen, die die amerikanische Telegrafie zu Beginn durchzustehen hatte, seine Spur verfolgt, kommt man zu dem Ergebnis, daß er sicher eine tragische Rolle gespielt hat.

Von diesem Zeitpunkt an ist es schwierig, die einzelnen Leistungen von Morse und seinen Mitarbeitern genau voneinander zu unterscheiden. Sie hatten vereinbart, daß jede Erfindung oder Verbesserung, die einer von ihnen auf dem Gebiet der Telegrafie machen würde, ihr gemeinsames Eigentum sein sollte. Ihre Instrumente nannten sie immer den Morse-Telegraf. Alle gesetzlichen Schritte wurden in Morses Namen unternommen, und sowohl Gale als auch die anderen Teilhaber waren damit einverstanden, daß ihre Leistungen seinen Namen tragen sollten, weil ja die ursprüngliche Idee von Morse stammte. Selbst wenn Gale einen bestimmten Entwurf völlig als seinen eigenen hätte bezeichnen können, würde er nicht darauf bestanden haben, weil dies in der Öffentlichkeit der Morse-Erfindung geschadet hätte.

Wie jede Erfindung war auch die Telegrafie das Resultat einer gemeinsamen Arbeit. Ihre Grundideen hatten sich im Lauf der Jahrhunderte langsam entwickelt. Die Erfindungen, auf die sie sich unmittelbar stützte, waren im letzten Jahrhundert und in den letzten zehn Jahren von anderen Gelehrten gemacht worden. Die Gespräche mit seinen Mitreisenden auf der *Sully* hatten Morse auf diesen Gedanken gebracht. Aber die Idee selbst sowie ihre ursprüngliche technische Durchführung stammten von ihm. Er kannte tatsächlich keinen anderen Telegrafen als den von Gonon und Servell, aber dieser war bloß ein Semaphor. Morse hatte ganz allein bereits sehr viel erreicht und wäre auch heute noch rühmlichst in die Geschichte der Erfindungen eingegangen, wenn er hier aufgehört hätte. Aber durch die Mithilfe seiner Partner vollbrachte er noch größere Leistungen.

Gale zufolge bildete das Relaissystem das Thema, worüber sie bereits in den ersten Tagen ihrer Bekanntschaft, also wahrscheinlich Anfang 1836, diskutierten.

Gale erinnerte sich, Morse darauf aufmerksam gemacht zu haben, daß der Telegraf seines Erachtens unmöglich auf eine Entfernung von 30 km arbeiten könne. Aber Morse antwortete: Wenn ein Magnet auf kurze

Entfernung einen Hebel in Bewegung setzen kann, dann ist der Hebel auch imstande, einen zweiten Stromkreis aus- und einzuschalten und dieser wieder einen dritten – »und so über den ganzen Erdball«.

Anfang 1837 zeigte Morse ihm, so erzählte Gale, die Details seines Relaissystems, das sich dann später zu einem Bestandteil seiner Telegrafie entwickelte. Doch sprechen gewisse Andeutungen für das Gegenteil. Aber wie dem auch sei, Morse scheint, Gale zufolge, die Idee des Relais ganz selbständig erfunden zu haben. Andererseits wußte er es noch nicht richtig zu verwerten, denn der Draht, den er bei seinen Versuchen benutzte, war noch nicht lang genug, um ein brauchbares Relais zustande zu bringen. Er hatte dessen Wert noch nicht vollkommen erfaßt. Zur Zeit, da Morse die erste Verbindung zwischen einzelnen Städten durchführte, war man der Ansicht, das Relaissystem wäre nur für den lokalen Stromkreis nötig.

Gales Hauptverdienst bestand darin, daß er Morse auf eine Veröffentlichung von Professor Joseph Henry aus Princeton aufmerksam machte. Abgesehen davon, daß Gale die wissenschaftliche Literatur besser beherrschte als Morse, war er auch noch mit Henry befreundet. Nur ist es erstaunlich, daß Morse, der sich schon seit mehreren Jahren mit der Telegrafie befaßte, diesen Artikel von Henry über die Möglichkeit eines elektrischen Telegrafen, der im Januar 1831 in Sillimans *Journal* erschienen war, nicht gekannt hat. Dies ist um so verwunderlicher, da Morse nach seiner Reise auf der *Sully* mit Silliman über die Telegrafie gesprochen hat.

Noch bevor Morse an Bord der *Sully* kam, war es Henry in Albany gelungen, mittels Elektrizität eine Glocke in einiger Entfernung zum Läuten zu bringen. Er war sich auch über die Bedeutung dieses Experiments für die Nachrichtenvermittlung bewußt. Über die Frage, ob Henrys einfacher Apparat (er bestand, wie bei einer gewöhnlichen Hausglocke, aus einem Anker, der durch einen Elektromagneten angezogen und infolgedessen an eine Glocke anschlug) ein richtiger Telegraf war, läßt sich streiten.

Morse selbst hätte nie zugegeben, daß Henry der Erfinder des Telegrafen war. Aber wenn die telegrafische Weiterleitung des Schalls als Telegraf bezeichnet werden kann – und in Wirklichkeit war dies die übliche Form bei Morses Tod –, dann war Henrys Apparat *tatsächlich* ein Telegraf, denn eine Nachricht wurde mittels Signalen auf eine Entfernung weitergeleitet. Deshalb kann Henrys Apparat als der erste elektromagnetische Telegraf bezeichnet werden. Aber Henry interessierte sich nicht für die Telegrafie an sich, sondern befaßte sich nur mit ihrer theoretischen Möglichkeit.

In seinem Aufsatz in Sillimans *Journal* führte Henry aus, daß er beabsichtige, die Intensität der Elektrizität und die Stärke der Elektromagneten zu steigern und daß seine Vorschläge für einen elektrischen Telegrafen verwendbar seien, wie ihn der Engländer Peter Barlow im Jahr 1824 entworfen habe. Als Morse endlich Henrys Artikel las, war er erstaunt, daß schon jemand anderer vor ihm an einen elektrischen Telegrafen gedacht hatte. Andererseits befand sich Henry im Irrtum, wenn er annahm, daß Barlow der erste gewesen sei, der einen galvano-elektrischen Telegrafen entworfen habe, denn tatsächlich war Ampère als erster auf diese Idee gekommen. Im Jahr 1774 hatte sogar Lesage in Genf einen Telegrafen mit Reibungselektrizität hergestellt. Morse wußte also nicht, daß auch andere Naturwissenschaftler sich lange vor ihm mit dem Telegrafen beschäftigt hatten, aber diese Unwissenheit dürfte ein Vorteil gewesen sein. Hätte er auf der *Sully* Barlows Behauptung: Telegrafie ist unmöglich, weil die Stromstärke bei zunehmender Entfernung abnimmt, gekannt, so hätte er seine Versuche sofort aufgegeben. Seine Unwissenheit aber bestärkte ihn in seinem Glauben und war auch der Grund, weshalb er gewisse Prioritätsrechte verteidigte, die er dann später unter der Wucht des Beweismaterials aufgeben mußte.

Henrys Artikel hatte Gale gezeigt, was Morse brauchte. Er wußte, daß die Batterie, deren Morse sich bediente, mit ihrem starkem Galvano-Element zwar eine große Quantität Elektrizität (Strom) erzeugte, aber keine so große elektrische Intensität (Volt) hatte. Da man zur Weiterleitung der Elektrizität auf weite Entfernung nicht die Quantität benötigte, sondern die Intensität, mußte diese gesteigert werden, und zwar durch das Einbauen mehrerer Elemente statt eines sowie durch das Anbringen einer großen Anzahl von Drahtwindungen um den Elektromagneten.

Nachdem Morse, auf Gales Rat, diese Änderungen vorgenommen hatte, versuchte er eine Meldung über einen 30m langen Draht zu kabeln, dann über 300m und im November 1837 schließlich über drei km. Diese Versuche fanden in Gales Vorlesungszimmer in der Universität statt, wo sie den Draht auf Rollen wickelten. Morse selbst war sehr erstaunt, daß sein Telegraf so gut funktionierte!

Henrys Forschungsergebnisse erwiesen sich bald als unentbehrlich, und seine Anregungen waren vollkommen neu. Aber wie man seine Haltung auch erklären mag – aus Großzügigkeit oder anderen Gründen –, Henry machte keinen Versuch, seine Kenntnisse zu seinem eigenen Vorteil zu nutzen. Während der gleichaltrige Morse immer bestrebt war, die Wissenschaft mit den Bedürfnissen der Menschheit zu verbinden, war Henry eher ein weltfremder Mensch. Henrys großer Beitrag zur Förderung der Telegrafie war nicht seine Erfindung des ersten elektromagnetischen Telegrafen – diese Tatsache hat er im Lauf der jahrelangen Kämpfe um die Rechtsansprüche auf diese Erfindung niemals öffentlich erwähnt –, sondern es waren seine Erfindungen auf dem Gebiet der reinen Physik, die Gale und Morse für das Morse-System verwerten konnten.

Im Lauf des Sommers 1837 besuchte Morse Cape Cod, Plymouth, Boston und die Historische Gesellschaft in Worcester, um sich für sein Bild *Mayflower* geschichtliche Unterlagen zu verschaffen. Nach seiner Rückkehr am 27. August schrieb er den ältesten uns erhaltenen Brief, in dem er zum erstenmal die Telegrafie erwähnt. Es war ein Schreiben an Catherine Pattison, ein Mädchen, das er mit väterlicher Zuneigung bewunderte. »In seinen wesentlichen Teilen wurde mein Telegraf zu meiner großen Zufriedenheit und nach dem Urteil einiger Wissenschaftler, die ihn gesehen

Der Morse-Telegraf aus dem Jahr 1837, hergestellt mit Hilfe einer Malerstaffelei (U.S. National Museum, Washington).

haben, als vollkommen richtig befunden, aber leider ist seine *Konstruktion* (die ich aufgrund seiner besonderen Beschaffenheit selbst anfertigen muß) noch unvollkommen. Wenn ich ihn nicht rasch vollende, glaube ich befürchten zu müssen, daß andere Nationen diese Idee aufgreifen und mich um meinen Ruf und meinen Gewinn bringen werden. Es sind dafür einige Anzeichen in mehreren kürzlich erschienenen ausländischen Zeitungen vorhanden.«

Einen Tag später schrieb er, von einigen englischen, französischen und deutschen Systemen gehört zu haben, die eine Gefahr für den Apparat bilden könnten. Anfang Mai müssen aus England durch einen Artikel im *Journal of the Franklin Institute* bereits Nachrichten über den Telegrafen von Charles Wheatstone und William Fothergill Cooke eingetroffen sein, aber es wäre möglich, daß Morse diesen Artikel nicht gelesen hat. Er war es seinem Namen schuldig, über alles, was sich auf dem Gebiet der Telegrafie in der ganzen Welt ereignete, auf dem laufenden zu sein. So wird er wahrscheinlich auch die Arbeit von Davy gekannt haben, denn im Lauf desselben Monats protestierte Davy gegen die Erteilung eines englischen Patents an Wheatstone, da dessen Telegraf in vielen Einzelheiten mit seinem eigenen übereinstimmte. Auch dürfte Morse von Gauß und Weber erfahren haben, deren Telegraf in Deutschland so viel Aufsehen erregte und später von Steinheil ausgebaut wurde. Aber wie weit seine Kenntnisse auch gereicht haben mögen, bleibt es doch dahingestellt, ob er damals genau gewußt hat, daß die Apparate von Wheatstone, Davy und Steinheil im Gegensatz zu seinem elektromagnetischen nur ganz gewöhnliche Magnetnadel-Telegrafen waren. Dies ist deshalb unwahrscheinlich, weil er in einem Brief behauptete, keine ausländische Erfindung könne ihm etwas Neues bringen, von dem er nicht schon im Jahr 1832 gewußt hätte.

Aus Angst, daß seine ganze Arbeit umsonst sein könnte, ließ er die Malerei fast vollkommen im Stich und sah sich gezwungen, rasch zu handeln. Am 28. August schrieb er an seinen Studienkollegen aus Yale, Henry Ellsworth, einen Bevollmächtigten für Patente, und erkundigte sich bei ihm, wie er seine Erfindungen am besten schützen könnte. Am 2. September traf er mit dem zusammen, der ihm die nötige finanzielle Unterstützung vermitteln sollte. Am selben Tag wurde in der Universität im Beisein mehrerer Professoren sein Apparat vorgeführt und ein Protokoll über einen Draht von 400 m gesendet. Zufälligerweise kam damals ein junger Freund, Alfred Vail, in das Klassenzimmer. Als er sah, wie ein

Bleistift in einem Holzgestell eine Zickzacklinie aufzeichnete, war er tief beeindruckt.

Alfred Vail war noch bis vor einem Jahr Student an der Universität und kannte Morse als einen der Professoren. Eine Zeitlang hatten sie beide im selben Haus gewohnt.

Nachdem Vail Morses Telegrafen bei der letzten Vorführung gesehen hatte, ging er in seine Wohnung, versperrte die Türe, legte sich ins Bett und begann über die gewaltigen Auswirkungen, die diese Erfindung mit sich bringen konnte, nachzudenken. Er nahm einen Atlas und zeichnete bereits die wichtigsten Verbindungslinien für Amerika ein.

Nach einigen Tagen kam er wieder in die Universität und sprach mit Morse über das Problem der Entfernung. Gale zufolge hätten Morses Erläuterungen über das Relaissystem Vail dazu gebracht, sich für die Erfindung zu interessieren; Vail hingegen behauptete, damals keine Schwierigkeiten bezüglich der Distanz gesehen zu haben, da er der Meinung war, daß ein Magnet auf eine Entfernung von 12 bis 15 km wirken würde. Vail besaß kein Privatvermögen, aber durch seinen Vater und seinen Bruder George war es ihm möglich, Morse Geld, Material und seine Arbeitskraft zur Verfügung zu stellen. Am 23. September 1837 erklärte er sich bereit, auf seine Kosten mehrere Modelle anfertigen zu lassen, von denen eines den Behörden in Washington vorgeführt werden sollte, während die übrigen für die Anmeldung des Patents im Ausland in Reserve blieben. Als Gegenleistung müßte er mit 25 Prozent an allen Rechten des Telegrafen beteiligt sein. Ferner sollte jedwede Verbesserung des Telegrafen in das Eigentum des Unternehmens übergehen. Auf diese Weise haben sich Gale, Vail und Morse assoziiert. Jener Partner, der diese Erfindung mit ebenso großer Energie fördern und Morse verleumden sollte, war noch nicht auf der Bildfläche erschienen.

Kurze Zeit darauf schickte Morse eine vorläufige Eingabe nach Washington mit der Bitte, ihm das Patent zu sichern. Es geschah in der Form einer gewöhnlichen Anmeldung mit einer genauen Beschreibung des Apparats in einwandfreier Ausführung. Vail zahlte dreißig Dollar Gebühren. Am 6. Oktober bestätigte ihm der Patentanwalt Ellsworth den Erhalt der Anmeldung. Seine Patentanmeldung enthält erstmalig eine vollständige Beschreibung seines Apparats. Sie beschreibt alle Details eines Systems, das er entworfen hatte, um Mitteilungen auf elektromagnetischem Weg weiterzuleiten und schriftlich festzulegen.

Erstens: ein Zeichensystem, in dem Worte durch Ziffern wiedergege-

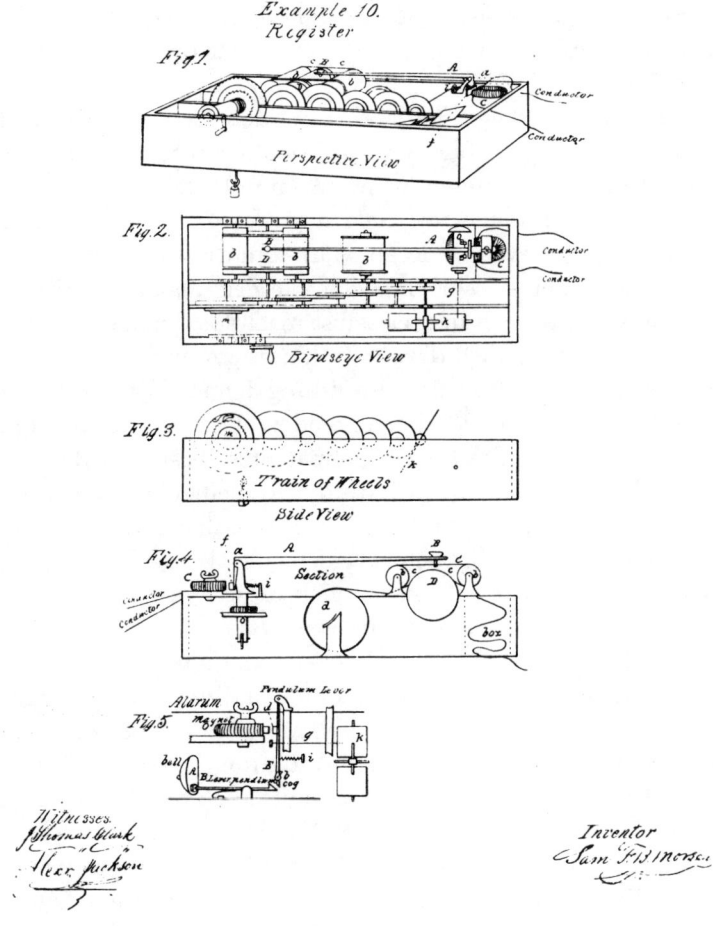

Originalpatent, wie es Samuel F. B. Morse 1838 anmeldete.

ben waren und die Ziffern wieder durch Zeichen, und zwar in Form von Punkten und Strichen, 1 durch ein Zeichen, 2 durch zwei ähnliche Zeichen und so weiter bis 9. Zweitens: eine Serie Typen in der Form von Sägezähnen, wie er sie nach dem Verlassen der *Sully* gegossen hatte. Drittens: einen Sendeapparat, in dem diese Typen eingebaut waren. Viertens: einen Schreibapparat oder Empfänger zur Aufzeichnung der Meldung auf Papierstreifen, die dann zusammengelegt zur späteren Kontrolle aufbewahrt werden konnten. Fünftens: ein Wort-Ziffer-Verzeichnis in alphabetischer Reihenfolge. Sechstens: eine Methode für das Legen der Drähte, entweder an »Pfeilern« in der Luft oder in Röhren oberhalb der Erde oder unter der Erde.

Es sind keine Unterlagen vorhanden, aus denen hervorgeht, daß Morse die Patentanmeldung für Buchstaben absichtlich weggelassen hätte. Diese muß doch bei den anderen Erfindungen mit eingeschlossen gewesen sein. Seine Abmachungen mit Gale und Vail zur Sicherstellung ihrer Rechte hätten jeden Wert verloren, wäre ihm dieses Patent nicht erteilt worden. Später aber – wahrscheinlich zur Zeit, als der Kampf um das Morse-Monopol losbrach und er selbst machtlos dagegen war – sah er sich gezwungen, sich auch darum zu kümmern, weil man ihn mit der Frage belästigte, weshalb er seine Erfindung denn überhaupt hatte patentieren lassen. Er berichtet darüber folgendes: »Damals war es mir persönlich ganz gleichgültig, das Buchstabenpatent zu besitzen. Meine Hauptsorge war: den Erfolg meiner Erfindung und meinen Namen als Erfinder zu sichern. Meine Freunde drangen in mich, auch die Buchstaben patentieren zu lassen, und schließlich hat mich eine einzige Überlegung dazu gebracht, es tatsächlich zu tun, nämlich diese: Nur die Sicherung der materiellen Vorteile konnte die notwendigen Gelder verschaffen, um diese Erfindung dem allgemeinen Nutzen zuzuführen – und diese Überlegung war richtig. Aber hätte ich diese Erfindung damals freigegeben, was nach Ansicht einiger Leute die großzügigste Geste gewesen wäre, so hätten andere, nach einer geschickten Änderung, darauf Anspruch erhoben und gleichzeitig sowohl den Ruhm als auch den Vorteil geerntet.« Aber Morse sagt uns nicht, wieviel »Ruhm und Vorteil« ihm selbst zuteil wurde auf Kosten jener zahllosen noch lebenden oder verstorbenen Männer, deren Erfindungen er benützte. In dieser Beziehung teilte er die gängigen Ansichten über Patentrechte seiner Zeit. Aber er verdient unsere volle Anerkennung, weil er die Erfindungen anderer Gelehrter in fruchtbarer Zusammenarbeit verwertete, und diese Anerkennung ist, ebenso wie bei Fulton, um so berechtigter, als er in der nun folgenden Kampfperiode beinahe zermalmt wurde.

Noch im September 1837 versuchte Morse die Regierung für seine Erfindung zu interessieren. Bereits im Februar desselben Jahres hatte das Abgeordnetenhaus den Finanzminister in van Burens Ministerium, Levi Woodbury, gebeten, über die Möglichkeiten eines Telegrafiesystems in den USA zu berichten. Woodbury erließ ein Rundschreiben, in dem er um Mitteilungen über die verschiedenen konkreten Telegrafiemethoden ersuchte.

In seiner Antwort vom 27. September legte Morse auf folgende Vorteile seines Systems den Nachdruck: die bequeme Größe seines Sende- und Empfangsapparats, die Leichtigkeit, mit der die Mitteilung aufgezeichnet werden konnte, vollkommene Geheimhaltung, die Unabhängigkeit von Zeit, Tag und Witterung und seine niedrigen Herstellungskosten im Vergleich zu den Semaphoren. Von Anfang an glaubte er, daß die Regierung, speziell die Postverwaltung, sein System ankaufen würde.

Im Lauf desselben September wurde Morse hinterrücks angegriffen. Einer seiner Mitreisenden, den er auf der *Sully* zu Rate gezogen hatte, spielt sich als Miterfinder seines Telegrafen auf. Es war Jackson, den Morse seit ihrer gemeinsamen Reise mehrmals in Boston besucht hatte, ohne ihn jedoch in die Details seiner Experimente einzuweihen.

Jacksons Dolchstoß kam in Form eines Briefes. Er habe, schrieb er, in den Zeitungen Berichte über »unseren« Telegrafen gelesen, »bemerke aber, daß mein Name im Zusammenhang mit der Erfindung nicht erwähnt wird«. Er sei vom endgültigen Erfolg überzeugt, da es ja viele Arten von Nachrichtenvermittlung auf Entfernung gäbe, zum Beispiel die Anwendung von 24 Drähten mit 24 Magneten. Er habe den Plan, mit einer dieser Methode Versuche anzustellen, und erwarte inzwischen, daß Morse die Nachrichten über »unseren« Telegrafen korrigieren und seinen gebührenden Anteil anerkennen würde.

Es war vielleicht kein bloßer Zufall, daß das einzige von Jackson erwähnte Telegrafiesystem gerade dasjenige war, worüber der New Yorker *Observer* im Zusammenhang mit Morses Erfindung geschrieben hatte; aber bedauerlicherweise für Jackson hatte Morse niemals die Anwendung von 24 Drähten in Betracht gezogen! Wenn Jackson bei Morses Erfindung eine bedeutende Rolle gespielt hätte, müßte er unbedingt gewußt haben, daß Morse immer nur einen einfachen Stromkreis bevorzugte und daß sein ganzes Ziffernsystem darauf aufgebaut war.

Morses Antwort war beherrscht: »Ich... habe bei jeder Ausführung über meinen Telegrafen erklärt, daß ich an Bord des Schiffes und in einem wissenschaftlichen Gespräch mit Ihnen zum erstenmal auf die Idee eines Telegrafen gekommen bin. Gibt es tatsächlich noch andere Rechte, die Sie beanspruchen könnten oder die ich Ihnen nach Recht und Billigkeit einräumen müßte? In ähnlicher Weise fühle ich mich Professor Silliman und Professor Gale verpflichtet. Bezüglich Art und Ausmaß der Mithilfe bin ich dem erstgenannten ebensoviel Anerkennung schuldig wie Ihnen, und Professor Gale hat mich durch die wesentliche und effektive Unterstützung bei vielen meiner Experimente mehr als alle anderen verpflichtet. Wenn jemand, aufgrund nützlicher Anregungen, das Recht hat, Miterfinder genannt zu werden, dann ist es Professor Gale, aber er zieht es vor, keine derartigen Rechte zu beanspruchen.«

Dr. Jackson hatte Morses Phantasie angeregt, indem er ihn während der Seereise auf die Idee brachte, ob man nicht auf elektrischem Weg eine Meldung weiterleiten könnte. Aber diese Idee an sich war, wie Morse inzwischen bemerkt hatte, nicht neu, und man hatte damit auch noch keinen Telegrafen. Damals hatten Morse und Jackson vereinbart, eine Reihe von (allerdings nicht erstmaligen!) Versuchen mit einem elektrischen Funken auf chemisch präparierten Papierstreifen anzustellen, aber jedesmal wenn Morse Jackson in Boston aufsuchte, war dieser mit anderen »wichtigen Dingen beschäftigt«. Jacksons Anregung wurde niemals als Ausgangspunkt für Versuche verwendet, denn sie stand in keinerlei Beziehung zu dem Telegrafen, wie ihn Morse entwickelt hatte.

Von nun an begann Dr. Jackson seine Rechte geltend zu machen. Nachdem er zuerst den Telegraphen »unsere« gemeinsame Erfindung genannt hatte, erklärte er im Lauf des Novembers, der Haupterfinder und kurz darauf *der* Erfinder zu sein. Abgesehen davon, daß seine Ansprüche jeder Grundlage entbehrten, forderte Dr. Jackson sogar die Passagiere der *Sully* auf, zu seinen Gunsten auszusagen. Aber sie taten es niemals, im Gegenteil, sie sagten gegen ihn aus. Ebenso hat Jackson zwei andere Erfindungen, und zwar Mortons Anwendung von Äther für chirurgische Anästhesie und Schönbeins Entdeckung der Schießbaumwolle, als sein Werk hingestellt. Aber seine Forderungen wurden abgewiesen. Die folgenden Jahre verbrachte er mit heftigen Kontroversen. Sein Geist begann sich allmählich zu umnachten, und sieben Jahre später starb er in einer Irrenanstalt. Er war ein prächtiger, wendiger und ehrgeiziger Mensch, der sich jedoch maßlos überschätzte. Mittlerweile konnte sich jeder, der auf Morse neidisch war, der Waffe Jacksons bedienen.

Im Lauf des Herbstes 1837 trafen die drei Partner, Gale, Vail und Morse, ihre Vorbereitungen, um den Telegrafen den »Mächtigen« vorzuführen. Sie waren felsenfest von ihrem Erfolg in Washington überzeugt, vorausgesetzt, daß die Instrumente richtig funktionierten.

Er hatte gehofft, die Instrumente rechtzeitig für die Vorführung in Washington fertig zu haben, aber gegen Ende Dezember war es noch immer nicht so weit. Es wird erzählt, daß sie endlich am 6. Januar fertig waren. Nachdem Morse und Vail sie überprüft hatten, riefen sie Alfreds Vater, den Richter Vail. Voll Spannung eilte er aus seiner Wohnung in die Fabrik.

Alfred stand bereits beim Sendeapparat und Morse beim Empfänger. Alfred bat seinen Vater eine Meldung auszuwählen, worauf der Richter folgenden Satz auf einen Papierstreifen schrieb: »Wer ruhig warten kann, ist kein Verlierer.«

»Wenn du dies senden kannst«, sagte er zu Alfred, »und Mr. Morse am anderen Ende imstande ist, es zu lesen, dann bin ich überzeugt.«

Langsam wurde die Meldung durch den Empfänger punktiert. Morse übersetzte sie in Ziffern und schließlich in Worte. Als der Richter seine Worte zum zweitenmal las, geriet er in einen Zustand hellster Begeisterung. Er wollte sofort nach Washington fahren, um dort beim Kongreß die Annahme des Telegrafen durchzusetzen. Auch die Vails waren van-Buren-Anhänger und hofften auf die Bewilligung des Kongresses. Einige Tage später wurde der Telegraf mehreren 100 Einwohnern von Morristown zum erstenmal vorgeführt.

Einige Tage später begannen die Beteiligten für die erste Vorführung, zu der man sie eingeladen hatte, ihre Vorbereitungen zu treffen. Bei der Vorführung in der Universität wurden durch den Telegrafen Zeichen aufgeschrieben, die die Buchstaben des Alphabets unmittelbar wiedergaben. In seinem Bericht über die Vorführung sagte der *Journal of Commerce*: »Professor Morse hat eine neue Schreibweise vorgeführt, die es ihm ermöglicht, das telegrafische Wörterbuch auszuschalten, weil er *Buchstaben* statt *Ziffern* verwendet und somit zehn Worte in der Minute kabeln kann.« Der Morsecode war im Werden.

	Ursprüngliche Morseschrift (1838)	Amerikanische Morseschrift (1844)	Internationale Morseschrift
A	· · ·	· —	· —
B	·· ··	— · · ·	— · · ·
C	· ··	·· ·	— · — ·
D	··· ·	— · ·	— · ·
E	·	·	·
F	· ···	· — ·	·· — ·
G	· · ·	— — ·	— — ·
H	· · · ·	· · · ·	· · · ·
I	· —	· ·	· ·
J	·· ·	— · — ·	· — — —
K	— · —	— · —	— · —
L	—	—	· — ··
M	— ··	— —	— —
N	— ·	— ·	— ·
O	··	··	— — —
P	· · · ·	· · · ·	· — — ·
Q	·· — ·	·· — ·	— — · —
R	··	· ··	· — ·
S	· — ·	· · ·	· · ·
T	— — ·	—	—
U	· — —	·· —	·· —
V	—	· · · —	· · · —
W	·· —	· — —	· — —
X	— —	· — ··	— ·· —
Y	· —	·· ··	— · — —
Z	· — ·	···· ·	— — ··

Der Morsecode (oder besser gesagt: das Morsealphabet) von 1838 war aber nur neu durch seine ganz eigene Kombination von Punkten und Strichen, denn Steinheil hatte 1836 in Deutschland bereits ein telegrafisches Alphabet entwickelt.

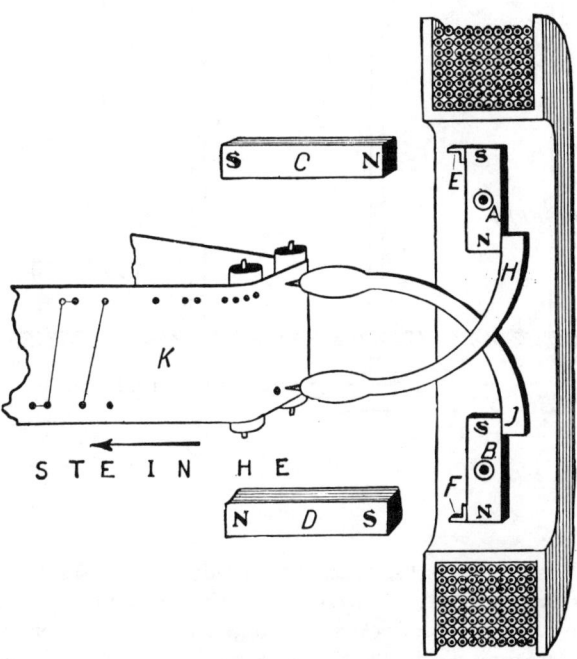

Schematische Darstellung eines Empfängers des Steinheil-Telegrafen.

Nach gewissenhaften Untersuchungen über die Frequenz der Buchstaben im täglichen Sprachgebrauch sowie über die Fehler in der Übertragung führten Morse und seine Mitarbeiter 1844 eine Änderung in der Zusammensetzung durch, die dann in dieser Form, das heißt als »ameri-

Alphabet des Steinheil-Telegrafen. Die Buchstaben werden durch kleine Zwischenräume und die einzelnen Wörter durch größere Abstände voneinander getrennt.

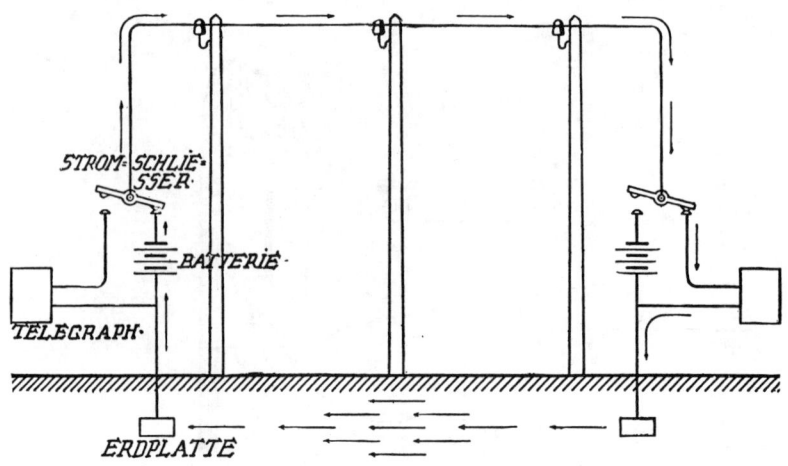

Technische Umsetzung der Steinheilschen Erkenntnis, daß die Erde selbst als Rückleitung zu verwenden ist. Er nutzte die Leitfähigkeit der feuchten Erde für die Aufgabe,
die bisher dem zweiten Draht, also der Rückleitung, zugefallen war. Die schematische
Darstellung zeigt, wie der Strom aus der Batterie links über die Stromschließungsvor-
richtung in die Leitung fließt.

kanische Morseschrift«, das Standardsystem für die Vereinigten Staaten
und Kanada wurde. Nochmals abgeändert in »kontinentale« oder »internationale Morseschrift« wurde er das Standardsystem für alle Länder
außerhalb Amerikas und für den internationalen telegrafischen Verkehr
überhaupt.

Im September war Vail Morses Gesellschafter geworden, und seitdem
hatte der Telegraf manche Änderungen – insbesondere die Einführung
des Morsekodes – erfahren. Inwieweit mag Vail zu dieser Erfindung
beigetragen haben?

Ein Brief, den Vail 1838 von Washington nach Hause schrieb, enthält
den klaren Hinweis, daß Morse zumindest einen großen Anteil an dem
Ausbau des Alphabets hatte. »Der Apparat arbeitete nicht so vollkommen
wie in New York«, schrieb Vail am 7. Februar, »das ist der Grund, weshalb
Prof. Morse ein neues System mit einem Alphabet ausgedacht hat und
sein Wörterverzeichnis fallen ließ.«

Alfred Vail, dargestellt auf einer der ersten Fotografien in Amerika (U.S. National Museum Washington).

Vail dürfte die Wahrheit gesagt haben, als er gewisse technische Verbesserungen, die den Erfolg des Telegrafen sicherten, seine Erfindungen nannte. So ist zum Beispiel die Neuerung vom Jahr 1844, wobei der Bleistift oder die Feder, die Morse bei seinen ersten Sendungen verwendete, durch eine stumpfe Nadel ersetzt wurde, höchstwahrscheinlich auf Vail zurückzuführen.

Vail hatte zweifellos einen positiven Anteil an dem Ausbau des Telegrafen. Er war auch sicher ein besserer Mechaniker als Morse. Er war anständig, wenn er auch manchmal murrte, und hielt sich an seine Verpflichtungen. Morse kargte nicht mit seinem Lob und erklärte zum Beispiel: »Wenn Fulton einen Livingston hatte, der ihm bei seinen ersten Schwierigkeiten half, so verfügte ich über Vail, der mir in meinen Schwierigkeiten beistand.« Vail selbst war der Meinung, sein bedeutendster und direkter Beitrag zur Telegrafie sei die Einführung des Schreibstiftes statt der Feder oder des Bleistiftes: »Auch einige kleine Bestandteile des Telegrafen, die ich erfand, wurden mir niemals öffentlich zuerkannt«, schrieb er, »zum Beispiel die Art der Wiedergabe durch Perforierung der Papierstreifen.« Vail verdient sicher einen Ehrenplatz in der Geschichte der Telegrafie; aber da er Morse erst kennenlernte, als der Telegraf bereits (wenn auch unvollkommen) funktionierte, darf man ihn nicht so hoch einschätzen wie Morse.

Auf ihrer Fahrt nach Washington im Februar unterbrachen die beiden Erfinder ihre Reise in Philadelphia, um ihre Instrumente einem Komitee des Franklin-Instituts vorzuführen. Es war die erste Untersuchung des Morsetelegrafen durch eine wissenschaftliche Körperschaft. Die Institutskommission für Naturwissenschaft und Kunst erklärte sich mit dem Gutachten der Prüfer einverstanden und legte es später dem Finanzminister Woodbury vor. Das Gutachten war günstig.

Es sei schwierig, so wurde erklärt, angesichts der neuen telegrafischen Apparate überhaupt die Frage der Ursprünglichkeit zu klären. »Der berühmte Gauß arbeitet jetzt... mit einem Telegrafen an dem Austausch von Signalen zwischen der Universität Göttingen und dem naheliegenden magnetischen Observatorium. Mr. Wheatstone aus London hat sich vor kurzem mit Versuchen auf dem Gebiet des elektrischen Telegrafen befaßt. Aber das System des Professors Morse ist – soweit das Komitee das beurteilen kann – vollkommen verschieden von allen Apparaten, die andere Gelehrte entworfen haben, denn die Wirkung aller übrigen Systeme beruht auf dem Prinzip, daß eine magnetische Nadel in verschiedene *Richtungen* gebracht werden muß.«

Mit den besten Wünschen des Instituts fuhren Morse und Vail nach Washington. Seit 2. September hatten sie ihren »Donner-Blitz-Tschin-

Bum« (wie Durand den Apparat nannte) von Mal zu Mal wichtigeren Kreisen vorgeführt; zuerst gelegentlichen Besuchern der Universität, dann zahlreichen Zuschauern in Morristown, Newark und New York, ferner den Forschern des Franklin-Instituts und jetzt einem Ausschuß des Abgeordnetenhauses. Wo waren die Zeiten, da Morse an späten Abenden sein Essen auf sein Zimmer nahm und die spitzen Bemerkungen seiner Studenten hörte? Jetzt war er auf dem richtigen Weg, sich die Bewilligung des Kongresses für eine telegrafische Verbindung von 150 km zu holen.

Die Sektion »Handel« des Kongresses bat Morse, den Telegrafen in ihren eigenen Räumen des Kapitols vorzuführen. An dieses Komitee, als dessen Obmann der scharfsinnige Abgeordnete Smith von Maine fungierte, war das ministerielle Gutachten über die Telegrafenpläne der Regierung und auch der Brief von Morse weitergeleitet worden. Aber man hatte noch nichts Positives unternommen.

Eine ganze Welt war jetzt in den Räumen der Sektion »Handel« versammelt, um den Telegrafen zu sehen: Abgeordnete, Gesandte und Wissenschaftler.

Morse fühlte sich geschmeichelt, aber er war vorsichtig. Vielleicht hatte er einige Mitglieder des Kongresses beobachtet, die sich den Telegrafen ansahen und beeindruckt wieder gingen.

Morse legte dem Obmann der Sektion »Handel«, Smith, den Plan vor, der Regierung die Kontrolle über den Telegrafen zu übergeben. Wir ersehen daraus sein soziales Verantwortungsgefühl, aber auch sein Verlangen nach Gewinn und Ruhm. Unglückseligerweise wußte er aber nicht, was er tat, als er Smith, einem kühlberechnenden jungen Mann von 32 Jahren, diesen Plan anvertraute. Morse war sich bewußt, daß sein Telegraf ein Instrument zum Guten oder zum Bösen werden konnte und daß er darüber zu wachen hätte. Weil er vermeiden wollte, daß seine Erfindung in die Hände gerissener Spekulanten geriet, machte er der Regierung den Vorschlag, sie möge die Rechte übernehmen, nur mit entsprechenden Einschränkungen Privatverbindungen bewilligen und ihre eigenen Linien ausbauen, um die Privatverbindungen einzudämmen.

Aber gerade das, was er befürchtet hatte, traf ein. Der Telegraf geriet in die Hände einiger Spekulanten, an erster Stelle jenes Mannes, dem er seine Befürchtungen geäußert hatte, Senator Smith. Der gute Ruf zahlreicher Personen und Institutionen stand durch die Machenschaften einiger geld- und landhungriger Geschäftsleute, die von sozialer Kontrolle einer

Erfindung keine Ahnung hatten, auf dem Spiel, ebenso durch die Kurzsichtigkeit des Kongresses, der die Bedeutung der ersten elektrischen Nachrichtenvermittlung für Geschäftszwecke nicht durchschaute, und nicht zuletzt durch Morses Armut und Ungeduld, wodurch er nicht abwarten konnte, bis der Kongreß den Wert seines Patents erfaßt hatte. Niemand anderer als Smith war sowohl für die blitzschnelle Herstellung eines Telegrafennetzes über ganz Amerika als auch für dessen bedauernswerten Zustand verantwortlich.

Bald nachdem er Smith geschrieben hatte, wurde Morse eingeladen, seinen Apparat dem Präsidenten und seinem Ministerium vorzuführen. Am 21. Februar führte Morse seinen Apparat dem Präsidenten van Buren, Finanzminister Levi, Woodbury, Heeresminister Joel R. Poinsett, dem Generaldirektor der Post Amos Kendall und anderen Mitgliedern des Kabinetts vor.

Innerhalb einiger Tage wußte Morse schon, daß der Obmann der Handelssektion die großen Möglichkeiten der Telegrafie erfaßt hatte und Teilhaber an dem Unternehmen werden wollte.

Francis Ormand Jonathan Smith (dessen Initialen F. O. J. seine Kollegen sarkastisch in »Fog« [Nebel] umgewandelt hatten) war Morse bereits früher begegnet. Wenn Morse jedoch jetzt vor der ersten Begegnung in

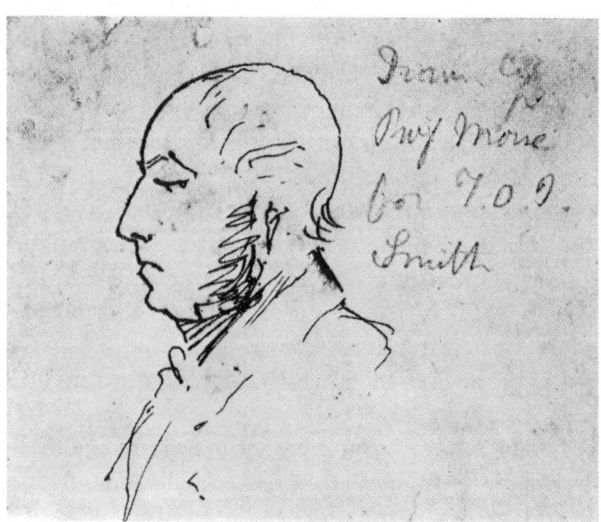

S. F. B. Morse: Francis O. J. Smith, genannt »Fog« Smith (Smithonian Institution, Washington).

Washington die Zeitungen gelesen hätte, hätte er gewußt, daß in Massachusetts eine gerichtliche Untersuchung gegen Smith wegen dunkler Bankgeschäfte im Gange war. Und hätte Morse Erkundigungen in Maine eingeholt, hätte er noch anderes Aufschlußreiches über Smith erfahren.

Morse brauchte einen Mann neben sich, der seinem Telegrafen den erwünschten geschäftlichen Erfolg sichern konnte, einen Geldmann, der auch imstande war, ihn durch die vielen Intrigen Washingtons zu lotsen. Aber Morse war weder ein gerissener Geschäftsmann noch ein guter Menschenkenner. Er wußte nicht oder wollte nicht wissen, wer Smith in Wirklichkeit war.

Alles, was Smith im Zusammenhang mit dem Telegrafen unternahm, hatte von Anfang an einen üblen Beigeschmack. Morse und Smith waren sich bewußt, daß es eine Verletzung der öffentlichen Moral wäre, wenn Smith, als Beteiligter an dem Unternehmen, den Gesetzentwurf für den Telegrafen beantragen würde. In einem späteren Gesuch bezüglich des Telegrafen erklärte Morse, Smith sei seinerzeit so sehr von der Nützlichkeit des Telegrafen überzeugt gewesen, daß er »seinen Sitz im Kongreß zurückgab und sich dafür einsetzte«, und ein späterer Teilhaber des Unternehmens erweiterte dann die Aussage in dem Sinne, daß Morse auf dem Zurücktreten von Smith bestanden hätte. Aber das Abkommen zwischen Morse und Smith enthält keine derartige Bedingung. Es wurde im März unterschrieben, und am 6. April beantragte Smith mit begreiflicher Begeisterung einen Gesetzentwurf, der für den Aufbau einer telegrafischen Verbindung von 150 km einen Betrag von 30 000 Dollar gewähren sollte. Am 14. April wurde Smith vom Kongreß für die Zeit vom 1. Mai bis Ende der Sitzungsperiode beurlaubt. Aber Smith trat nicht zurück, sondern schob sein Mandat nur für einige Monate auf, so daß die Staatsbürger seines Distrikts für diese Zeit praktisch ohne Vertretung waren. Gegen Ende des Jahres kehrte er nach Washington zurück, um seine Sitzungszeit zu beenden, und mißbrauchte wiederum seine Stellung als Volksvertreter zugunsten des Telegrafen, an dem er als Miteigentümer beteiligt war.

Smiths Eingabe vom 6. April enthielt eine doppelte Irreführung. Er behauptete darin, Morse hätte bereits ein Patent auf seinen Telegrafen erhalten, und erweckte dadurch den Eindruck, als sei die Erfindung schon von der Regierung approbiert worden. Ferner führte er einen Brief von Morse vom 15. Februar 1838 an, in dem dieser bestätigte, daß die Rechte das gemeinsame Eigentum von ihm, Gale und der Familie Vail waren. Sonst wurde kein Eigentümer erwähnt. Es war also eine unzweideutige

Irreführung, bei der Aufzählung der Eigentümer den Namen jenes Mannes wegzulassen, der den Antrag gestellt hatte und gleichzeitig Mitbeteiligter war.

Smith wußte um seine schiefe Lage und bezeichnete sein Interesse an dem Unternehmen mit dem euphemistischen Ausdruck »vorübergehend«. Noch im Januar 1838 bestand er darauf, nicht als Miteigentümer beim Patentamt angemeldet zu werden.

Abgesehen von der Frage, ob Morse mit Smiths Verrat des öffentlichen Vertrauens bewußt einverstanden war, hat er Smith jedenfalls erlaubt, diese Eingabe zu machen, wieder zum Kongreß zurückzukehren, um seine Sitzungsperiode zu beenden und seine Beziehungen zum Telegrafen zu verheimlichen.

Man kann die Art, wie Morse Smiths Ungeheuerlichkeiten unterstützte, nur als moralische Schwäche bezeichnen. Das Verhängnisvolle daran war, daß sich dies alles in einer Zeit abspielte, da Morse die Möglichkeit hatte, die Betrügereien seines Partners zu durchschauen und das Auftreten einer der dunkelsten Figuren in der Geschichte der Telegrafie zu verhindern.

Die vier Partner setzten jetzt, in der Form eines offiziellen Vertrages, ihre genauen Beteiligungen fest, und zwar in folgendem Verhältnis innerhalb der Vereinigten Staaten: Morse 9, Smith 4, Vail 2 (George Vail wurde als stiller Teilhaber durch seinen Bruder vertreten) und Gale 1. Außerhalb der Vereinigten Staaten: Morse 8, Smith 5, Vail 2 und Gale 1. Vail und Gale erklärten sich bereit, ihre Anteile herabzusetzen, in der Hoffnung, daß Smith in raschester Zeit das nötige Betriebskapital aufbringen würde. Smith war an dem Unternehmen als Rechtsberater beteiligt, Vail und Gale als Techniker. Smith erklärte sich bereit, die Kosten für die Erwerbung ausländischer Patente inklusive der nötigen Auslagen für eine dreimonatige Reise nach Europa, die er und Morse Anfang April unternehmen wollten, zu tragen. Zu diesem Zweck wurde Smith vom Kongreß beurlaubt. Die Auslagen wären an Smith zurückzuerstatten, sobald man durch den Verkauf von Patenten im Ausland Eingänge zu verzeichnen hätte. Alle übrigen Kosten, sei es zur Verbesserung der Apparaturen oder zur Erwerbung von Patenten in den Vereinigten Staaten, sollten allein von Morse und Vail bestritten werden. Jede technische Verbesserung, die einer der Partner durchführen würde, sollte in das gemeinsame Eigentum aller Beteiligten übergehen. Kein Vertrag, der den Telegrafen betrifft, könne ohne das Einvernehmen aller Beteiligten abgeschlossen werden.

Am 2. April erhielt Morse seinen Paß für eine Reise nach Europa. Am 7. April übergab er dem Patentamt eine revidierte Beschreibung seiner Erfindung und ließ sofort das Ansuchen folgen, man möge die Verlautbarung seines Patentes verschieben, damit er sich in Europa darauf berufen könne, daß sein Patent andernorts noch nicht gesichert sei. Das Abgeordnetenhaus nahm den Gesetzentwurf erst in Angriff, als Morse bereits eingeschifft war, aber die Vorlage wurde schon in erster Lesung verworfen. Wenn auch die Kongreßmitglieder die neue Erfindung bestaunten, so waren sie doch nicht bereit – ganz besonders nicht in schwierigen Zeiten –, ihre Reputation aufs Spiel zu setzen und eine Sache zu unterstützen, die vielleicht eine Hochstapelei war.

Morse wußte nicht, wann er wieder die Gelegenheit haben würde, seine Malerei aufzunehmen. Zur Zeit, da er seine dritte Europareise vorbereitete, schrieb er einen aufschlußreichen Brief an seinen Freund Cummings, den Schatzmeister jener hilfsbereiten Gesellschaft, die ihm 3000 Dollar zugesagt hatte, damit er eine große historische Darstellung malen könnte. Wenn Cummings in dem gedruckten Text dieses Briefes, den er allen Subskribenten zuschickte, jedes Wort aufgenommen hätte, das die ursprüngliche Fassung aufweist, so wäre Morse ein öffentlicher Tadel erspart geblieben. Die Worte, die im gedruckten Text fehlten, sind hier in Klammern wiedergegeben:

Herrn Cummings,
Schatzmeister der Gesellschaft usw.

Gewisse Umstände, die mit dem von mir im Jahr 1832 erfundenen Telegrafen im Zusammenhang stehen, werden meine Aufmerksamkeit für unbestimmte Zeit in Anspruch nehmen. Ich bin im Begriff, nach Europa zu fahren, hauptsächlich zur Regelung einiger Angelegenheiten, die mit dieser Erfindung verbunden sind. Gleichzeitig aber stelle ich mir vor, gewisse Studien für das Gemälde zu machen, wofür mir die Gesellschaft den Auftrag erteilt hat. Ich darf diesen Herren, die in so großzügiger Weise die Gesellschaft gebildet haben, jedoch nicht verheimlichen, daß im Zusammenhang mit dem Telegrafen vielleicht gewisse Umstände ins Leben gerufen werden können, die es mir und meinem Land zur obersten Pflicht machen, den Auftrag, womit sie mich beehrt haben, für eine bestimmte Zeit aufzuschieben (& vielleicht sogar zurückzustellen). Angesichts dieser Ungewißheit fühle ich mich zu der Bitte gezwungen, die viermonatlichen Teilzahlungen einstellen zu lassen, bis ich im Herbst aus Europa zurückgekehrt bin. Zu dieser Zeit werde ich bestimmt in der Lage sein, Ihnen mitzuteilen, welchen Weg ich am besten zu gehen habe. Ich möchte mich so rasch wie möglich von den Sorgen um den Telegrafen befreien, damit ich Zeit finde, mich in

größerer Anstrengung als je zuvor der Ausführung des Gemäldes und dem Wohlergehen der Akademie und der bildenden Künste zu widmen.

(Ich brauche nicht zu betonen, daß ich – falls irgendwelche Umstände mich an der
Durchführung des Auftrags der Gesellschaft abhalten sollten – mich selbstverständlich
verpflichtet fühle, die bereits eingezahlte Summe zu refundieren.) Mit dem Ausdruck
meiner aufrichtigen Freundschaft und Ergebenheit

N.-Y.-City-Universität, den 15. März 1838.

S. F. B. Morse

Seine Begabungen lagen auf so verschiedenartigen Gebieten, daß es ihm
schwerfiel, einen geraden Weg einzuschlagen. In diesem Augenblick
glaubte er, seine Malerei für die Welt des Parlaments, der Patentgesetze
und Verträge aufgeben zu können, um dann nach Belieben zur Malerei
zurückzukehren.

18 Im Kampf mit der Bürokratie im Ausland

Diesmal ging er nicht nach Europa, um als Student die alten Meister zu studieren. Jetzt, im Alter von 47 Jahren, wollte er beweisen, daß der amerikanische Kunststudent aus den Jahren 1812 und 1830 im Jahr 1838 der Meister der Telegrafie geworden war.

Im Mai schiffte er sich mit Smith ein und kam Mitte Juni in London an. Morse begann eine Reihe von Besuchen abzustatten, die für die Sicherung seines Patents notwendig waren. Er bezahlte in den betreffenden Ämtern die vorgeschriebenen Gebühren, meldete seine Erfindung beim Kronanwalt an und machte die Entdeckung, daß zwei Parteien, Wheatstone und Cooke einerseits und Edward Davy andererseits, gegen seine Eingabe protestierten. Im Patentamt sah er Wheatstones Beschreibung genau durch und blieb bei seiner Meinung, daß sein eigener Telegraf anders und besser sei. Man erzählte ihm, daß Davys Telegraf im Exeter House ausgestellt war. Er ging hin und bezahlte einen Shilling, um ihn zu sehen.

Außer seinem eigenen Apparat war Davys Telegraf der erste, den Morse jemals gesehen hatte. Davys Sendeapparat war eine Tastatur mit zwölf Tastern, ähnlich dem »Akkordeon«, das Morse einmal verwendet hatte. Der Besucher aus Amerika kam zu der Schlußfolgerung, Davys Telegraf sei noch komplizierter als Wheatstones. Er war überzeugt, daß er in einem ehrlichen Wettkampf sowohl das englische Patent als auch den englischen Markt erobern würde.

Aber seine Gegner nahmen starke Positionen ein und wollten einen dritten Konkurrenten, wie sie ihn in Morse sahen, ausschalten.

Bei seinem Besuch im Büro des Kronanwalts Sir John Campbell hatte Morse den Mut, ein Modell seines Telegrafen mitzubringen. Aber Sir

S. F. B. Morse: William Cullen Bryant (National Academy of
Design, New York).

John würdigte es keines Blickes. Er stellte lediglich fest, daß die Londoner *Mechanics Magazine* vom 10. Februar 1838 den Morsetelegrafen bereits »veröffentlicht« habe, wodurch eine Patentanmeldung unmöglich
sei. Morse erwiderte, der genannte Artikel beschreibe bloß die Resultate
seines Apparats und nicht die Art, wie er funktionierte, aber Sir John
blieb bei seiner Feststellung, daß er »veröffentlicht« sei, und verweigerte
die Annahme. Auch ein weiterer Versuch, den Morse und Smith gemeinsam in einem Brief an den Kronanwalt unternahmen, führte zu
keinem Erfolg.

Anläßlich einer Audienz beim Kronanwalt traf Morse im Vorraum
seinen gefürchteten Gegner Wheatstone. Sie stellten sich einander vor,
und im Lauf des Gesprächs lud Wheatstone den Amerikaner ein, seinen
Apparat im King's College zu besichtigen.

S. F. B. Morse: Charles T. Jackson (Macbeth Gallery, New York).

Morse besuchte ihn tatsächlich und sympathisierte sofort mit dem jungen, schüchternen Professor. Er fand ihn »sehr aufgeschlossen ... ein ungewöhnlich begabter Mann«. In seiner Erscheinung und in seinem Auftreten erinnerte er auffallend an Professor Gale.

Auch sein Telegraf machte einen guten, wenn auch keinen überwältigenden Eindruck. Wie schon vor etlichen Jahren war Morse auch jetzt noch von den Vorzügen seines Apparats überzeugt. Wheatstones Apparat war nur ein Sehapparat, weil er mit seinen fünf magnetischen Nadeln die verschiedenen Buchstaben, die gesendet wurden, anzeigte. Morses Erfindung jedoch legte die Meldung auch schriftlich fest. Ferner verwendete Wheatstone zwölf Drähte, während Morse nur vier benötigte, und zwar zwei einfache Stromkreise mit jeweils zwei Leitungen. Alles in allem betrachtet, war sein Apparat einfacher konstruiert, meinte

Asiatische Magnetnadeln, wie sie Cooke und Wheatstone für ihre Multiplika-
torspulen einsetzten. Diese Nadeln sind
nicht auf den magnetischen Meridian
fixiert, sondern bleiben in beliebiger
Richtung stehen.

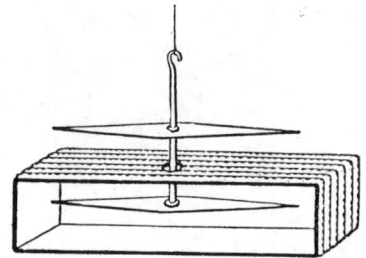

Morse, aber er verriet seinem Gastgeber nicht, wie er eigentlich funktionierte.

Wheatstones Mitteilung, er habe sich seit 1832 mit dem Telegrafen
befaßt, muß Morse erschüttert haben, denn während der Seereise auf
der *Sully* im selben Jahr glaubte er der einzige zu sein, der die Worte
»Telegraf« und »elektrisch« miteinander verband. Jetzt aber hörte er,
daß nicht nur Barlow bereits 1824 auf eine ähnliche Idee gekommen
war (die er jedoch als undurchführbar fallen gelassen hatte) und daß
Henry zirka 1831 Barlows Idee für praktisch verwendbar hielt, sondern
auch daß ein anderer Forscher gleichzeitig mit ihm im Jahr 1832 dieselbe Erfindung gemacht und diese allmählich verwirklicht hatte. Da sowohl Wheatstone als auch er selbst ihre Ideen erst vor kurzem
veröffentlicht hatten, waren ihre Erfindungen vollkommen unabhängig
voneinander. Dabei war Morse noch im vorigen Sommer der Meinung,
daß jeder andere Entwurf eines elektrischen Telegrafen ein Plagiat seiner Erfindung sei. Trotzdem glaubte er noch immer, sein Apparat sei
die erste praktische Erfindung.

In Paris erfuhr Morse, daß Wheatstone bereits ein französisches Patent
erhalten hatte. Aber das störte ihn nicht, denn Wheatstone mochte noch
so viel Einfluß in England haben, in Frankreich bedeutete er keine Gefahr.
Tatsächlich erhielt auch der Amerikaner kurz darauf ein Patent. Nachdem
er mit dem englischen »Räubergesetz« so schlechte Erfahrungen gemacht
hatte, war er der französischen Großzügigkeit um so dankbarer. Aber die
Dankbarkeit währte nur so lange, bis er zur Erkenntnis kam, daß er seine
Patentrechte nur dann für mehr als zwei Jahre aufrechterhalten könne,
wenn er seine Erfindung tatsächlich in Frankreich zur Durchführung

brächte. Um dies zu erreichen, müßte er sie so bald wie möglich der Öffentlichkeit bekanntgeben.

Nun hatte François Arago, der bekannte Direktor des königlichen Observatoriums und ständiger Sekretär der Akademie der Wissenschaften, eines Tages einer Vorführung von Morses Apparat beigewohnt. Er war davon so begeistert und wissenschaftlich daran so interessiert, daß er Morse sofort eine Einladung verschaffte, damit er seinen Apparat unmittelbar vor der Akademiesitzung am 10. September vorführen konnte. Da Morse nicht so gut französisch sprach, war Arago bereit, den Mechanismus zu erklären. Er zeigte sich für die Aufgabe ganz besonders geeignet, weil er die Materie beherrschte, denn kurze Zeit nach Oersteds Feststellung, daß man Nadeln mit elektrischem Strom laden konnte, machten Arago und Ampère 1821 die Erfindung, daß ein Stab oder eine Nadel innerhalb einer mit Draht umwickelten und elektrisch geladenen Spule magnetisch wurde. Dies war eine der grundlegenden Erfindungen für die Telegrafie, und es schien also vollkommen gerechtfertigt, daß Arago Morse einführte.

Ringsherum in der Akademiehalle hatte Morse seine Drahtspulen angebracht. Vor den Augen der angesehensten Gelehrten Europas, wie Baron Humboldt und Gay-Lussac, stellte Morse auf einem Tisch seinen Empfänger auf, genau so wie er es in den Eisenwerken von Morristown getan hatte.

Arago erklärte die Instrumente und versäumte es nicht, die Akademiker auf die noch ungelösten Probleme ehrlich aufmerksam zu machen. Er sagte, es scheine beinahe unmöglich, die Drähte unter freiem Himmel aufzuhängen, weil sie der Witterung zu sehr ausgesetzt wären. Im Herbst wäre zum Beispiel auf der Strecke Paris–Bordeaux sicher jeden Tag irgendwo ein Gewitter. Andererseits bedeutete, angesichts eventueller Reparaturen, das Legen der Drähte in die Erde ein noch größeres Hindernis. Nach dieser Erklärung setzte Morse seinen Apparat in Gang.

Von allen Seiten hörte er die Worte: »Extraordinaire! Très admirable!« Sogar die vorsichtige Warnung Aragos konnte die Akademiker nicht davon abhalten, die überwältigenden Möglichkeiten des amerikanischen Apparats zu erkennen. Als die Vorführung beendet war, stand Baron Humboldt auf, drückte Morse die Hand und wünschte ihm von Herzen Glück. Die Akademiker drängten sich um den Tisch und waren so sehr von der amerikanischen Erfindung erfüllt, daß sich niemand für die Themen der eigentlichen Sitzung interessierte.

Solch eine Anerkennung hatte Morse kaum erwartet; sie würde ohne Zweifel einen großen Eindruck auf die amerikanische Öffentlichkeit machen und die Aufmerksamkeit der Geldgeber und der französischen Regierung auf sich ziehen. Doch die Realität holte ihn rasch wieder ein.

Sie verdammte Morse zu warten, endlos zu warten auf konkrete Berichte vom amerikanischen Kongreß, vom französischen Innenminister und der Eisenbahndirektion von Saint-Germain, von Mellen Chamberlain aus dem Nahen Osten, vom englischen Parlament und dem russischen Zaren. Überall winkten ihm Möglichkeiten, aber nirgends eine Sicherheit.

So vergingen Tage, Wochen und Monate. Paris streute ihm Lorbeeren, aber davon konnte er nicht leben. Er brauchte Hilfe, brauchte die Möglichkeit, seinen Telegrafen tatsächlich arbeiten zu lassen. Wie ein Blendwerk berührten nahrhafte Früchte seine Lippen, wurden wieder zurückgezogen und wieder an seine Lippen geführt.

Mit unvergleichlicher Geduld sprach er acht- bis zehnmal im Innenministerium vor, wurde aber nicht einmal bis zum Sekretär vorgelassen. Langsam begann er zu verstehen, daß, wenn das Eisenbahndirektorium ihm die Herstellung irgendeines Einzelstückes »innerhalb weniger Tage« zusagte, dieser Ausdruck nach französischen Gepflogenheiten einige Wochen bedeutete. Und als er den Gesandten Cass bat, ihm zu sagen, wie er die Regierung oder die Eisenbahndirektion aus ihrer Lethargie reißen könnte, erwiderte Cass, daß man überall über die Verzögerungstaktik klage und Geduld das einzige wirksame Mittel sei. Es fiel ihm nicht leicht, Geduld zu bewahren, zumal er nur mit einem dreimonatigen Aufenthalt in Europa gerechnet hatte. »Ich habe mich in der letzten Zeit viel zu sehr mit dem Blitz beschäftigt«, schrieb er nach Hause, »und fühle mich deshalb recht ungemütlich, weil ich wie eine Schnecke vorwärtskomme.«

Die Direktoren von Saint-Germain warteten auf eine Entscheidung des Innenministeriums, ob es ihnen, trotz des Staatsmonopols für Telegrafie, erlaubt wäre, eine telegrafische Verbindung herzustellen, vorausgesetzt, daß sie diesen Plan tatsächlich durchführen wollten. Endlich begann nun Morse zu verstehen, daß die Regierung überhaupt nicht beabsichtigte, eine Entscheidung zu treffen. Sie wollte den neuen Telegrafen weder selbst in Betrieb nehmen noch einer Privatgesellschaft eine diesbezügliche Bewilligung geben. Die Hoffnung, die Volksvertretung könne die Regierung zu einer Entscheidung zwingen, wurde zunichte, als das Ministeri-

S.F.B. Morse: Die Universität von New York, dargestellt in einer allegorischen Land-schaftsmalerei aus dem Jahr 1836 (Privatbesitz der New York Historical Society, New York).

um demissionierte und das Parlament auf die Dauer von zwei Monaten, bis zu den neuen Wahlen, aufgelöst wurde. Wenn weder die Regierung noch eine Privatgesellschaft sich seiner Erfindung annahm, würde das Patent seine Gültigkeit verlieren. Die französische Großzügigkeit hatte sich praktisch als eine Augenauswischerei erwiesen. In Wirklichkeit war sie eine ebenso raubgierige Geste gewesen wie das englische Verhalten. Es hatte keinen Zweck mehr, noch länger in Paris zu bleiben.

In dreifacher Hinsicht rechnete Morse noch mit Europa, aber in zwei Punkten waren seine Hoffnungen äußerst schwach: Er zweifelte an dem Erfolg von Chamberlains Werbefahrt im Nahen Osten und auch an der Möglichkeit, durch Parlamentsbeschluß ein englisches Patent zu erwerben. Aber die dritte Möglichkeit, den Aufbau einer russischen Linie, betrachtete er als beinahe sicher. Er bat um die Erlaubnis, nach Hause reisen zu dürfen, um seine persönlichen Angelegenheiten zu regeln und die nötige Ausrüstung anzuschaffen. Am 15. Juli mußte er in Rußland sein.

Nach siebenmonatiger ehrlicher Überprüfungsarbeit war er davon überzeugt, daß Europa seinen Telegrafen für den besten hielt. Aber als er

Paris nur mit einem einzigen Auftrag zum Bau einer telegrafischen Linie verließ und dieser noch nicht einmal richtig unterzeichnet war, muß es für ihn eine große Enttäuschung gewesen sein zu wissen, daß Wheatstone und Cooke in Belgien und England und Steinheil in Bayern ihre Linien bereits bauten.

In London wurde er vom Earl of Lincoln eingeladen, den Telegrafen in seinem Haus am Park Lane vorzuführen. Lord Elgin Henry Drummond, verschiedene Parlamentsmitglieder, Lords der Admiralität und Mitglieder der Royal Society waren dabei anwesend. Elgin, Lincoln und Drummond redeten ihm zu, längere Zeit in England zu bleiben, um den Sonderbeschluß des Parlaments zu beschleunigen und durchzusetzen. Aber die Hindernisse schienen unüberwindlich. Der Trägheit des Parlaments, dem Widerstand von seiten Wheatstones und vielleicht anderer Gegner, dem nationalen Vorurteil und dem Übergewicht der gegen ihn gefaßten Entscheidung durch den Kronanwalt war er nicht gewachsen. Jetzt lockte ihn Rußland mit seinen vielversprechenden Zusagen, und er rechnete damit, noch in der ersten Maihälfte eine günstige Entscheidung des Zaren in Händen zu haben. Angesichts der konkreten Tatsachen hatte er einen vernünftigen Entschluß gefaßt: Er entschied sich für den relativ sicheren Ausgang des russischen Unternehmens gegenüber einem verhältnismäßig unwahrscheinlichen Sieg im englischen Parlament.

Im April, kurze Zeit nach seiner Ankunft in Amerika, berichtete man ihm, Mr. Chamberlain sei bei einem Unfall in der Donau ertrunken, wodurch alle Aufzeichnungen über seine Werbearbeit in Verlust geraten seien. Bis zum 10. Mai hatte er noch immer keinen Bericht über die Einwilligung des Zaren. Er verschob seine Reisepläne nach Rußland auf das folgende Jahr. Dann traf die Nachricht ein, Zar Nikolaus sei überhaupt nicht gewillt, den Vertrag zu unterschreiben. Die einzige Erklärung dafür war, daß er den Telegrafen als Instrument der Nachrichtenvermittlung für staatsgefährlich hielt. Damit war die letzte Hoffnung auf die Errichtung einer Telegrafenlinie in Europa zusammengebrochen.

Seine Reise hatte ihn und sein Geistesprodukt berühmt gemacht, aber selten zeigte sich der Ruhm in ärmlicheren Kleidern.

19 Morse und die Daguerreotypie

Zu der Zeit, als sein Telegraf und Daguerres »Bilder« zu den wertvollsten Erfindungen des Jahrhunderts zählten, dachte Morse, es wäre an der Zeit, Daguerre persönlich kennenzulernen. Einige Tage vor seiner Abreise nach Amerika bat er ihn um Erlaubnis, die geheimnisvollen Kupferplatten sehen zu dürfen, auf denen zum erstenmal in der Geschichte Naturaufnahmen mit Erfolg festgehalten waren. Daguerre erklärte sich mit dem Besuch einverstanden.

In seinem Ausstellungsraum, dem sogenannten »Diorama«, zeigte Daguerre ihm seine »Daguerreotypen«, wie Morse sie zum erstenmal nannte. Auf Morse machten sie den Eindruck von Aquatintaradierungen, und weil sie nicht so sehr auf Farbenwirkung, sondern mehr auf Helldunkel abgestimmt waren, nannte er diese Arbeiten einen »vollendeten Rembrandt«. Morse erinnerte sich, wie er zur Zeit, da Professor Silliman noch sein Nachbar war, ähnliche Versuche unternommen hatte und trotzdem als hoffnungslos aufgeben mußte.

Obwohl die größte Platte, die Daguerre verwendete, höchstens 17 × 12 Zentimeter maß, blieben die feinen Details noch immer sichtbar. Morse war davon überwältigt: Kein Gemälde könne, seiner Meinung nach, diese Feinheit erreichen. Diese Erfindung würde, so prophezeite er, ganz neue Forschungsgebiete erschließen, und die Resultate müßten ebenso verblüffend sein wie beim Mikroskop, als es das erste Mal angewandt wurde.

Am nächsten Tag erwiderte Daguerre seinen Besuch. Er arbeitete sich die drei Treppen hinauf und blieb eine ganze Stunde bei Morse, um dessen Telegrafen genau zu betrachten. Zur selben Zeit, da er seine Begeisterung über die amerikanische Erfindung zum Ausdruck brachte, fielen sein Diorama, sein Haus, alle Platten und seine Aufzeichnungen über jahrelange Versuche den Flammen zum Opfer.

Morses Bericht über seine Besichtigung des Dioramas sowie über dessen Zerstörung wurde im *Observer* seines Bruders am 20. April 1839 veröffentlicht.

Seine Beschreibung war der erste von einem Amerikaner verfaßte Bericht über die Daguerreotypie und wurde von fast sämtlichen amerikanischen Zeitungen übernommen.

Wieder zu Hause, konnte Präsident Morse mit Befriedigung feststellen, daß die Nationalakademie Daguerres Beitrag zur Kunst mit Interesse zur Kenntnis genommen hatte. Als er den Vorschlag machte, Daguerre zum Ehrenmitglied zu ernennen, wurden seine Worte mit »wilder Begeisterung« aufgenommen. Die Akademiker teilten die Ansicht ihres Präsidenten, und am 20. Mai schrieb Morse einen Brief an Daguerre, in dem er ihn von seiner Ernennung in Kenntnis setzte. Dabei erwähnte er den englischen Versuch, für eine ähnliche Erfindung von Talbot zu werben, aber Morse versicherte ihm, daß sein Name in ganz Amerika »ausschließlich mit dieser erstaunlichen Entdeckung genannt wird, die mit Recht Ihren Namen trägt«. Morse wußte nur zu gut, daß Voreingenommenheit kein Mittel scheut, einem Erfinder das Seine zu rauben. Am Ende seines Briefes stellte er ihm freiwillig seine Dienste zur Verfügung und erklärte sich bereit, eine Ausstellung von Daguerre-Platten in New York zu veranstalten.

Kurze Zeit darauf wurde im französischen Parlament ein Gesetz erlassen, das den Zweck hatte, Daguerre für seine Dienste zu danken. Er hatte sich bereit erklärt, sein Verfahren und jede Verbesserung zu veröffentlichen. Als Gegenleistung bewilligte ihm die Regierung eine Pension von 6000 Francs, und dem Erben von Niepce, der bis zu seinem Tod der Mitarbeiter Daguerres gewesen war, einen jährlichen Betrag von 4000 Francs. Wenn die Vereinigten Staaten dasselbe für Morse getan hätten, wozu sich Frankreich Daguerre gegenüber verpflichtete, hätte Morse sein qualvolles Leben inmitten von eifersüchtigen Rivalen, mißtrauischen Teilhabern und Presseleuten, die ihn verleumdeten, gegen ein ruhiges Leben eintauschen können, und er hätte sich entweder seinen weiteren Experimenten auf telegrafischem Gebiet oder wiederum seiner Malerei gewidmet. Aber die Telegrafie eignete sich – ihrem Wesen entsprechend – besser für das Erwerben von Patenten als die Daguerreotypie; übrigens war im amerikanischen Regierungssystem keine direkte Unterstützung für Erfinder vorgesehen. Die amerikanischen Erfinder mußten noch sehr lange warten, bis sie von Geldsorgen befreit wurden.

Daguerre erfüllte seine Vereinbarung mit dem Parlament, und eines der ersten transatlantischen Dampfschiffe, die *British Queen*, brachte schließlich die Beschreibung des Verfahrens nach Amerika. Mit der Ankunft des Schiffes am 20. September 1839 nahm in Amerika die Geschichte der Fotografie ihren Anfang.

Robert Taft geht in seiner Geschichte der amerikanischen Fotografie von der Tatsache aus, daß Morse den Engländer Seager kannte, und kommt dann zu dieser Schlußfolgerung: Wenn Morse die Ehre für sich in Anspruch genommen hätte, das erste Daguerreotyp in Amerika hergestellt zu haben, wäre seinerseits ein Protest gegen Seager erfolgt. Er hat dies nicht getan, im Gegenteil: Morse schrieb gerade in dieser Zeit einen Brief, der die oben erwähnte Auffassung bestätigt. Am 28. September brachte der *Journal of Commerce* folgende Mitteilung: »Professor Morse zeigte uns gestern die ersten Resultate der Daguerreschen Erfindung, die in unserem Land erzielt wurden. Es war eine kleine, aber ausgezeichnete Wiedergabe der neuen unitarischen Kirche mit den umliegenden Gebäuden. Die Farben sind vielleicht noch nicht so kräftig, wie sie sein sollten, aber wir glauben, daß dieser Fehler leicht zu beseitigen sein wird.« Als Morse diesen Artikel gelesen hatte, schrieb er sofort eine Erwiderung, die am 30. September im *Journal of Commerce* veröffentlicht wurde und die wir hier zum erstenmal einem breiteren Leserkreis bekanntgeben.

Meine Herren!

In Ihrem Bericht des heutigen Morgenblatts über die fotografische Aufnahme, die ich nach daguerreotypischem Verfahren herstellte und Ihnen zeigte, las ich folgenden Satz: »Die ersten Resultate der Daguerreschen Erfindung in diesem Lande« *sic.* Man könnte daraus schließen, Daguerres Verfahren, das er vor kurzem dem Institut de France mitteilte, sei von mir zum erstenmal in Anwendung gebracht und ich hätte diese Resultate erstmalig erzielt. Wenn es überhaupt ein Verdienst genannt werden kann, diese Resultate hierzulande zum erstenmal erzielt zu haben, so muß meines Erachtens dieses Verdienst Mr. D. W. Seager in dieser Stadt zugeschrieben werden, weil er bereits vor einigen Tagen bei Mr. Chilton am Broadway ähnliche Resultate zeigen konnte. Die Aufnahme, die ich Ihnen vorlegte, war mein erster Versuch.

Ihr sehr ergebener
Samuel F. B. Morse
28. Sept.

In diesem aufrichtigen Schreiben bestätigte Morse also Seagers Priorität.

Im Lauf dieser Herbst- und Wintermonate hatte Morses abwechs-
lungsreiches Leben seinen Tiefpunkt erreicht. Seine langjährigen Bemühungen um den Telegrafen hatten ihm einerseits einen gewissen Ruf in
jenen Kreisen verschafft, die etwas davon verstanden, andererseits aber
ebensoviel Geringschätzung bei denen hervorgerufen, die kein Verständnis dafür hatten. Eine Auseinandersetzung in der Universität zwischen
den Fakultätsmitgliedern und dem eigenwilligen Kanzler Matthews hatte
zur Folge, daß der Professor für Geschichte der bildenden Künste mehrere
Schüler verlor und fast alle ordentlichen Professoren, inklusive Gale,
demissionierten. Vail war in Morristown und in den Baldwin-Vail-und-
Hufty-Werken (den späteren Baldwin-Lokomotivfabriken) von Philadelphia beschäftigt. Smith hatte bereits vor einem Jahr in Maine eine
peinliche Niederlage erlitten, und durch die darauffolgende Panik war
das ganze Kapital, das er in den Weststaaten investiert hatte, verlorenge-
gangen. Auch sein herrlicher Besitz in den Wäldern Portlands war ins
Schwanken geraten. Gale konnte in seiner neuen Stellung am Jefferson
College in Mississippi nicht mehr so oft nach New York kommen. Nicht
nur er, sondern auch Vail und Smith stellten ihre Zahlungen zur Herstellung eines Telegrafenapparates (den Morse dem Kongreß vorführen wollt-
te) vollständig ein. Ihre offensichtliche Gleichgültigkeit ließ ihn daran
zweifeln, ob es angebracht sei, sich noch in diesem Jahr dafür einzusetzen
und den Kongreß dafür zu interessieren. Die 1837 einsetzende ökonomi-
sche Krise – Amerika hatte bis dahin noch keine so schreckliche durchge-
macht – wirkte sich in fast allen öffentlichen und privaten Unternehmun-
gen aus, und der Kongreß gab sich die größte Mühe, die Staatsfinanzen
zu schützen. Unter diesen Umständen verspürte er wenig Neigung, sich
für seinen Telegrafen einzusetzen, seine Malerei wiederaufzunehmen
oder – obwohl sich dafür eine günstige Gelegenheit bot – im *Observer* zu
schreiben. Er interessierte sich eher für alle möglichen Experimente zur
Verbesserung des Telegrafen, für die nationalistische Bewegung, die kleine Zahl seiner Kunstschüler an der Universität und für seine akademischen Verpflichtungen. Aber seine größte Begeisterung galt dem neuen
Berufszweig: der Daguerreotypie.

Über seine diesbezüglichen Pläne äußerte er sich bei verschiedenen
Gelegenheiten. So legte er 1840 der Nationalakademie ein Gutachten über
die Daguerreotypie vor und erklärte, er wolle den Einfluß und die Bedeutung dieses neuen Kunstzweigs für die übrigen schönen Künste feststellen. Als er 1841 einen Bildauftrag erhielt, schrieb er in seiner Antwort unter

anderem: »Ich befasse mich mit der Daguerreotypie, weil ich sehr gerne eine große Sammlung von Modellen für meine Bilder in meinem Atelier anlegen möchte.« In einem Brief vom Jahr 1855 erklärte er, daß er Berufsfotograf geworden sei, um sich dadurch für die Kosten seiner ersten Versuche zu entschädigen. Dasselbe finden wir einige Tage früher in einem Brief über die Geschichte der Telegrafie bestätigt: »Die Daguerreotypie verschaffte mir ein bescheidenes Einkommen, das es mir ermöglichte, meine Schulden zu bezahlen und mich an nebligen Tagen der Konstruktion neuer und verbesserter telegrafischer Instrumente zu widmen.«

Mit diesen verschiedenen Plänen war es ihm jedesmal – den Zeitumständen entsprechend, bitter ernst. Er wurde tatsächlich Berufsfotograf, um die Kosten seiner ersten Experimente decken zu können. Als er diese Kosten bezahlt hatte, versuchte er etwas Kapitel zusammenzutragen, damit er zu seinem höchsten Ideal, als das er die Malerei noch immer betrachtete, zurückkehren könnte. Aber die Umstände brachten es mit sich, daß er das Geld für einen anderen Zweck, nämlich zur Förderung der Telegrafie, verwendete. Genauso wie die Liebe zur Malerei ihn zur Telegrafie führte und ihn schließlich zur Hauptfigur in der Geschichte der amerikanischen Telegrafie machte, ließ er sich auch von der Daguerreotypie verführen und wurde schließlich, wie Mathew Brady sich ausdrückt, »der erste erfolgreiche Förderer dieser noch seltenen Kunst in Amerika«, so daß Morse auch die Ehre für sich in Anspruch nehmen kann, die ersten Daguerreoporträts in Amerika hergestellt zu haben. Ebenfalls große Verdienste erwarben sich John W. Draper, der Nachfolger Gales an der Universität der Stadt New York, und Alexander Wolcott aus New York.

Im Frühling 1841, als Morse zum zweitenmal für die Bürgermeisterwahlen kandidierte, berichtete eine Zeitung, daß im »Studio des Professors Morse fotografische Ähnlichkeit in höchster Perfektion und in der kürzesten Zeit erzielt wurde – tatsächlich nur so lange, wie man zum Öffnen und Schließen der Linse braucht.« Die Daguerreotypie hatte rasche Fortschritte gemacht.

Da Draper sich zu dieser Zeit mehr für Optik zu interessieren begann, löste er die Bindung mit dem Studio, und Morse arbeitete unter eigenem Namen. George Prosch belieferte ihn weiter mit Material; Samuel Broadbent aus Philadelphia assistierte ihm ungefähr bis August 1841, und später nahm Mr. Young, ein Freund des Professors Avery vom Hamilton College, seine Stelle ein.

Schließlich bezog Morse ein anderes »Glas«studio, das für seine Zwecke auf dem Dach des *Observer*-Gebäudes, mit Oberlicht, eingerichtet wurde. Er versprach seinen Brüdern, ihnen die 500 Dollar, die sie für die Herstellung beigesteuert hatten, zurückzubezahlen, sobald er diese Summe in seinem Studio verdient hatte. Aber kaum hatte er sie eingenommen, verwendete er sie für andere Zwecke.

Als Amerika 1853 seine erste Weltausstellung im New Yorker Crystal Palace in der 42. Street eröffnete, hatte die Daguerreotypie ihren Höhepunkt erreicht. Die Ausstellung lieferte den durchschlagenden Beweis, daß Amerika auf dem Gebiet der neuen Kunst führend war. Allein in New York gab es ungefähr hundert Berufsfotografen, die Daguerreotypien für 2,50 Dollar per Stück herstellten. Morses Name als Daguerreotypist war noch immer bekannt, denn unter den führenden Persönlichkeiten auf diesem Gebiet befanden sich auch seine Schüler. Obwohl er sich wahrscheinlich höchstens nur zwei Jahre damit befaßt hatte, wurde er doch noch immer gebeten, Streitigkeiten zwischen Daguerreotypisten beizulegen. Er wurde auch eingeladen, sich an Talbots Patenten für die Vereinigten Staaten zu beteiligen und sein Gutachten über die Kristallotypie abzugeben. Ferner bat man ihn, seine Meinung über die Echtheit von Levy Hills aufsehenerregendem farbfotografischem Verfahren zu äußern, einer Erfindung, die – der ersten fotografischen Zeitschrift, *Daguerrean Journal*, zufolge – an Bedeutung nicht hinter der ursprünglichen Entdeckung von Daguerre oder Morses Telegrafen zurückstand; sein günstiges Urteil wurde – leider – berücksichtigt. Die Ausstellung im Crystal Palace umfaßte nicht nur die schönste Sammlung von Daguerreotypien, sondern brachte auch verschiedene Lichtbilder auf Papier, die unbeschränkt reproduziert werden konnten, nämlich die Talbotypien, Kollodium- und Kristallotypien. Im folgenden Jahr war dieses Verfahren bereits sehr populär geworden, die Daguerreotypie hatte ihren Höhepunkt überschritten.

Inzwischen war die Miniaturmalerei zur Gänze verschwunden, und auch die Porträtmalerei war in den Hintergrund gedrängt worden. Die Zeit, in der Porträtmaler eine Notwendigkeit für die Eitelkeit der angesehenen Familien waren, mußte einer anderen Epoche weichen, in der jede Familie ein mit Plüsch überzogenes Etui besaß, das die schimmernde Oberfläche einer Daguerreotypie enthüllte. Auch das war bald überholt, denn jetzt konnte es sich praktisch jeder Mensch, ob arm oder reich, leisten, das erste Lächeln seines Säuglings beim Fotografen zu verewigen. Zur Zeit, da die Daguerreotypie fast vollkommen von der Bildfläche verschwunden war, hatte man Morses Namen als Daguerreotypist noch immer nicht vergessen – zweifellos verdankte er dies auch teilweise seinem Ruhm, den er sich auf anderen Gebieten erworben hatte. Bis zu seinem Tod erwähnten ihn die fotografischen Zeitschriften noch immer als den Vater der amerikanischen Fotografie.

20 Der Segen des Kongresses

Morse mußte die Entdeckung machen, daß die Telegrafie ihm nicht einmal das nackte Leben sichern konnte, und nun geriet er durch die europäischen Mitbewerber zusätzlich in Bedrängnis. Steinheil hatte sich schon vor einiger Zeit der finanziellen Unterstützung des bayrischen Königshauses versichert, und Wheatstone und Cooke war es gelungen, eine private Telegrafengesellschaft zu gründen, die in ihrem Interesse arbeitete. Gegen Ende des Jahres 1842 gab es in England schon einige telegrafische Linien – mit einer Gesamtlänge von 300 km –, die entweder bereits im Betrieb waren oder kurz vor der Vollendung standen. Darüber hinaus versuchten sie jetzt auch, in Amerika Fuß zu fassen.

Nachdem sie sich vor kaum 18 Monaten gegen eine Patentbewilligung zugunsten Morses ausgesprochen hatten, besaßen Wheatstone und Cooke noch die Frechheit, Morse durchblicken zu lassen, er möge ihnen ein Patent in den Vereinigten Staaten verschaffen und sein eigenes Patent – falls er ein solches besäße – hälftig mit ihnen teilen. Als Gegenleistung boten sie ihm 50 Prozent ihres noch zu erwerbenden amerikanischen Patents an. Morse zögerte und wandte sich an Smith um Rat. Schließlich lehnte er das Angebot ab, was sich später als Vorteil erwies, da sich Wheatstones System außerhalb Europas niemals durchsetzen konnte. Wäre es aber zu einer Fusion dieser beiden meistversprechenden Telegrafensysteme gekommen, so hätte die allgemeine Geschichte der Telegrafie wahrscheinlich einen ganz anderen Verlauf genommen.

Während Morse sich unglücklicherweise in Sicherheit wog, fanden Wheatstone und Cooke Mittel und Wege, sich ein amerikanisches Patent zu sichern, noch bevor er es selbst beantragte. Er hatte zwar vor mehreren Jahren sein Patent angemeldet, aber von weiteren Maßnahmen Abstand genommen, weil er glaubte, eine offizielle Patentbewilligung könne seinen Bemühungen in Europa schaden. Aber endlich sicherte er sich doch am 20. Juni 1840 sein Patent, fünf Tage nach Wheatstone und Cooke.

In seiner Armut war es für ihn eine große Enttäuschung, feststellen zu müssen, daß seine englischen Mitbewerber die Kautionssumme von 1 000 Dollar ohne weiteres aufbringen konnten, um ihren Telegrafen in Amerika einzuführen. Und es war noch verdrießlicher, daß keiner seiner Geschäftspartner das nötige Kapital aufbringen konnte, um der englischen Drohung entgegenzutreten. Natürlich kannten sie alle diese Gefahr, und Smith äußerte sich über den englischen Vorsprung sehr zynisch, wie wir später noch öfter in seinen Beziehungen zu Morse sehen werden. »Geld ist die einzige Macht auf Erden, die den Kampf mit dem Geld aufnehmen kann«, schrieb er, »und trotz aller moralischen Überlegungen verfügt es über die Kraft, in jeder Beziehung gehört, anerkannt und befolgt zu werden.«

Selbst in diesen trüben Tagen blieb Morse seinem Traum von den Telegrafendrähten um die ganze Erde treu. Er hatte Geduld mit Vail und Smith und wußte, daß sie durch die andauernde wirtschaftliche Depression große finanzielle Schwierigkeiten hatten. Er zitierte das alte Sprichwort: »Unerfüllte Erwartungen lähmen die Widerstandskraft«, und in einem Brief an Smith fügte er hinzu: »Ja, ich habe den tiefen Sinn dieser Worte an mir selbst erfahren. Nur das Bewußtsein, der Urheber einer Erfindung zu sein, die einen Meilenstein in der Geschichte der menschlichen Zivilisation bedeutet und die zum Glück von Millionen Menschen beitragen wird, hat mir bei der Durchführung die Kraft verliehen, den zahlreichen und andauernden Geduldsproben standzuhalten.« Daß weder die Reichen noch die Mächtigen gewillt waren, seinen Telegrafen zu fördern, konnte ihn nicht entmutigen. Die langen Jahre der Enttäuschungen auf dem Gebiet der Kunst und Politik hatten seinen Glauben an das Urteil einflußreicher Menschen beinahe völlig untergraben.

Eine große Stütze bedeutete ihm sein religiöser Glaube, und auch die Ermutigung Professor Joseph Henrys, eines der angesehensten Wissenschaftler seiner Zeit, war ihm eine außerordentliche Hilfe. Einige Tage, nachdem Morse von seiner erfolglosen Europareise zurückgekehrt war, schrieb ihm Henry, er sei fest davon überzeugt, daß er »außer Dummheit und Konkurrenzneid keine anderen Schwierigkeiten zu überwinden habe«.

Beinahe drei Jahre später hatte Henry Morses Erfindung noch immer nicht funktionieren gesehen, nur waren ihm die Verbesserungen, die der Erfinder angebracht hatte, aus Beschreibungen und Gesprächen mit Morse bekannt, weshalb er mehr denn je seine Zufriedenheit darüber zum

Ausdruck brachte und auf uneigennützige Weise Morse in der praktischen Durchführung eines Systems ermutigte, dessen Entwicklung er selbst gefördert hatte.

Dieser Mann, dessen grundlegende Erfindungen die Durchführung der Telegrafie positiv befruchtet hatten, bestätigte auch, daß Morse seines Erachtens nicht nur ein Mechaniker im landläufigen Sinn war, sondern ein Erfinder, der die wissenschaftliche und allgemeine Anerkennung vollauf verdiente. Henry teilte Morses Daguerreotypiefreund, Chilton, sogar mit, daß der Telegraf das schönste und ingeniöseste Instrument sei, das er jemals gesehen hatte.

Morses neue Experimente, die viel Zeit in Anspruch nahmen, machten ihm das Warten leichter und bestärkten ihn in seinem Glauben an die Erfindung. Noch im Jahr 1840 schrieb er jemandem, der seinen Telegrafen in Paris gesehen hatte, er werde seinen Apparat kaum wiedererkennen. Tatsächlich sah er ganz anders aus als früher, aber die Grundprinzipien, die er in seinem *Sully*-Notizbuch aufgezeichnet hatte, waren die gleichen geblieben.

Vier Jahre lang hatte Morse nun den Kongreß ersucht, ihm die nötigen Mittel für einen großangelegten Versuch zur Erprobung seines Telegrafen zur Verfügung zu stellen, und hatte diesbezüglich im September geschrieben: »Seit fast zwei Jahren habe ich meine ganze Zeit und meine letzten armseligen Mittel geopfert; ich lebte nur von Gaben, entsagte jeder Art von Vergnügen und verzichtete gar auf die notwendige Nahrung, nur um eine gewisse Summe aufbringen zu können, die es mir ermöglichen würde, meinen Telegrafen dem Kongreß so überzeugend vorzuführen, daß der Erfolg dieses gemeinsamen Unternehmens gesichert wäre.« Auch von privater Seite hatte er Kapital erwartet, aber niemand erklärte sich dazu bereit. Im Lauf dieses Jahres machte er sogar Isaac N. Coffin, der sich regelmäßig im Vorsaal des Kongresses aufhielt und einen gewissen Einfluß hatte, den Vorschlag, er werde ihm fünf Prozent der Kongreßanleihe abtreten, aber auch Coffin lehnte dieses Angebot ab.

Trotzdem war die Stimmung in Washington ihm gegenüber durchaus nicht unfreundlich. Die Whig-Majorität im Kongreß begünstigte jede Verbesserung im Inland und damit auch einen Versuch mit dem Telegrafen. Morses Geschäftspartner begrüßten die Tatsache, daß Präsident Tyler Demokrat geworden war, denn Smith, Morse und die beiden Vails hatten sich als aktive Demokraten betätigt. Während Richter Vail bei den letzten Wahlen für Harrison und Tyler stimmte, waren seine Söhne der Familientradition treu geblieben. Smith wurde von Tyler so freundlich behandelt, daß sich das Gerücht verbreitete, Smith werde als Generalpostmeister in das neue Kabinett eintreten. Auf dem Gebiet der einheimischen Verbesserungen verfolgte der Präsident anscheinend kein klar umschriebenes Programm. Trotz der wirtschaftlichen Depression und Tylers Sparmaßnahmen glaubte Morse, der Kongreß werde seinen Gesetzentwurf annehmen und der Präsident ihn unterzeichnen, wenn nur einer der Geschäftspartner in Washington anwesend sein könnte.

Im Herbst bat er die Vails nochmals, ihm die Mittel zur Verfügung zu stellen, damit er nach Washington gehen könne, aber sie hatten selbst kein Geld. Entgegen dem Rat seiner Söhne hatte Richter Vail sein Kapital in eine Lokaleisenbahn investiert, während sie selbst ihr Geld in den Baldwin-Lokomotivwerken festgelegt hatten, die infolge der anhaltenden Wirtschaftskrise wie alle Schwerindustrien in Schwierigkeiten geraten waren. Morse wollte Professor Fisher von der Universität New York nach Washington schicken, um den Kongreß günstig zu stimmen, aber er wußte nur zu gut, daß »sein eigener Einfluß stärker« wäre. Er hatte dort viele Freunde, verfügte über ein eigenes Talent, Unbekannte für sich zu gewinnen, und hatte ein ausgezeichnetes Gefühl für Reklame. Irgendwie gelang es ihm dann doch, das nötige Geld für sie beide aufzutreiben, so daß sie im Dezember 1842 nach Washington fahren konnten.

Ebenso wie bei der Ausstellung seiner *Kongreßhalle* vor 20 Jahren, bemerkte er, daß auch jetzt verschiedene seiner Projekte im Kapitol eine Unterkunft gefunden hatten. So benützte Edward Anthony, sein früherer Schüler, die Räumlichkeiten von Senator Bentons Sektion für »Militärische Angelegenheiten«, wo er von jedem Kongreßmitglied eine Daguerreotypie machte. Ihm selbst wurden wieder die Zimmer der Sektion »Handel«, aber diesmal auch die der Sektion »Marineangelegenheiten« zur Verfügung gestellt. Seine erste Aufgabe bestand darin, die Instrumente in den beiden Zimmern durch Drähte miteinander zu verbinden.

Schon bald hörte man das Ticken der Instrumente in den zwei Zimmern, während die Verbindungsdrähte die Gewölbe des Gebäudes verunzierten. Die Vorführungen, die vor vier Jahren einen so großen Eindruck auf die Uneingeweihten gemacht hatten, wurden jetzt wiederholt. »Kaum jemand ist geistig in der Lage«, schrieb der *National Intelligencer* in seinem Bericht über die Vorführungen, »auch nur theoretisch die gewaltigen Resultate zu ermessen, die bald erfolgen werden.« Eines Tages ließen sich zwei Abgeordnete und ein Journalist in einem der beiden

Zimmer bei Morse anmelden und begaben sich dann anschließend in das andere Zimmer. Als sie dort eintraten, gab der wachhabende Telegrafist, den sie vorher niemals gesehen hatten, ihre Namen den Anwesenden bekannt. Jedermann sei von der großen Bedeutung des Telegrafen überzeugt, schrieb der Reporter, und allein die Geldfrage für das Legen der Drähte bilde die größte Schwierigkeit. Aber der Reporter irrte sich, wenn er Erstaunen für Vertrauen hielt. Ein skeptisches Mitglied der Sektion »Handel« wollte sich nur dann überzeugen lassen, wenn Morse (zweifelsohne sehr gegen seinen Willen) folgende Meldung fehlerlos weitergab: »Tyler verdient den Galgen.« Andere Besucher waren überhaupt nicht zu gewinnen. Senator Smith aus Indiana erklärte später, er sei erstaunt gewesen, daß Morses Gesicht keine Spuren von Irrsinn gezeigt habe.

Zum zweitenmal hatte Morse die Genugtuung, daß die Sektion »Handel« ein Gutachten zu seinen Gunsten vorlegte. Im Dezember legte der New Yorker Abgeordnete Ferris dem Ausschuß eine erstaunliche Liste von Empfehlungen zur Einsicht vor, die alle Morses Erfindung betrafen, und machte den Vorschlag, 30 000 Dollar zur Verfügung zu stellen, damit man versuchsweise eine telegrafische Verbindung unter Morses unmittelbarer Oberaufsicht und der allgemeinen Leitung des Generalpostmeisters bauen könne.

Tag für Tag wartete Morse nun in der Galerie des Abgeordnetenhauses. Er fragte sich, ob sich seine Erwartungen jetzt als ebenso unberechtigt erweisen würden wie damals, als er seinen Vater, Professor Silliman und den Indianerhäuptling als Nebenfiguren derselben Galerie malte. Immer wieder betrat er die Rotunde und sah die Wandflächen, die er gehofft hatte mit seinen großen monumentalen Darstellungen bemalen zu können, und manchmal mag ihn der Gedanke gequält haben, ob John Quincy Adams, der noch immer Abgeordneter war, ihm auch jetzt wieder aus Zorn schaden werde. Vielleicht könnte sogar bei der Debatte eine neuerliche Opposition gegen seinen Nationalismus aufflackern, oder könnte das Haus, wie vor Jahren, einfach vergessen, den Gesetzesentwurf zur Sprache zu bringen. Er hoffte auf einen Sieg, hatte aber mit 51 Jahren schon so viele Enttäuschungen erlebt, daß er nicht damit rechnete. »Alles scheint günstig«, schrieb er seinen Brüdern am 6. Januar, »aber ich getraue mich nicht zuversichtlich zu sein, denn ich weiß nicht, ob sich nicht geheime Kräfte dagegen stellen. Erst dann und nicht früher werde ich an die Annahme glauben, wenn der Präsident unterzeichnet hat.«

Er versuchte Smith zu überreden, nach Washington zu kommen, um die Angelegenheit zu unterstützen. Aber Smith war mit anderen Dingen beschäftigt und erschien nicht. Als Morse erfuhr, daß Smith bestimmt nicht kommen werde, schrieb er ihm einen auffallend beherrschten Brief, in dem er sich über die Gleichgültigkeit seiner Partner beklagte.

Der einst unbeständige Schuljunge aus Andover und Yale lieferte jetzt den Beweis einer ungewöhnlichen Ausdauer. Sogar Smith mußte dies zugeben und schrieb in seinem Antwortbrief: »Seit Ihrer Rückkehr aus Europa haben Sie alle Auslagen, alle Anstrengungen, um das Ganze am Leben zu erhalten, auf sich genommen und an die Zukunft und Nützlichkeit der Erfindung geglaubt.« Von der Galerie konnte Morse beobachten, wie sich die Spannung immer mehr steigerte. Es gab viele Kongreßmitglieder, die nur das Wort ergriffen, um ihren Wählern zu schmeicheln, oder – wie Morse sich ausdrückte – »einfach nur schwatzten«, so daß seine Gesetzvorlage noch immer nicht auf die Tagesordnung gesetzt wurde. Er hörte Debatten über einen Antrag, den wankelmütigen Präsident Tyler unter Anklage zu stellen, über eine Geldstrafe gegen Andrew Jackson für seine Durchführung des Standrechts in New Orleans im Jahre 1815, über die auf englischen Schiffen durchgeführten Verhaftungen amerikanischer Sklaven aus Afrika, und er hatte den Eindruck, daß man die Zeit vergeude. Im Gegensatz zu seinem Charakter wurde er so mißmutig, daß er sich fragte, ob er richtig handle. »Ist das, was ich tue, wirklich meine Pflicht? Wenn ich bedenke, daß ich das wenige mitgebrachte Geld fast völlig ausgegeben habe, daß ich – wenn der Kongreß nichts unternimmt – von allem entblößt, meinen Freunden vielleicht wieder zur Last fallen werde, bis ich weiß, was ich anpacken soll, dann verliere ich vollkommen den Mut. Mir bleibt kein anderer Trost mehr als das Vertrauen zu Gott – und so ist es richtig.«

Seine ganze Zukunft schien von der Annahme der Gesetzesvorlage abzuhängen. Sollte sie zum Gesetz werden, schrieb er seinem Freund Cogdell, »dann habe ich die Aufgabe, mein Telegrafiesystem im ganzen Land zu organisieren, was mich für den Rest meines Lebens vollauf beschäftigen wird.« Sein Ziel war eine Lebensbeschäftigung und Anerkennung nach dieser kümmerlichen Existenz, und dann wollte er wieder neue Arbeit suchen – so glaubte er wenigstens damals, aber er vergaß, daß er vor vier Monaten feierlich versichert hatte, seine Geschäftspartner würden vergebens versuchen, ihn von der Malerei loszureißen, wenn sein Telegraf einmal Wirklichkeit geworden sei. »Meine Lebensgeschichte stellt eine Reihe von Konflikten, Enttäuschungen, Kämpfen und Erfolgen dar«, sagte er zu Cogdell, »aber wer kann in irgendeiner Form ohne diese Dinge auskommen?«

Morse übte sich in Resignation, aber seine Reizbarkeit ließ nicht nach. Es war leichter zu sagen: »Dein Wille geschehe« als davon überzeugt zu sein, und er wußte, daß er nur teilweise davon überzeugt war. Die Ungewißheit wurde immer unerträglicher für ihn, vor allem weil er wußte, daß das Ende der Sitzungsperiode, der 3. März, näherrückte.

So gingen die Tage dahin, und schließlich blieben nur noch acht Tage bis zum Abschluß der Sitzungsperiode. Und auf der Senatsagenda standen noch unzählige unerledigte Punkte. Es gab zwei Möglichkeiten: Entweder der Gesetzentwurf wurde in letzter Lesung abgelehnt, oder er kam überhaupt nicht zur Debatte. Als der letzte Sitzungstag gekommen war, hatte der Gesetzentwurf noch mindestens 140 andere vor sich.

Seinen späteren Aufzeichnungen zufolge war Morse an diesem 3. Mai den ganzen Tag im Senat. Als die Lampen angezündet wurden, glaubte er, daß sein Entwurf vor Sitzungsschluß nicht mehr an die Reihe kommen könne. Er befragte seine Senatsfreunde, die ihm sagten, er solle sich auf jede Enttäuschung vorbereiten. Da er die Spannung nicht länger ertragen konnte, ging er in sein Hotelzimmer, fest davon überzeugt, daß sein Entwurf durchgefallen sei, daß er ohne Aussicht auf irgendeine Arbeit nach Hause zurückkehren müsse und ein ganzes Jahr nichts unternehmen könne, um seine große Erfindung der Menschheit dienstbar zu machen. In seinem Hotel machte er die Entdeckung, daß er nach Bezahlung seiner Rechnung gerade noch die Rückfahrkarte nach Hause bezahlen könne und ihm dann noch 37 und ein halber Cent übrigblieben. Auch erinnerte er sich später, daß er voll Gottvertrauen all seine Sorgen von sich abschüttelte und wie ein Kind einschlief.

Als er am nächsten Morgen in das Frühstückszimmer ging, meldete ihm ein Diener, ein junges Mädchen habe nach ihm gefragt. Es war Annie Ellsworth, die Tochter des Patentvertreters, von der sogar Morses Tochter glaubte, sie sei mit ihrem Vater verlobt. Er äußerte sein Erstaunen über ihren so frühen Besuch.

»Ich bin gekommen, um Ihnen zu gratulieren«, sagte sie.

»Wozu?«

»Weil Ihr Gesetzentwurf angenommen wurde.«

»Aber nein, mein liebes Fräulein, da irren Sie sich. Ich war noch im Senatssaal, als die Lampen angezündet wurden, und meine Senatsfreunde versicherten mir, daß mein Antrag keine Aussicht hätte, in dieser Session noch behandelt zu werden.«

»Aber dann irren Sie sich. Papa war dort, als die Sitzung um Mitternacht vertagt wurde, und hat selbst gesehen, daß der Präsident Ihren Entwurf unterzeichnete. Ich habe Papa gebeten, es Ihnen mitteilen zu dürfen, und er war damit einverstanden. Dann bin ich die erste, von der Sie es hören?«

Einen Augenblick lang konnte Morse nicht sprechen. Dann sagte er schließlich: »Ja, Annie, Sie sind die erste, die es mir mitteilt. Jetzt aber werde ich Ihnen etwas versprechen: Die erste telegrafische Meldung werden Sie aufsetzen, sobald die Linie zwischen Washington und Baltimore hergestellt ist.«

Es ist nicht sicher, ob diese nette Geschichte auf Wahrheit beruht; wie dem auch sei, Morse hatte gesiegt. »Es wird Sie zweifellos freuen, zu erfahren, daß mein Gesetzentwurf ohne Spaltung und ohne Gegenstimmen vom Senat genehmigt wurde, so daß jetzt das Telegrafieunternehmen einer besseren Zukunft entgegengeht. Sehr gerne möchte ich Sie nach meiner Rückkehr in New York treffen, was wahrscheinlich in den letzten Tagen der nächsten Woche der Fall sein wird. Ich habe noch andere Briefe zu schreiben und bitte Sie daher, die Kürze zu entschuldigen; aber mag der Brief auch kurz sein, er ist wenigstens erfreulich.«

Einige Tage später lieh sich Morse bei seinem früheren Daguerreotypieschüler, Edward Anthony, 50 Dollar aus und kaufte sich einen Rock und eine Hose. Er hatte jetzt Kredit.

21 »Was Gott erwirkt hat«

Wie jeder neuernannte Beamte wurde auch Morse als neuer Oberinspektor für Telegrafie in Amerika mit Anfragen um Hilfe und Protektion bestürmt. Obwohl seine Geschäftspartner für das Inkrafttreten des Telegrafengesetzes nur wenig beigesteuert hatten, fanden sie sich bereits am 21. März in New York ein, um eine Konferenz abzuhalten und den Geschäftsgang zu beschleunigen.

Inzwischen hatte Morse bereits den Mann zu Rate gezogen, der die 30000 Dollar für den Telegrafen zu verwalten hatte, den Finanzminister Spencer. Von seinen zwei Methoden, die Drähte zu legen, worüber er Minister Woodbury bereits 1837 brieflich berichtete, bevorzugte er jetzt, wie er Minister Spencer mitteilte, die Untergrundleitung. Seinen späteren Erklärungen zufolge hatte er sich dafür entschieden, weil er glaubte, es sei billiger, und weil er gehört hatte, daß Wheatstone bereits eine Untergrundleitung von 45 km in England mit Erfolg benutzte. Aber es ist nicht sicher, ob es ihm bekannt war, daß Wheatstone auch Telegrafenstangen verwendete. So sah Morse für die Telegrafenlinie von Washington nach Baltimore 600 km Bleiröhren vor, die die elektrischen Kabel in der Erde schützen sollten.

Morse hatte die Unterstützung von Minister Spencer, als es auch darum ging, daß seine Mitarbeiter als Inspektoren angestellt wurden. Die Professoren Gale und Fisher erhielten eine Anstellung als Inspektoren, ebenso Vail. »Fog« Smith blieb ohne Staatsgehalt, so daß er in der Folgezeit immer hinterhältiger agierte und Morse zu eliminieren suchte.

Ezra Cornell, später Gründer der Universität Cornell und einer der größten Besitzer von Telegrafenlinien, hatte eine Maschine für das Verlegen der Röhren erfunden. Cornells Wunderpflug legte die Röhren so rasch, daß die Bleigießer, die die Enden aneinanderlöten mußten, nicht nachkommen konnten. Die Folge davon war, daß Cornell mit seiner

Rohrleitung nur noch zwölf km von Baltimore entfernt war – nächst dem Baltimore-Ohio-Depot in Relay, Maryland –, als Vail und seine Elektriker feststellen mußten, daß die Serrel-Röhren, deren Herstellungsverfahren die Gesellschafter begutachtet hatten, mangelhaft waren. Gerade in dem Augenblick, da das Unternehmen einen guten Anlauf zu nehmen schien, drohte es wie eine lächerliche Angelegenheit zu scheitern.

Eines Tages besichtigte Morse das Gelände, wo Cornell seinem mit acht Ochsen bespannten Pflug folgte. Er ging auf ihn zu und fragte ihn: »Könnten Sie vielleicht einen annehmbaren Grund finden, um die Arbeit für einige Tage einzustellen? Ich möchte erst noch einige neue Versuche anstellen, bevor weitere Röhren gelegt werden, und möchte vor allem vermeiden, daß die Zeitungen von der absichtlichen Arbeitseinstellung erfahren.«

Cornell wußte, daß der Draht nicht ordentlich isoliert war. Er hatte bereits einen diesbezüglichen Einspruch erwartet und erklärte: »Das werde ich schon richten.« Darauf ging er zu den Ochsentreibern und sagte: »Hallo, Jungens, treibt die Ochsen an, wir müssen noch eine andere Rohrleitung legen, bevor wir abrechnen!« Die Treiber ließen ihre Peitschen knallen, und der Pflug durchschnitt die Erde, rollte die nicht benötigten Röhren von der Spule, legte sie in die Erde und überdeckte sie wieder mit Erde. Inzwischen wartete Cornell auf eine günstige Gelegenheit, und während Morse zuschaute, versetzte er seinem Pflug einen derartigen Stoß, daß er an einem Felsen anschlug und in Trümmer ging.

Morse hatte Zeit gewonnen und hoffte, von seinen Plänen zu retten, was noch übriggeblieben war. Das Herstellungsverfahren des Serrel-Fabrikats ging folgender Art vor sich: Über ein dünnes Rohr, in dem sich die vier Drähte befanden, wurde mittels einer Spindel ein leichter Bleischutz gezogen; bei den Tatham-Röhren jedoch wurden die Drähte, während das Rohr noch heiß war, eingezogen. Morse erkundigte sich bei Professor Fisher, der für die Überprüfung der Serrel-Röhre verantwortlich war, ob das Tatham-Fabrikat auch gewissenhaft überprüft wurde.

Vail und Morse waren sich einig, daß sowohl das eine als auch das andere Herstellungsverfahren nicht richtig sein dürfte, meinten aber auch, Fisher hätte diese Mängel schon längst entdecken müssen. Sie schienen nicht an die Möglichkeit gedacht zu haben, daß die Überprüfungsmethode selbst mangelhaft sein könnte. Nun folgten peinliche Besprechungen im Relay House in Relay, Maryland, wo Morse, Vail und Smith vorläufig wohnten. Morse entließ Fisher.

Zur gleichen Zeit, als Morse Professor Fisher entließ, verlor er auch einen anderen Mitarbeiter. Gale zog sich von der Telegrafie zurück, weil man ihn, wie er behauptete, infolge der Erkrankung seines Schwiegervaters dringend als Oberinspektor in der New Yorker Fabrik benötigte. Gale genoß auch weiterhin Morses Vertrauen, nur konnte dieser gerade im kritischsten Augenblick des Unternehmens nurmehr mit Vail und Smith rechnen. Aber auch Smith ging bald weg.

Als die mangelhafte Beschaffenheit der Röhren offensichtlich zutage getreten war, scheute sich Morse wiederum, diesen Fehler einzugestehen. Ohne einen Grund anzugeben, schrieb er Smith, er habe die Erdarbeiten bis zum Frühjahr zu unterbinden, mit Ausnahme einer kleinen Strecke in der Nähe des Kapitols, damit der Kongreß den Telegrafen in Funktion sehen könne. Aber Smith lehnte dies ab. Er drohte, Schadenersatzansprüche zu stellen, und wollte Morse sogar dazu zwingen, vom Finanzminister einen Vorschuß von 5000 Dollar zu verlangen.

Morses scharfe Reaktion rechtfertigt die Annahme, daß er Smith schon die längste Zeit für einen Schwindler hielt. Vorerst hatten sie über den Originalvertrag von Bartlett gestritten sowie über die Verteilung der Vorteile, die dem neuen Vertrag mit den Tathams zu verdanken waren. In seinem großen Schrecken über die schlechte Qualität der Röhren und mit den unsicheren Aussichten für die Zukunft hatte er sich zu einer offenen Anklage hinreißen lassen. Tatsächlich hatte der lebenslängliche Kampf zwischen den Partnern bereits angefangen, als das erste Geld greifbar war, worüber sie streiten konnten. Smith »scheint vollkommen rücksichtslos und handelt wie ein Irrsinniger«, schrieb Morse seinem Bruder, und wozu das alles ...? Er will an dem Vertrag profitieren.

Allmählich fanden auch scharfe Bemerkungen über das Unternehmen ihren Weg in die Tagespresse: Es wurde über den Bartlett-Vertrag gestritten; der Vertrag der Gebrüder Tatham war auf Morses Anordnung verletzt worden, weil sie die Lieferung ihrer fehlerhaften Röhren einstellen mußten; Gale hatte sich zurückgezogen, Fisher war entlassen worden, und Smith entpuppte sich als Wucherer. Aber was Morse am meisten geschmerzt haben muß, war die Tatsache, daß Vail gerade jetzt um Gehaltserhöhung ersuchte und kein Vertrauen mehr zeigte.

Morse lebte unter einem Alpdruck von Unsicherheit. Er hatte die Hoffnung aufgegeben, die Untergrunddrähte noch verwenden zu können, selbst wenn ihm genügend Geld übrigblieb für das Reparieren und Legen der Leitung. In seiner Angst, die Gerüchte über den Fehlschlag könnten das ganze Unternehmen zu einem öffentlichen Belustigungsobjekt machen, so daß es unmöglich wäre, die Sache weiterzuführen, auch wenn die technischen Schwierigkeiten eine Lösung gefunden hätten, schrieb er einen vorsichtigen Brief an das *Journal of Commerce*. Aber er konnte weder aufrichtig die Wahrheit gestehen, noch war es ihm möglich, die Aufmerksamkeit durch die Bekanntgabe neuer Pläne abzulenken; er hatte keine neuen Pläne. Bis jetzt gäbe es keine internen Schwierigkeiten, schrieb er, nur die späte Saison verhindere die weitere Arbeit.

In dieser »dunkelsten Stunde«, wie er später seinem Bruder schrieb, genoß Morse weiterhin das Vertrauen von Minister Spencer. Als der Erfinder ihn bat, Cornell als seinen Assistenten mit einem Jahresgehalt von 1000 Dollar anzustellen, erklärte sich der Minister mit diesem Vorschlag einverstanden.

Morse und Smith bemühten sich nicht, »ihre gegenseitigen Beziehungen« auf freundschaftlicher Basis weiterzuführen. Im Gegenteil, Smith eröffnete eine ständige Kampagne, um seinen Geschäftspartner herabzusetzen. Wenn Morse jemals über den Charakter dieses Mannes im unklaren war, so wußte er jetzt Bescheid. So erzählte Smith Minister Spencer, Morse habe versucht, die Regierung mit dem Tatham-Vertrag zu übervorteilen, dem nämlichen Kontrakt also, wobei Morse seine Hälfte der Einsparung der Regierung zur Verfügung stellte, während Smith die andere Hälfte ruhig einsteckte, ja Smith drohte sogar, den Vertrag dem Kongreß zur Kenntnis zu bringen. Als Gesellschafter des Telegrafenunternehmens teilte er Morse mit, er protestiere gegen die Bezahlung einer Regierungszulage an Vail, weil dieser – aufgrund des ursprünglichen Gesellschaftsvertrags – seine Dienste unentgeltlich zur Verfügung gestellt habe, bis das Patent verkauft sei. Auch setzte er die übrigen Geschäftspartner in Kenntnis, daß die Telegrafenlinie unmöglich aus der Anleihe des Kongresses bestritten werden könne. Da er der Meinung war, Morse noch zu wenig aufgebracht zu haben, belastete er den Erfinder aufgrund ungenauer Angaben mit den Kosten der Europareise 1838/39, obwohl Smith vertraglich zur Bezahlung verpflichtet war. Morse verteidigte sich mit einer geschickten Erwiderung und verlangte eine angemessene Vergütung für seine Dienstleistungen in Europa, weil er sich dort – auf Smiths ausdrücklichen Wunsch – länger aufgehalten hatte, als im Vertrag vorgesehen war. Daraufhin beschuldigte Smith ihn der Undankbarkeit, aber Morse antwortete erbittert, diese Anschuldigung zeige wenig Takt aus dem Mund eines Mannes,

»der in den Stunden meiner schwersten Kämpfe keine Gelegenheit ausließ, mich auszuschalten, zu ruinieren und zu quälen«.

Da Morse den Eindruck hatte, daß Smith lediglich auf eine Beleidigung wartete, beschloß er, nur mehr schriftlich mit ihm zu verkehren. Leider blieb die Verbindung auch weiterhin erforderlich, weil es nicht möglich war, Smith als Geschäftspartner auszuschließen, solange das Patent noch bestand. »Fog« Smith war wie der Nebel (engl. fog) im Hafen von Portland: kalt, rücksichtslos, durchdringend. Sogar die liebevolle Aufnahme durch seine Freunde, den Patentvertreter Ellsworth, seine Frau und seine Tochter Annie, in deren Haus Morse jetzt wohnte, konnte die schreckliche Qual nicht ausschalten. Wie so oft in tiefster Not, wurde Morse auch jetzt krank.

Als das Untergrundprojekt fallen gelassen wurde, waren bereits 23 000 Dollar von der 30 000-Dollar-Anleihe verbraucht worden, und sicher waren Smith und Vail nicht die einzigen, die Morses Reizbarkeit noch verstärkten, indem sie prophezeiten, die Linie könne ohne neue Zuwendungen unmöglich vollendet werden. Aber Morse hegte die immer steigende Hoffnung, daß es mit Hilfe eines neuen Verfahrens möglich sein müsse, das Werk mit den noch vorhandenen Mitteln zu beenden. Um Geld zu sparen, gab er im Februar sein Telegrafenbüro im *Observergebäude* in New York auf.

Inzwischen suchte Cornell einen Weg, den fehlerhaften Draht, der im Keller des Patentamts gelagert war, noch zu retten. Deshalb lasen Vail und Cornell sämtliche Veröffentlichungen über die europäische Telegrafie, die sie in der Kongreß- und Patentamtsbibliothek finden konnten. Eines Tages entdeckte Vail in einer englischen Zeitung die Mitteilung, Wheatstone und Cooke wären mit ihren Untergrundleitungen auf Schwierigkeiten gestoßen und hätten daraufhin die Drähte an Masten befestigt. Vail war es auch, der Morse von der Bedeutung seiner Entdeckung überzeugte. Die Idee einer Umstellung auf Telegrafenstangen wird Morse bestimmt schon früher beschäftigt haben, aber er verwarf sie immer wieder, weil er glaubte, daß Wheatstone das Untergrundverfahren für einwandfrei hielt. Cornell zufolge war er vor Ende März einverstanden, den Plan zu ändern, tatsächlich veröffentlichte er bereits am 7. Februar in den Zeitungen von Washington eine Anzeige für den Ankauf von 700 Pfählen.

Unter Cornells und Vails Aufsicht zog man nun den Draht aus den fehlerhaften Röhren, das Rohr wurde verkauft, und der Draht mit gummiimprägnierter Baumwolle umwickelt und aufgerollt.

Mitte März wurden entlang der Eisenbahnlinie nördlich von Washington Löcher gegraben. In seiner naiv optimistischen Art glaubte Morse, daß er die ersten Telegrafenmasten in der amerikanischen Geschichte aufstellen ließ, und wieder war er glücklich in seiner Unwissenheit. In den Jahren 1826 oder 1827 hatte Dyar bereits Telegrafenstangen auf Long Island aufgestellt. Aber sein Telegraf krankte an chemischen Zersetzungserscheinungen, so daß der Versuch vorzeitig aufgegeben werden mußte. Ungefähr im April wurden Morses Masten für den ersten elektromagnetischen Telegrafen in der amerikanischen Geschichte errichtet. In einer langen Reihe standen sie entlang der Eisenbahnlinie und bildeten eine Silhouette, die jedem bald vertraut werden sollte. Es war, als ob die Masten aus dem Boden schossen; verwendet wurden Kastanienstämme mit der Rinde, ungefähr sieben Meter hoch und sechzig Meter voneinander entfernt. Während Vail hinter den Kulissen mit großer Begeisterung sich seiner Mineraliensammlung widmete und der Krieg zwischen Morse und Smith tobte, erhoben sich entlang der Eisenbahnlinie die Symbole des nahenden Sieges.

Am 9. April erreichte die Verbindung mit zwei Drähten nördlich von Washington eine Länge von neun km, und auf eine telegrafische Anfrage vom einen Ende der Linie kam in zwei oder drei Sekunden die Antwort aus Washington. Als die Verbindung einige Tage später bis zu 16 km verlängert wurde, erzählte Morse einem Reporter, er habe sich bereits so sehr an telegrafische Gespräche mit seinen Mitarbeitern gewöhnt, daß er manchmal unbewußt laut mit ihnen zu sprechen beginne.

Es war ein Glücksfall für die Telegrafie, daß sowohl die Whigs als auch die Demokraten ihren nationalen Parteikongreß in Baltimore abhielten. Mit seinem feinen Gefühl für Reklame ahnte Morse die dramatischen Spannungen, die sich bei einem Wettstreit zwischen dem Telegrafen und der Eisenbahn entwickeln könnten, denn beide würden als erste die Resultate berichten wollen.

Als am 1. Mai der Kongreß der Whigs eröffnet wurde, hatte die Drahtverbindung den Eisenbahnknotenpunkt Annapolis, ungefähr 30 km vor Washington, erreicht. Sobald die Nachrichten aus Baltimore in Annapolis per Bahn angelangt wären, müßte Vail sie sofort telegrafisch an Morse ins Kapitol weiterleiten.

Um halb vier traf in Annapolis ein Zug mit Delegierten aus Baltimore ein. Sie riefen: »Dreimal Hoch für Clay!« Nun hatte die Ernennung von Clay zum Präsidenten nichts Überraschendes – denn jeder hatte dies erwartet –, um so mehr aber die Wahl von Theodor Frelinghuysen zum Vizepräsidenten, weil dieser nur wenig bekannt war. Und während sich die Reisenden über Vails Kinderspiel lustig machten, kabelte er den Bericht an Morse.

Nur wenige Menschen waren bei Morse in seinem Kapitolzimmer, als dieser Bericht sich auf einem schmalen Streifen vor ihm abrollte. Einem Augenzeugen zufolge erhob er sich, sobald das Ticken aufgehört hatte, und sagte:»Der Kongreß wurde vertagt. Der Zug von Baltimore nach Washington hat gerade mit wichtigen Informationen den Eisenbahnknotenpunkt Annapolis verlassen, und mein Mitarbeiter hat mir die Wahlergebnisse telegrafiert.« Dann machte er eine Pause. »Gewählt wurden Clay und Frelinghuysen.«

Die wenigen Anwesenden neckten ihn: »Auch keine Kunst, wenn Sie behaupten, daß Clay als erster gewählt wurde«, sagte einer. »Aber Frelinghuysen – wer zum Teufel ist Frelinghuysen?«

Morse soll darauf geantwortet haben:»Ich weiß nur, daß es aus Annapolis telegrafiert wurde, wo mein Mitarbeiter diese Nachricht vor einigen Minuten erhalten hat.«

Es ist kaum anzunehmen, daß Morse so gesprochen hat, denn er wußte sehr gut, wer Frelinghuysen war. Er war nicht nur ein bekannter Nationalist, sondern auch Kanzler der Universität New York, wo Morse noch immer Professor war. Glücklicherweise haben wir verläßlichere Nachrichten über andere, noch größere telegrafische Erfolge.

Aber trotz dieses kleinen Sieges fiel es Morse und Vail schwer, miteinander auszukommen. »Professor Morse ist so schrecklich launenhaft und immer fällt ihm etwas Neues ein«, schrieb Vail einen Tag nach der Berichterstattung über den Parteikongreß der Whigs. »Er ist unbeständiger als der Wind und scheint manchmal außerordentlich naiv zu sein. Das eine Mal ist er himmelhoch jauchzend und dann wieder zu Tode betrübt. Man muß sehr viel Geduld aufbringen, um mit ihm auszukommen.«

Aber so oft sich der Erfinder in Gedanken mit Smith befaßte, war er verzweifelt. »Professor Morse ist wiederum niedergeschlagen«, vermerkte Vail in seinem Tagebuch einige Tage später. »Er behauptet, Smith erlaube ihm nicht, weitere Schritte beim Kongreß für eine neue Anleihe zu unternehmen. Professor Morse will den Lauf der Dinge nicht beeinflussen. Mag er das Patent ruhig erlöschen lassen, es der Regierung übergeben und ihn auszahlen. Weder Professor Gale noch ich werden Ansprüche an ihn stellen. Aber er will Smith keinen Cent geben.«

Ungefähr am 24. Mai war die Telegrafenlinie im Rahmen der Kongreßanleihe fertiggestellt und funktionierte einwandfrei. Jetzt war für Morse die Zeit gekommen, das Annie Ellsworth gegebene Versprechen zu erfüllen. Bei der Wahl der ersten offiziellen Meldung, die sie über die erste interurbane elektromagnetische Telegrafieverbindung der Welt senden wollte, hatte sie ihre Mutter zu Rate gezogen.

Annie hatte einen Spruch aus der Prophetie des alten Weissagers Balaam gewählt. Kurz nachdem die Juden Ägypten verlassen hatten, lagerten sie im Jordantal. Über ihnen auf einem Berg stand neben einem Brandopfer der feindliche König, der Balaam zwingen wollte, einen Fluch gegen sein eigenes, im Tal gelagertes Volk auszusprechen. Aber Balaam weigerte sich und sprach die Weissagung:

Nicht Zauberei ist in Jakob,
Nicht Wahrsagerei in Israel,
Zu seiner Zeit wird man von Jakob
Sagen und von Israel:
»Was Gott erwirkt hat!«

Dann wurde eine kleine Gesellschaft von Morse in den Saal des Obersten Gerichtshofes im Kapitolgebäude eingeladen. Seine Instrumente standen bereit. Fräulein Annie übergab ihm die von ihr gewählten Worte, und in der Morseschrift leitete er diese Meldung weiter, die der Welt verkündigte, daß der Morsetelegraf Wirklichkeit geworden war. Noch am selben Tag schrieb Morse seinem Bruder eine kurze Zusammenfassung dieser Begebenheit:

Washington, den 24. Mai 1844

Lieber Sidney!

Wäre es Dir nicht möglich, einen kurzen Bericht über den Telegrafen in allgemeinverständlicher Form im »Journal of Commerce« zu veröffentlichen? Zum Beispiel folgendes:

GROSSER ERFOLG DES ELEKTROMAGNETISCHEN TELEGRAFEN

»Die Telegrafieversuche nach dem System von Professor Morse, denen man im ganzen Land das größte Interesse entgegenbrachte und die unter dem Schutz der Regierung zwischen Washington und Baltimore getätigt wurden, haben – wie wir zu unserer Freude erfahren – zu einem restlosen Erfolg geführt. Am Freitag, dem 24. d. M., wurde die erste Meldung von Washington nach Baltimore unter nachstehenden Umständen gekabelt: Nachdem sich Prof. Morse im Lauf der letzten Sitzung bemüht hatte, seine Erfindung beim Kongreß durchzusetzen, war es die Tochter des bekannten Patentvertreters, die ihm als erste mitteilte, daß sein Gesetzentwurf angenommen sei. Aus Dankbarkeit für diese äußerst erfreuliche Mitteilung versprach ihr Professor Morse, daß sie den ersten Spruch, der von Washington nach Baltimore gesendet werden sollte, selbst verfassen dürfe. Bei der Erfüllung seines Versprechens kabelte er nachstehenden Ausspruch Buchstabe für Buchstabe innerhalb einer Minute, und der nämliche Spruch wurde nochmals innerhalb einer Minute von Baltimore zurückgekabelt: ›Was Gott erwirkt hat.‹ Nichts war den Umständen mehr angepaßt als dieser fromme Ausruf, denn in diesem Augenblick war eine Erfindung, die so große Wunder wirkte und die man so stark angezweifelt hatte, aus dem Reich der Träume verschwunden und Wirklichkeit geworden…«

Er selbst glaubte, daß der Himmel ihn gesegnet und als Instrument der göttlichen Offenbarung auserwählt habe; und je mehr Menschen sich erhoben, um ihm einen Teil der göttlichen Begünstigungen wegzuschnappen, desto mehr war er davon überzeugt.

Der Telegraf war eine Sensation geworden. Hunderte von Menschen quälten Vail, sein Büro betreten zu dürfen, nur damit sie sagen konnten, den Telegrafen gesehen zu haben. Die größte Freude jedoch erlebte Morse in Washington, als das Kongreßmitglied Cave Johnson von Tennessee, der seinerzeit den Antrag gestellt hatte, Morse solle die Staatsanleihe mit einem Mesmeristen teilen, auf ihn zuging und ihm sagte: »Mein Herr, ich gebe mich geschlagen; es ist eine erstaunliche Erfindung.«

Die Meldungen über die Wahlresultate sowie über die Rolle des Telegrafen bei der Weiterleitung dieser Ergebnisse fanden jetzt den Weg in die Presse des ganzen Landes. Es kam Morse vor, als ob er kaum eine Zeitung in die Hand nehmen könne, ohne auf irgendeine schmeichelhafte Bemerkung über den Telegrafen zu stoßen. In einem New Yorker nationalistischen Blatt las er die stolze Notiz des Herausgebers, daß der Mann, »dessen Errungenschaften ihm einen unerhörten Ruf mit der Schnelligkeit des Lichts einbringen werden, ein amerikanischer Staatsbürger ist – ein New Yorker –, aber vor allem eine hervorragende Persönlichkeit… die sich mit dem frühesten Aufbau und der Organisation der Nationalamerikanischen Partei identifiziert hat.« Und der *New Yorker Herald* erklärte, man befaßte sich in Washington während der Tagung praktisch mit keiner anderen Sache als mit dem Lesen von »Professor Morses Bulletin«, während *Herald* schrieb: »Sein Telegraf ist nicht nur ein Meilenstein in der Nachrichtenvermittlung, sondern hat auch im menschlichen Geist… eine neue Bewußtseinsform hervorgerufen.« Der Telegraf, so bemerkte ein Blatt aus Utica, habe in Washington wie »ein *elektrischer* Schock« gewirkt und sei »unstreitig die größte Erfindung dieser Zeit«. Obwohl Morse schon vor zwölf Jahren behauptet hatte, daß der Telegraf die Welt in Erstaunen versetzen werde, waren die meisten Menschen erst jetzt davon überzeugt, daß es kein Betrug war. Die Whigs und Demokraten, die Morse im Kapitol bestürmten, waren, wie die *National Intelligencer* sich ausdrückte, wenigstens in diesem Punkt einig, daß sie »sich über den Telegrafen freuten und ihn gleichzeitig bewunderten«.

Viele Amerikaner waren stolz auf ihre Erfindergaben und auf ihre Begeisterung, neue Wege zu gehen, aber vor zwölf Jahren war ihnen »die größte Erfindung dieser Zeit« noch ganz unbekannt. Ja, zwölf Jahre hatten sie gebraucht, und viele von ihnen waren jetzt erst aufgewacht, um sich zu wundern. Jetzt drängten viele Amerikaner unaufhaltsam in westliche Richtung, um denen das Land zu entreißen, die sie minderwertige Völker nannten. Aber vor zwölf Jahren war bereits ein Instrument in Vorbereitung, das dem Drang nach Westen hätte Einhalt gebieten können. Es wagte fast noch niemand, für diese Entdeckung Geld zu investieren. Vorläufig wunderten sich die Amerikaner noch. Aber kaum waren sie sich bewußt, daß das größte Verdienst der Telegrafie darin bestehen würde, die Schranken zwischen den Völkern aufzuheben, schickten sie sich schon an, den Erfinder als amerikanischen Helden auszurufen.

Auch der Erfinder selbst hatte – allerdings auf seine Art und Weise – Grund genug, sich zu wundern. War es nicht merkwürdig, daß er, ein Künstler, auserwählt wurde, den Menschen die Bedeutung der Elektrizität zu offenbaren? Wie wunderbar war es doch, daß er ausersehen war, die Verwendung jenes irritierenden »Fluidums« zu lehren, das den Griechen bereits bekannt war, als sie Bernstein magnetisierten, das aber noch niemals für den täglichen Gebrauch angewendet wurde. »Was Gott erwirkt hat!« Wie Jahve einmal durch Israel gewirkt hatte, so wirkte Er jetzt durch ihn.

22 Im Kampf um den Ruhm

Allein schon das Bewußtsein, für die Versuchslinie die Verantwortung zu tragen, untergrub Morses sonstige Genialität. Ohne viele Umstände hatte er Fisher entlassen und sich mit Smith in einen ungleichen, aber mutigen Kampf eingelassen. Mit Vail konnte er noch am besten auskommen, aber kaum waren sie beide in das Scheinwerferlicht der Öffentlichkeit getreten, kam auch leider für Vail die unglückliche Zeit, da er über die Beweggründe seines Freundes nachzugrübeln begann. Aber mit der Weisheit eines Mannes, der die Menschen von verschiedenen Seiten kennengelernt hatte, war sich der Erfinder der Gefahren bewußt, die ihn bedrohten.

Während Vail und Gale daran interessiert waren, jede Art geschäftlicher Verantwortung loszuwerden, war dies bei Smith ganz anders. Er träumte von einem Schlaraffenland und wollte mit der Regierung Verträge über den Bau von Telegrafenlinien abschließen. Vail, Morse persönlich sowie Gales Vertreter protestierten energisch gegen sein Vorhaben. Smith könne zwar für den Bau von Telegrafen in gewissen Gebieten Verträge abschließen, aber wenn solche zustande kämen, würden sie keinerlei Verantwortung, weder eine finanzielle noch moralische übernehmen. Statt dessen machten sie ihm verschiedene Vorschläge:

1. Wir beantragen, das ganze Patent der Regierung für eine bestimmte Summe zu verkaufen.
2. Wir wollen der Regierung den Gebrauch des Telegrafen für ihre eigenen Zwecke abtreten und behalten uns die Entscheidung vor, gewisse Rechte an andere zu verkaufen.
3. Wir wollen das Recht, auf eine Linie pro Meile zu einem bestimmten Preis verkaufen zu können.
4. Wir lassen der Regierung freie Hand, auf einer gewissen Strecke eine Linie zu bauen, und überlassen es der Regierung, zu bestimmen, welche Vergütung sie uns für die Benutzung geben will.

Es wurden Verhandlungen mit der Regierung angeknüpft, in deren Verlauf eine vom Kongreß eingesetzte Kommission die Angelegenheit untersuchte. Cornell und Smith legten Kostenvoranschläge für den Bau einer Telegrafenlinie, pro Meile berechnet, vor, aber leider stimmten die Ziffern nicht überein. Smiths Kalkulation war höher, und wieder drohte ein Kampf zwischen ihm und Morse.

Die Verhandlungen mit der Regierung zogen sich in die Länge, und der Kongreß wurde bis zum Frühjahr 1844 vertagt, ohne Stellung genommen zu haben. Obwohl die Eigentümer immer noch auf einen Ankauf durch die Regierung hofften, suchten sie jetzt notgedrungen Kontakt zu Privatunternehmen.

Sie erhielten zwei Angebote, J. Reese Fry und Edward Fry, die Herausgeber des *North America* aus Philadelphia, schlugen den Bau einer Linie von Philadelphia nach New York vor. Während die Verhandlungen mit den Frys noch andauerten, befaßte sich Morse mit dem Angebot eines Vertreters aus Baltimore, ihm seinen Patentanteil für 100 000 Dollar zu verkaufen, zuzüglich 10 000 Dollar Verkaufsprovision für den Vertreter. Er schrieb darüber an Smith: »Ich bin mir wohl bewußt, daß dies kein Wertmesser für das Ganze ist, ja es ist nicht einmal die Hälfte von dem, was ich haben könnte. Aber weil ich geistig unabhängig sein möchte, um mich meinen Aufgaben als Oberinspektor und der Verbreitung des Systems widmen zu können, ohne die belastenden Geschäftsdetails, und mein Werk vollenden will, bin ich bereit, auf die Aussicht einer größeren, aber späteren Vergütung zu verzichten.« Ohne Zweifel wollte er sich jetzt von geschäftlichen Sorgen befreien, aber nicht, um zur Malerei zurückzukehren, sondern um seinen Telegrafen auszubauen. Er war ohne weiteres zu jedem Opfer bereit, um seine Freiheit zu erringen. Einige Wochen später lehnte Vail es ab, seine beiden Sechzehntelanteile für beinahe 50 000 Dollar zu verkaufen, wogegen Morse, im selben Verhältnis, für seine neun Sechzehntel nur doppelt so viel wie Vail verlangte. Die Vails kamen überein, einem weit vorausblickenden Käufer aus Baltimore ein Angebot zu machen, ohne Morse davon etwas zu sagen. Andererseits versuchten Alfred Vail und Morse, Smith nicht wissen zu lassen, daß Gale beabsichtigte, seinen Anteil an Henry Rogers zu verkaufen. Aber alle diese Pläne scheiterten, und die Eigentümer gerieten wieder in eine Flut von Verdächtigungen.

Am 4. März 1845 schließlich machte ein früherer Generalpostmeister Morse das Angebot, ihm die ganze geschäftliche Verantwortung abzunehmen.

Kendall bot sich an, Morses Telegrafenrechte gegen eine Vermittlungsprovision von zehn Prozent entweder an den Staat oder an kapitalkräftige Geschäftsleute zu verkaufen. In diesem Kendall sah Morse einen Mann, dem er Vertrauen schenkte.

Kendalls frühere Laufbahn bildete eine auffallende Parallele zu Morses eigenem Leben. Auch er hatte bereits in seinen jüngeren Jahren die Geografiebücher von Morses Vater gelesen, er hatte eine Pumpe erfunden, sich vom Föderalismus und dessen Anhängern gelöst und im Herbst 1818 eine Frau geheiratet, die einige Jahre später starb und ihn mit einigen Kindern zurückgelassen hatte. Ebenso wie Morse war auch Kendall in Massachusetts in einem kongregationalistischen Milieu geboren, hatte den Kongregationalismus zugunsten einer anderen kolonistischen Sekte aufgegeben und blieb sein ganzes Leben ein erbitterter Anti-Unitarier.

Kendall war Jurist, und seine Ansichten über die Zukunft der Telegrafie waren grundverschieden von denen des damaligen Generalpostmeisters Cave Johnson. Kendall vermutete, daß der Telegraf für alle Blätter mit einem weitverzweigten Leserkreis, wie *National Intelligencer* und *Journal of Commerce,* den Tod bedeuten würde. Seines Erachtens müßten sie sich auf die Stadt beschränken, die sie herausgibt, weil die Provinzblätter bereits auf telegrafischem Weg ihre Nachrichten erhalten hätten, bevor die Großstadtblätter per Eisenbahn angekommen wären.

Nachdem sich der Kongreß sogar die Möglichkeit hatte entgehen lassen, eine Telegrafenlinie nach New York zu legen, beschloß Morse, seine Rechte diesem erfahrenen Politiker zu übertragen, und versuchte Vail und Gale zu bewegen, dasselbe zu tun. Zu dieser Entscheidung, so schrieb er Gale, »haben mir unsere klügsten Freunde geraten, insbesondere in Anbetracht von Smiths Vorgehen, der sich nicht geändert hat. Mr. Kendall will dieser Angelegenheit beinahe seine ganze ihm zur Verfügung stehende Zeit widmen, und wir haben vereinbart, wie Ihr sehen werdet, daß er – auch in seinem Interesse – für uns Verkäufe in einer Gesamthöhe von 200000 Dollar für das ganze Patentrecht tätigen kann. Wir übernehmen kein Risiko und verfügen wahrscheinlich über den geeignetsten Mann im ganzen Land, um eine solche Sache zu regeln.« Vail und Gale erklärten sich einverstanden und übergaben Kendalls Büro die Vertretung ihrer Rechte.

Aber Smith behielt seine Rechte und spielte sie aus, um vom Generalpostmeister Johnson ein Viertel der für die laufenden Kosten das Washington-Baltimore-Linie bewilligten 8000 Dollar zu verlangen, weil er angeblich der Besitzer eines vierten Teils des Patentes sei! Kendall durchschaute Smith vollkommen, aber weil man seine Zustimmung für die Verträge brauchte, entschloß er sich, mit ihm zusammenzuarbeiten, was ihm durch seine Geschicklichkeit auch tatsächlich für kurze Zeit gelang.

Im April wurde der erste Vertrag für den Bau einer privaten Telegrafenanlage, und zwar für die Linie Washington–Mobile, aufgesetzt. Obwohl die Bedingungen in den Zeitungen veröffentlicht wurden, um neue Interessenten anzulocken, hatte Kendall kein Vertrauen zu den Vertragspartnern.

Im Mai kam es, trotz der schwachen Übereinstimmung zwischen Smith und Kendall, zur Gründung der Telegraph Company, der ersten erfolgreichen telegrafischen Gesellschaft. Die ersten Subskribenten waren größtenteils Angestellte der Paketpost oder Postkutschenbesitzer, die durch das Aufkommen der Eisenbahn ihre Geschäfte verloren hatten. Die Hauptrolle in dieser neugegründeten Gesellschaft spielten jedoch die Telegrafenbesitzer selbst. Smith zeichnete mit 2750 Dollar bei weitem am meisten; auch mehrere seiner Mitarbeiter waren Aktionäre. Kendall zeichneten mit 500 Dollar und wurde Präsident. Cornell zeichnete ebenfalls mit 500 Dollar, obwohl sein Jahreseinkommen als Oberinspektor der neuen Gesellschaft nur zweimal soviel betrug, und legte mit dieser Investition das Fundament zu seiner aufsehenerregenden Karriere. Der Bankier William W. Corcoran aus Washington, der spätere Gründer einer Kunstgalerie, die einmal Morses *Kongreßhalle* aufnehmen sollte, zeichnete für seine Firma mit 1000 Dollar. Das ganze gezeichnete Kapital betrug nur 15000 Dollar, aber man rechnete noch mit dem doppelten Betrag von zukünftigen Subskribenten und nochmals mit 30000 Dollar für die Patentinhaber aufgrund ihrer Patentrechte.

In den darauffolgenden Wochen wurde eine Gesellschaft nach der anderen gegründet. Am 5. August war Kendall in der Lage, Morse zu berichten, daß Gesellschaften gegründet seien für den Bau der Linien New York–Albany–Buffalo und New York–Boston. Andere Geschäftsverhandlungen waren im Gange. »Es wurde ein Übereinkommen mit dem Hochwohlgeborenen Herrn Henry O'Rielly getroffen«, fügte Kendall hinzu, »in dem er sich verpflichtete, eine westliche Linie durch Pennsylvania nach Pittsburgh mit Abzweigungen nach St. Louis und den großen Seen durchzuführen. Man hegt Zweifel, ob er etwas durchsetzen wird.« Aber Kendall machte bald die Entdeckung, daß es O'Rielly nicht an Energie fehlte. Inzwischen hatten Kendall und Smith Morse das Angebot gemacht, ihm seine Patentrechte abzukaufen, aber er verlangte noch immer 100 000 Dollar, die keiner von beiden aufbringen konnte. Die Linien von Buffalo nach New York und Washington trugen den Patentinhabern bereits die Hälfte ihrer Einlagen ein und die Linien von Boston nach New York mehr als die Hälfte. Allein durch die Aktien war Morse jetzt ein vermögender Mann.

Gerade als die Bildung der Telegrafengesellschaften ihm Schutz vor Armut zu gewähren schien und Kendalls Geschicklichkeit in der Zusammenarbeit mit Smith eine reibungslose Zukunft mit seinen Gesellschaftern zu versprechen begann, segelte Morse nach Europa, um wiederum in einen Knäuel von Streitigkeiten verstrickt zu werden. In seiner Ratlosigkeit wollte er sich vergewissern, daß die Entwicklung im Ausland seine Erfolge in der Heimat nicht beeinträchtigen könne. Einen Tag, nachdem er den günstigen Bericht von Kendall erhalten hatte, segelte er ab.

Der vierte Europabesuch Morses nahm denselben Verlauf wie der dritte. Man feierte ihn überall, aber weiter geschah nichts. Die »General Commercial Telegraph Company« in London, von der er gehofft hatte, sie würde sein System übernehmen, erklärte, daß sein Apparat ihres Erachtens der beste sei, Arago brachte seine Zufriedenheit zum Ausdruck, und in Hamburg wurde er so herzlich empfangen, daß er mit der Übernahme seines Apparates rechnete. Inzwischen führte ein Freund sein Instrument in Wien vor, und Fürst Metternich, der sicher nicht wußte, daß die sechste Auflage von Morses *Ausländischer Verschwörung* ihn immer noch als Amerikas Erzfeind stempelte, gab dem Kaiser eine begeisterte Schilderung vom Morsetelegrafen, und auch der Kaiser zeigte sich erfreut, weil er die Erfindung, von der er so viel gehört hatte, in Funktion sehen konnte. Aber trotz alledem gewährte ihm Europa weder Vorteile noch Patente, nur konnte man, ohne weitere rechtliche Verpflichtungen auf sich nehmen zu müssen, seinen Apparat unbeschwert benutzen, obwohl man bis dahin davon noch keinen Gebrauch gemacht hatte. Erst später sollte die Reise doch einige Resultate aufweisen: Nach einem Jahr wurde sein System formell von Österreich übernommen, von Frankreich jedoch erst 1856.

Während seiner Werbungsreise in Europa offenbarte sich Morse weder als schöpferischer Künstler noch als Schriftsteller oder Erfinder. Aber in seinem Urteil über Länder und Völker zeigte er ein tiefes Verständnis. In einem holländischen Dorf machte die übertriebene Reinlichkeit einen deprimierenden Eindruck auf ihn, da er durch sie die natürliche Lebendigkeit der Kinder bedroht sah, und er war überglücklich, als er sah, daß am Ufer eines kleinen Sees wenigstens das Schilf unberührt stand. In Frankreich erklärte er, ihm gefiele die Höflichkeit, selbst wenn sie nicht aufrichtig wäre, denn »wenn man mich betrügen will, ziehe ich eine höfliche und nette Art vor«. Wenn der Mensch aus ihm sprach, waren seine Urteile fein und genau, aber als Erfinder war er verbohrt und keiner neuen Wahrheit zugänglich. Er lebte in einer ständigen Verteidigung seiner Rechte, Investitionen und seines Rufes.

Bei Morses Rückkehr in die Heimat herrschte zwischen seinen beiden Vertretern Vail und Cornell eine peinliche Verstimmung. Als nämlich die Baltimore-New-York-Linie die Grenze von Jersey erreicht hatte, versuchte Vail, aus Philadelphia an Cornell am anderen Ende der Linie in Fort Lee zu kabeln. In Philadelphia verwendete Vail dazu einen von Morses Elektromagneten, die wie gewöhnlich in einer Kiste verschlossen waren, um ihre Konstruktion geheimzuhalten. Cornell verwendete, wie er behauptete, seinen eigenen Magnet und fing Vails Signale auf, aber Vail konnte mit Morses Magnet Cornells Signale nicht auffangen. Drei Tage hindurch ging Vail von Philadelphia die Strecke ab, um eine Störung festzustellen, aber nach jedem dritten Kilometer zeigte das Galvanometer, daß die Strecke in Ordnung war. Ohne eine Störung entdeckt zu haben, erreichte er, vollkommen erschöpft, Fort Lee, wo Cornell ihm erzählte, daß er seinen eigenen Magnet verwendet hatte. Daraufhin schwor Vail, daß ihr Büro in Philadelphia niemals seinen Magnet verwenden würde.

Morse verbündete sich mit Vail in seinem Kampf gegen Cornell. Als er hörte, daß Cornell versuchte, seine Magnete der Morselinie New York–Buffalo zu verkaufen, schrieb er dem Präsidenten der Linie, Cornells Magnet sei schwer zu handhaben (was richtig war), und stelle eine Verletzung seiner Patentrechte dar. »Sie müssen Ihre Gefühle beherrschen«, schrieb er Vail, »es ist unmöglich, vorläufig ohne ihn auszukommen, und wenn Sie in Ihrer Position mit Gewalt vorgehen, hat er die Sympathie auf seiner Seite und kann uns empfindlich schaden. Ich habe keine günstigere Meinung über sein Vorgehen als Sie, aber wir müssen eine passende Gelegenheit abwarten, um ihn loszuwerden.«

Als Gegenmittel für Cornells Magnet präsentierte Morse dann einen Magnet in der Art, wie Bréguet einen auf der Linie Paris–Rouen benutzte. Charles Page, der eine Variante von Morses Magnet ausgearbeitet hatte (wofür Morse ihm wahrscheinlich eine Ablöse bezahlte, damit er ihn als Morsemagnet vorführen konnte), befand sich am Weihnachtstag im Telegrafenamt. Die Magnete von Bréguet waren klein, und während Morse einen davon auf einen Morsemagnet stellte, erklärte er: »Das ist wie eine Maus auf einem Elefanten.« Page war entzückt, denn der neue Magnet war nicht nur entsprechend kleiner, sondern auch stärker und billiger als seine eigene Variante von Morses Magnet. Er erklärte, es sei das schönste Weihnachtsgeschenk, das er je erhalten habe. Morse war durch diese naive Aufrichtigkeit tief gerührt. Aber bald darauf führte Morse Magnete nach dem Bréguet-Modell für seine Linien ein, ohne öffentlich bekanntzugeben, was er Bréguet verdankte. Juristisch gesehen, war er dazu nicht verpflichtet, aber sogar in einem Brief an Arago, in dem er Bréguet beschuldigte, sein System übernommen zu haben, und die Verkleinerung seines eigenen Magneten erwähnte, versäumte er es, seine Dankesschuld Bréguet gegenüber einzugestehen.

Durch die neuen Bréguet-Magnete kamen Cornells Magnete bald außer Kurs, so daß eine gerichtliche Verfolgung nicht mehr nötig war. Aber Cornell und Morse bespitzelten einander auch weiterhin. Cornell behielt die Oberaufsicht beim Bau der Morselinien und investierte auch weiter große Summen für die Linien im Raum von New York und den großen Seen. Als Cornell und Smith erkannten, nicht länger mit den anderen zusammenarbeiten zu können, traten sie gemeinsam gegen Kendall, Vail und Morse auf.

Um jedem weiteren Verrat innerhalb der wachsenden Telegrafenfamilie vorzubeugen, beschlossen die Patentinhaber, daß sämtliche auf ihren Linien verwendeten Instrumente von Morse oder Vail überprüft werden sollten. Ferner drohten sie jedem mit Rechtsverfolgung, der für irgendeine Telegrafenlinie Instrumente mit elektromagnetischem Antrieb herstellte. Es darf nicht verwundern, daß sich die Öffentlichkeit – gestützt auf den Spott von House und anderen Konkurrenten – gegen dieses »Monopol« der Morsepatentinhaber auflehnte.

Es muß Morse wie ein Mysterium erschienen sein, daß Gott ihn so lange Jahre Malerei studieren ließ und dann plötzlich durch das Errichten einer hohen Mauer diese Laufbahn absperrte. Noch geheimnisvoller erschien ihm jetzt, daß diese Mauer, gegen die er vergebens angekämpft hatte, auf einmal nachzugeben schien.

Er hatte seine Stelle als Präsident der Nationalakademie bereits aufgegeben, jurz bevor er nach Europa segelte, wurde aber noch immer im Verzeichnis der Universität New York als Professor geführt, obwohl er keine Schüler hatte. Es schien ihm, als habe Gott seine Malerlaufbahn unterbrochen, um seine Aufmerksamkeit auf die Telegrafie zu lenken. Aber jetzt war seine Aufgabe, der Menschheit die Telegrafie zu schenken, erfüllt, »und in diesem Augenblick, da alles Wesentliche erfolgreich beendet ist, richtet Er alles so ein, daß ich mich in Gedanken wieder meinem beinahe schon geopferten Isaak widmen kann.«

Zu dieser Zeit war er noch immer Oberinspektor der Washington-Baltimore-Linie, kümmerte sich bis ins kleinste um den Bau der Linie New York–Philadelphia, gab Ratschläge bei der Herstellung vieler anderer Linien und ärgerte sich, wenn die Zeitungen seine Konkurrenten mit ihrer Reklame unterstützten. Man hätte Gewalt anwenden müssen, um ihn aus all diesen Verwicklungen zu lösen, aber er wußte, daß seine Erfindung jetzt ihren eigenen Weg gehen konnte. Die Geldgeber schützten sie, denn ihr eigener Vorteil war mit der Verteidigung seiner Rechte verbunden, und für das übrige würde Kendall sorgen. Knapp nachdem er in Baltimore und Washington einige Vorträge über Kunst abgehalten hatte, war die Leidenschaft wieder aufgeflammt, und er war bereit – wie er es seit seinen ersten Experimenten behauptet hatte –, zu seinem eigentlichen Beruf zurückzukehren.

Wochen und Monate vergingen, während er noch immer auf eine Entscheidung des Kongresses wartete, die seine Laufbahn bestimmen sollte. Im Mai ließen einige Freunde in Washington ein Gesuch zu seinen Gunsten zirkulieren, das viele seiner früheren Kunstkollegen befürworteten. Unter Vails Leitung wurde jetzt das letzte große von ihm bekannte Gemälde, das 1837 vollendete Bild seiner Tochter Susan, in der Rotunde aufgehängt, um seine Fähigkeiten als Maler unter Beweis zu stellen. Aber während sich seine Freunde für ihn einsetzten, um ihm die Rückkehr zur Malerei zu ermöglichen, unternahm er selbst nichts; eine zweite Erniedrigung wäre für ihn untragbar gewesen.

Im Verlauf dieser Wartezeit, in der er seine Geschicklichkeit mit dem Pinsel gelegentlich erprobt haben mag, widmete er sich dem Bau neuer Telegrafenlinien. Im Sommer 1846 war New York mit Boston, Buffallo und Washington verbunden. Philadelphia stand nicht nur mit der Hauptlinie, sondern auch mit Harrisburg in Verbindung, und es waren neben dem Anschluß an Pittsburg auch weitere Linien im Ausbau. Aufgrund eines Abkommens zwischen ihm, Livingston und Wells aus New York wurde die erste telegrafische Linie in Britisch-Nordamerika am 19. Dezember 1846 von Toronto nach Hamilton eröffnet. Kurze Zeit, nachdem Yale, dessen Professoren seinerzeit ihre Bedenken über diesen Schüler geäußert hatten, ihm den akademischen Grad L. L. D. (den Morse als »Licht-Linie-Doktor« interpretierte, verliehen hatte, erklärte ein New Yorker Blatt: Ist der Telegraf nicht »*das* Merkmal unserer Zeit? ... Als New Yorker sind wir stolz auf den Doktor, aber wir sind auch stolz auf das klassische Gebäude, in dessen stillen Räumen dieser schöne naturwissenschaftliche Mechanismus entworfen und vollendet wurde. Die Universität hat wohl den meisten Grund, stolz zu sein... Während England und seine Regierung mit der größten Anstrengung 175 Meilen telegrafische Verbindung zustande gebracht haben... verfügen die Vereinigten Staaten, dank der Privatinitiative, bereits über 1269 Meilen, die zur Zufriedenheit funktionieren.« Es muß ihm eine große Freude bereitet haben, zu beobachten, wie er immer berühmter wurde und sich seine Linien über den ganzen Kontinent ausbreiteten. Dennoch wollte er damals zugunsten der Malerei die Telegrafie aufgeben.

Mehr als ein Jahr war verstrichen, seitdem er sich bereit erklärt hatte, einen Auftrag zu übernehmen, und jetzt erst konnte ihm ein Freund das Ergebnis der Kongreßverhandlungen mitteilen: »Ich habe heute vernommen, daß der Kongreß mit gewohnter Einsicht und Gerechtigkeit dem junge Powel für die Bemalung der leeren Fläche 6000 Dollar bewilligte. Er hatte ganz Ohio für sich gewonnen, alle stimmten mit allen Mitteln für ihn, und niemand wußte, daß diese Frage auf der Tagesordnung stand. Ich höre, daß New York für Sie gestimmt hat.«

Morse hatte die Entscheidung über seine Zukunft dem Kongreß überlassen. Seine Liebe zur Kunst hatte ihre Kraft über jede andere Liebe verloren. Im Alter von 55 Jahren ließ er sich die letzte Chance einer schöpferischen Arbeit entgehen und wurde wieder in die Kontroversen um die Telegrafie zurückgestoßen.

23 Die zweite Ehe
eines Fünfzigjährigen

Im Anfang respektierten Morse und O'Rielly einander, auch wenn sie Meinungsverschiedenheiten hatten.

O'Rielly hatte seinen Vertrag mit den Patentinhabern, die Linie Philadelphia–Harriburg und Pittsburg zu errichten, nicht termingemäß eingehalten. Weit wichtiger war jedoch die Tatsache, daß er und die Patentinhaber über den Vertrag entgegengesetzter Meinung waren. Im September 1847 beschlossen die Patentinhaber den Vertrag mit O'Rielly für nichtig zu erklären. Dies nahm O'Rielly zum Anlaß, einen Patentanteil am Buchstabentelegrafen von House zu übernehmen. So waren die zwei größten Gegner von Morses Interessen, O'Rielly und House, Bundesgenossen geworden.

Wenige Zeit darauf erwarb O'Rielly auch noch sonstige Telegrafenrechte, unter anderem die von Barnes und Zook. Als Faxton, dem Präsidenten der Buffalo–New-York-Linie, deren Direktor Morse selbst war, O'Riellys jüngste Schachzüge zu Ohren gekommen waren, äußerte er große Bedenken. Morse erwiderte ihm in einem außerodentlich scharfen Brief:

»Der Telegraf ist ein *gewinnbringendes Geschäft* und daher der direkte Weg zum Raub…
› Wo Honig ist, *da sammeln sich die Bienen*‹, und nicht nur die Bienen, sondern alle Arten von *Schmeißfliegen, widerliche Mücken und Motten*…
Stellen Sie sich einmal vor, sehr geehrter Herr, daß ich versuchen würde, all diese Verdrehungen, Ungesetzlichkeiten und den ganzen Spott zu erwidern, womit die O'Rielly-Verschwörer in Albany, Rochester, New York und im fernen Westen täglich aufwarten (und viele von ihnen sind Zeitungsherausgeber, die ihre Nachrichten gebührenfrei haben möchten, und daher ihre Feindseligkeit und ihr Wunsch, all das zu vernichten, was sie Monopol zu nennen belieben), so bliebe mir für andere Dinge keine Zeit übrig…

Streichen sie von meinen Worten, die ich *mir zuliebe* sage, so viel Sie wollen, aber *merken Sie sich*, was ich Ihnen sage! *Bis zum heutigen Tag wurde nichts erfunden, das meinem Telegrafiesystem gleichgestellt werden kann. Kein anderer Mensch hat daran eine Verbesserung vorgenommen, seit ich mich damit befasse…*«

Vielleicht unterbrach ihn Mr. Faxton mit der Zwischenfrage, ob er denn die Hilfe Vails vergessen habe und die Verwendbarkeit von Bréguets Magnet. Es ist immerhin möglich, daß Vail, Bréguet, Page und Cornell sein System nicht *wesentlich* verbessert haben, aber gewisse Erfindungen wurden von ihnen ohne Zweifel beigesteuert.

Aber als Faxton diese ganze Erklärung gelesen hatte, muß er doch davon beeindruckt gewesen sein. »*Bis zum heutigen Tag wurde nichts erfunden, das meinem Telegrafiesystem gleichgestellt werden kann. Kein anderer Mensch hat daran eine Verbesserung vorgenommen, seit ich mich damit befasse. Es wird keine Verbesserung gemacht werden, die sich damit messen kann.* Diese Erklärungen lege ich schwarz auf weiß in Ihre Hände. Wenn ich es nicht wahrmachen kann, haben Sie das Recht, mir Großsprecherei vorzuwerfen.«

Obwohl Morses System nahezu seine sämtlichen Konkurrenten besiegte, hat es doch grundlegende Verbesserungen erfahren, daß man sagen könnte, die Summe der Verbesserungen habe sein ursprüngliches System verdrängt. Infolge der ewigen Kontroversen hatte sich Morses Blickfeld verschoben. Die ganzen Unstimmigkeiten lassen sich teilweise daraus erklären, daß die Vereinigten Staaten ihn nicht für seine Erfindung belohnten, wie Frankreich es mit Daguerre tat, und seinen Telegrafen weder vorbehaltlos ankauften noch als Regierungsunternehmen aufzogen, wie er ursprünglich gehofft hatte. Die Folge davon war, daß sich die Kapitalisten darum rissen und versuchten, aus dieser neuen Goldmine die größten Vorteile herauszuholen. Zu einem wesentlichen Teil hätte er aber Auseinandersetzungen vermeiden können, wenn er sie Kendall und den Kapitalisten überlassen hätte, denn es lag in ihrem eigenen Interesse, Morse zu verteidigen. Seine Liebe zu Kontroversen war etwas Naturgegebenes für ihn, und er betrachtete die Verteidigung der Ursprünglichkeit seiner Erfindung als eine heilige Aufgabe. Da ihm die eigentliche wissenschaftliche Bildung fehlte, war er so sehr mit seinem Geisteskind verwachsen, daß der Vater sich beleidigt fühlte, wenn jemand ihm den Vorschlag machte, seinem Kind etwas beizubringen, was er selbst nicht wußte.

Als O'Rielly sich anschickte, die Linie Louisville–New Orleans mit Hilfe der Barnes- und Zook-Instrumente zu bauen, hielten Morse und seine Kollegen die Zeit für gekommen, ihn zu blockieren. Sie waren der Meinung, der Gebrauch der Barnes- und Zook-Instrumente stelle eine Verletzung von Morses Patent dar, weil sie den Elektromagnet verwendeten; denn aufgrund seiner Patentansprüche konnte Morse bei jeder Verwendung der elektromagnetischen Kraft in der Telegrafie seine Rechte geltend machen. Wieder bereitete Morse gegen O'Rielly einen Feldzug in den Gerichtssälen vor, und gleichzeitig durchkreuzte er seine Pläne durch eine Morselinie, die er ungefähr der gleichen Strecke entlang nach New Orleans legte.

Von Pittsburg aus schossen die Telegrafenstangen der Morselinie bis gegen Nashville aus dem Boden hervor, und es war vorauszusehen, daß beide Linien über eine Strecke von ungefähr 21 km eng nebeneinander laufen würden. Shaffner, der Aufseher von Morses Arbeitern, befürchtete Konflikte und bewaffnete seine Männer. »Es ist zwar nicht erfreulich«, schrieb er Morse, »aber wenn es so weit kommt, lassen wir uns nicht vertreiben.«

Bevor die beiden Linien New Orleans erreicht hatten, strengten die Inhaber des Morsepatents eine Klage gegen O'Rielly an, weil er das »Columbian«-System von Barnes und Zook verwendete. Morse fuhr damals nach Kentucky zur Gerichtsverhandlung und wurde dabei von seiner zweiten Frau begleitet.

Im Sommer kam Morses Bruder Sidney plötzlich der Gedanke, daß Finley eigentlich eine Farm haben sollte. Das würde ihm endlich nicht nur ein Heim verschaffen, sondern auch seinem Sohn Charles eine geeignete Beschäftigung bieten, nach der die ganze Verwandtschaft schon verzweifelt suchte.

Finley hatte bereits ein bestimmtes Gebiet ausfindig gemacht, als ihn Sidneys Brief erreichte. Nachdem die Regierungslinie an eine Privatgesellschaft verkauft worden war, hatte er Washington verlassen und bewohnte kurze Zeit zwei Zimmer im *Observer*-Gebäude. Seine Mahlzeiten nahm er in einer Pension ein. Jetzt hatte er es nicht mehr nötig, mit jedem Pfennig zu sparen, denn der *Observer* blühte, seine Brüder hatten Familien gegründet, und jeder bewohnte ein eigenes Heim in New York. Auch er hatte durch seine Telegrafieanteile genug Einkommen, um seine verstreuten Kinder endlich bei sich haben zu können.

Was der Erfinder erwerben wollte, war nicht so sehr eine Farm, sondern ein Besitz von zirka 4000 qm, und er war bereit, dafür 17500 Dollar zu bezahlen, plus Vergütung für Vieh und landwirtschaftliche Maschinen. Seine Nachbarn waren keine eigentlichen Bauern und Viehzüchter, sondern die van Rensselaers und Livingstons.

Das Haus bot einen weiten Blick über Bäume, ein enges Tal, dahinterliegende Wälder bis zum blaugrauen Hudson.

Und im Sommer 1847 hatte Morse, zum erstenmal nach 20 Jahren, seine Kinder bei sich in seinem eigenen Haus. In dem neuen Heim gab er dem Bild Lucretias einen Ehrenplatz, seiner Frau, die am sehnlichsten nach einem eigenen Heim verlangt hatte. Susan, die älteste Tochter, konnte ihr einsames Plantagenleben in Porto Rico manchmal unterbrechen, um ihn für längere Zeit zu besuchen. Der arme Fin, der infolge eines Scharlachfiebers geistig zurückgeblieben war und seitdem für die Familie eine schwere Last bedeutete, fand hier eine gesunde Heimat. Der kränkliche Jüngste, den Lucretia den »kleinen Charles« nannte, war jetzt ein unbeständiger Jüngling, dem sich hier eine Menge nützliche Arbeit bot. Jetzt war noch ein zweiter »kleiner Charles«, da, Lucretias Enkelkind, Susans Sohn.

Morse fühlte sich hier bald zu Hause. Aufgrund der zahlreichen Akazien hatte er den Besitz »Akazienhain« genannt, und es freute ihn, zu erfahren, daß Richter Livingston, der seinerzeitige Besitzer, denselben Namen gewählt hatte. Er entdeckte auch, daß sein Onkel aus Utica, Arthur Breese, hier unter denselben Akazien die Tochter des Richters, Catherine Livingston, gefreit hatte. Niemals war Morse so glücklich wie in jenem Frühjahr, als sein Sohn Charles eine Enkelin jenes Liebespaares heiratete, das seinerzeit im »Akazienhain« umhergestreift war.

Morse verbrachte den ersten Frühling in seinem eigenen Haus. Im Juni reiste er nach Utica, um der Trauung seines Sohnes Charles beizuwohnen. Es lebten noch viele Breeses damals entweder in Utica selbst oder in der Umgebung. Nicht weit entfernt wohnte Onkel Samuel Sidney Breese in Sconandoa. Onkel Arthur war zwar gestorben, aber seine Frau war noch in Utica geblieben, und sicherlich waren bei diesem Familienfest drei seiner Töchter anwesend: Mrs. Walker, die Gastgeberin, Mrs. Lansing, die Mutter der Braut, und Mrs. Griswold, die Mutter der Brautjungfer Sarah Griswold.

Morse konnte sich noch an seine Cousine Sarah erinnern, weil er ihr einmal im Hause seines Cousins Sands in New York begegnet war. Wie er sich jetzt erinnerte, war er damals stark »beeindruckt von ihrer Schönheit, ihrer Natürlichkeit, ihrem freundlichen Benehmen und ihrem Mißgeschick; die Arme war taub und konnte nur mangelhaft sprechen«. Aber schon damals wußte er, daß er sie liebte, und ihr schweres Schicksal hatte seine Liebe nur vertieft. Damals glaubte er aber, daß er kein Recht habe, an eine Ehe zu denken, weil sie beide unbemittelt waren, und je mehr er sich damit befaßte, desto deutlicher wurde es ihm, daß er ihr seine Liebe nicht gestehen dürfe. Zu oft hatte man ihn schon in seinem Leben abgewiesen, weil er arm war; er wollte weder selbst verletzt werden, noch das Mädchen verletzen. Damals vor sechs oder sieben Jahren war Sarah noch ein Kind; jetzt war sie eine Frau von 26 Jahren. Sie wurde 1822 am ersten Weihnachtstag geboren, ungefähr zur selben Zeit wie sein Sohn Charles, der heutige Bräutigam.

Morse beobachtete die entzückende, taubstumme Brautjungfer. Sie war eine dunkle Schönheit wie seine Lucretia. Als sie bemerkte, daß sein Sohn Fin – weil er geistig zurückgeblieben war – von seinen lebhaften Cousins vernachlässigt wurde, nahm sie ihn bei der Hand, setzte sich neben ihn und versuchte sich verständlich zu machen, um ihn zu unterhalten. Durch diese Freundlichkeit war das Herz des Vaters so gerührt, daß er sich entschloß, um sie anzuhalten, nachdem jetzt auch die Bedenken wegen seiner finanziellen Verhältnisse und ihres Alters wegfielen. Sie nahm seinen Heiratsantrag an.

Dann setzte eine Zeit der Unsicherheit und Unruhe ein. Sarahs Mutter, Mrs. Griswold, hatte zwar selbst keine Bedenken gegen die Heirat, aber ihre Schwester, die Mutter des Mädchens, das Charles geheiratet hatte, hatte Einwände und wußte, ihren Einfluß geltend zu machen. Die Verhandlungen dauerten mehrere Wochen. Mrs. Lansing kam auf einen kurzen Besuch nach Akazienhain, wo man ihrer Mutter den Hof gemacht hatte, und drohte, die jetzige Brautwerbung zu zerstören. »Wir stießen auf einen äußerst heftigen und (unter uns) sehr persönlichen und unklugen Widerstand«, schrieb Morse seinem Bruder, »von seiten Mrs. Lansing, Manettes Mutter, und der Widerstand steckte dann Manette und auch allmählich Charles an, bis ich fand, daß mein Haus von dem übertriebenen und unerhörten Einfluß Mrs. Lansings sozusagen durchzogen war.« Vielleicht hatte sie O'Riellys Beschuldigungen gelesen, Morse wolle Millionär werden, und vielleicht wollte sie verhindern, daß sein Reichtum – außer zwischen Manette und ihr selbst – nicht zwischen zu vielen Verwandten zur Verteilung kommt. Morse erwähnte zwar in seinem Brief an seine Brüder nur die finanzielle Frage, aber es ist anzunehmen, daß auch andere Bedenken erörtert wurden, zum Beispiel der Altersunterschied von 31 Jahren, die Tatsache, daß sie ein Kind seines Cousins ersten Grades war, und ihre Gebrechen, wodurch sie sich kaum verständigen konnte.

Doch niemand konnte ihn von seinem Vorhaben letztlich abhalten, und am 10. August 1848, im selben Jahr, in dem der erste Kongreß für Frauenrechte in Amerika abgehalten wurde, heiratete Morse in einer Episkopalkirche in Utica die Frau, die er sich erwählt hatte.

Unmittelbar nach der Hochzeit verließ das Paar Utica, um O'Rielly in einem Gerichtshof in Kentucky zu treffen. Auf dieser Fahrt (es war Morses erste Reise »über die Berge«) konnte Morse feststellen, daß seine Frau auch ein offenes Auge für die Schönheit der Landschaft hatte. »Sarah ist… freundlich, zärtlich und anhänglich«, erklärte er mit glühender Begeisterung. »…Ich kann es nicht klarer ausdrücken, wenn ich sage, daß meine liebe Lucretia nicht besser sein könnte.« Was machte es aus, wenn das Zimmer im Weisiger House in Frankfort unordentlich aussah, sobald sie aber da war, fand alles wieder seinen richtigen Platz. Sie schien zufrieden, fröhlich, immer beschäftigt, entweder mit einer Handarbeit oder in ein Buch vertieft. Vielleicht durch ihre frühere Armut oder durch ihre Schwierigkeiten beim Hören und Sprechen wurde sie schon bald seine aufmerksame Stütze, ohne sich das Recht anzumaßen, sein juristischer oder finanzieller Berater zu sein, wie aus der ausgedehnten Korrespondenz hervorgeht.

Mit Stolz erzählte Morse seinen Brüdern, daß seine Braut mit Aufmerksamkeiten überhäuft wurde. So schrieb er ihnen, daß die Frau des designierten Gouverneurs Crittenden ihr »eine wunderbare Sendung Pfirsiche aus ihrem Garten« hatte zukommen lassen. Er schickte ihnen auch eine Abschrift einer Notiz im *Louisville Courier*, »jener Zeitung, die mich am heftigsten beschimpfte«: »Prof. Morse, dieses Genie, der jetzt in Kentucky eine Rechtsverfolgung gegen O'Rielly und seinen Anhang durchsetzt, hat eine hübsche Frau geheiratet, eine schöne Farm gekauft und ein herrliches Haus an den Ufern des Hudson gebaut, wo er sich niederlassen und für den Rest seines Lebens ruhig leben will.«

24 Im Zeichen der Prozesse

Jeden Morgen um zehn Uhr erschien Professor Morse mit seiner Frau im Gerichtssaal und kehrte dann um drei Uhr, wenn die Sitzung zu Ende war, in das Weisiger House in Frankfort zurück.

Das Städtchen war sich bewußt, Zeuge und Gastgeber eines berühmten Wettstreits zu sein, und zeigte sich nicht wenig stolz darauf. Aber auch in allen anderen Teilen des Landes wußte man, was in Kentucky vorging. »Es ist einer der wichtigsten Prozesse, die jemals in den Vereinigten Staaten geführt wurden«, erklärte der *American* aus Philadelphia und hoffte dabei inbrünstig, daß das Gericht Morse untersagen würde, seine Hand nach allen Telegrafen, die elektromagnetische Kraft verwendeten, auszustrecken.

Gelangweilt hörte Morse sich nochmals alle Argumente an, ob er oder Steinheil den Morsetelegrafen entdeckt habe, über den Unterschied zwischen dem Columbian- und Morsetelegrafen und über die Morse-Patentrechte. Endlich nach 16 Tagen verkündete der Bundesrichter Monroe die Entscheidung. Er erklärte Morse zum Erfinder des Morsetelegrafen, und es wurde O'Rielly untersagt, diesen Apparat zu gebrauchen. Ferner wurde das Prinzip aufgestellt, daß Morse für jede Verwendung elektromagnetischer Kraft in die Telegrafie Patentansprüche stellen konnte.

Der Morsetelegraf verbreitete die Nachricht über das ganze Land, worauf Horace Greeley im *Tribune* folgendermaßen reagierte: »In der Überzeugung, daß die Rechtsansprüche Prof. Morse eine Monopolstellung verschaffen, wodurch er auf jede Art und Weise der elektrischen Nachrichtenvermittlung Rechte geltend machen kann, ferner in der Überzeugung, daß die Ansprüche absurd, ungerecht und dem öffentlichen Wohl schädlich sind, und in der Überzeugung, daß der (oder diejenigen, die hinter ihm diese Ansprüche stellen) unbillige und übertriebene Abgaben für den Gebrauch des Patents verlangt hat, hofften wir, daß die

Gerichte seine Ansprüche einigermaßen beschneiden würden – und wir hoffen das noch immer!«

Der Frankforter Prozeß war nur der erste einer ganzen Reihe. Sechs lange, aufreibende Jahre entfesselten Zeitungen und Konkurrenzunternehmen einen heftigen Kampf gegen ihn. Ihr Angriff konzentrierte sich auf den wunden Punkt seiner Rechte, die er bei jeder Anwendung der elektromagnetischen Kraft in der Telegrafie geltend machte; allerdings erhob er diesen Anspruch erstmalig bei der Neuanmeldung seines Telegrafen im Jahr 1846.

O'Riellys Helfershelfer suchten der Verurteilung zu entgehen, indem sie die Nachrichten statt auf Papier, jetzt durch den Schall aufnahmen. Nachdem Morse ursprünglich nur ganz allgemein »Wiedergabe« als das wesentliche Merkmal seines Telegrafen bezeichnet hatte, machte er in seiner neuen Patentanmeldung von 1846 auch Rechte auf das bereits populär gewordene System geltend, wobei man die Ticklaute des Empfängers aufnahm. So wurde O'Rielly aufgrund dieser Manipulation vom Gerichtshof in Kentucky in Kontumaz verurteilt. Wiederum versuchte O'Riellys Anhang dieser gerichtlichen Verfügung zu entgehen, indem sie die Telegrafieinstrumente nach Indiana, außerhalb des Rechtsbereichs des Gerichtshofes, bringen ließen. Die Masten und Drähte verblieben jedoch in Kentucky. Sobald man nun versuchte, vom anderen Bundesstaat aus über diese Linie Nachrichten zu empfangen oder weiterzuleiten, erteilte der Gerichtshof dem Bezirkshauptmann den Befehl, die Linie zu beschlagnahmen. O'Rielly legte schließlich beim Obersten Gerichtshof der Vereinigten Staaten Berufung ein, aber die endgültige Entscheidung erfolgte erst 1854.

Inzwischen war auch in Philadelphia ein Rechtsstreit mit einem gewissen Alexander Bain im Gange. Es handelte sich hier um einen Telegrafenerfinder aus Schottland, dem die Presse den Rat gegeben hatte, seine Kinder nicht nach Amerika zu bringen, weil er sonst befürchten müsse, daß Kendall sie als Morses Erfindungen beanspruchen würde. In Boston endete ein Prozeß mit der Entscheidung, daß der House-Telegraf genügend Unterschiede gegenüber dem Morseapparat aufweise, um ein eigenes Patent zu verdienen. Weiter gab es noch Prozesse in Tennessee, Ohio und New York, und es folgten Einvernahmen beim Patentamt, wo Morse »Einspruch« erheben mußte, wenn seine Rechte – wie er behauptete – durch neue Rechte beeinträchtigt wurden.

Die Prozesse hatten den Vorteil, daß sie ein riesiges, teilweise sogar ganz neues Beweismaterial ans Tageslicht förderten. Professor Silliman erklärte, daß sein früherer Schüler bereits als Gymnasiast über gewisse Kenntnisse auf dem Gebiet der Elektrizität verfügte. Cooper bestätigte, daß sich sein Freund, 1832 in Paris, noch vor der Fahrt auf der *Sully*, mit der Telegrafie befaßt habe, aber Morse lehnte es ab, davon Gebrauch zu machen, weil er glaubte, daß Cooper sich irrte. Von seinen Brüdern verschaffte er sich Bestätigungen über seine begeisterten Prophezeiungen über den Telegrafen, als er die *Sully* verließ. Auch legte er sein eigenes *Sully*-Notizbuch und viele Briefe vor. Er besorgte sich Bestätigungen von Leuten, die ihn und Gale in ihren Universitätszimmern besucht hatten und jetzt erklärten, im Jahr 1835 und den darauffolgenden Jahren seinen Telegrafen in Funktion gesehen zu haben.

Aber auch seine Gegner und die Telegrafiegesellschaften brachten ihre Zeugen vor. Dr. Jackson brachte die sensationelle Erklärung, daß die Idee des Telegrafen auf der *Sully* seine eigene Erfindung sei!

Jeder sah jetzt, daß der Telegraf ein »Geschäft« war, und Morses Feinde unternahmen einen Sturmlauf auf Jacksons Zeugnis, um ihre Position in der Presse und vor Gericht zu stärken. Kendall erblickte sogar in dem Zeugnis eine so große Gefahr, daß er eine Broschüre schrieb, um ihn bloßzustellen, aber Jacksons Argumente waren so wenig ausschlaggebend und so ausschließlich sensationell, daß sie vor Gericht niemals eine Rolle spielten.

Eindrucksvoller war das Zeugnis Joseph Henrys, eines der hervorragendsten Naturwissenschaftler seiner Zeit.

Henrys Beweismaterial, das dem Gericht vorgelegt wurde, sprach zwar Morse nicht das Recht ab, als Erfinder des Morsetelegrafen zu gelten, aber da Henry sich erniedrigt fühlte, versuchte er Morses Verdienste in ein möglichst ungünstiges Licht zu stellen. So erklärte er zum Beispiel: »Es ist mir nicht bekannt, daß Morse jemals eine einzige ursprüngliche Entdeckung auf dem Gebiet der Elektrizität, des Magnetismus oder Elektromagnetismus gemacht hat, die für die Erfindung des Telegrafen verwendbar war.«

Andererseits war Morse in der Lage, einen Brief von Henry vorzuweisen, den er ihm 1842 geschrieben hatte und in dem er erklärte, Morse habe ein Recht auf die höchste wissenschaftliche Anerkennung, weil er der Erfinder des Telegrafen sei. Sie blieben sich bis zu ihrem Tod entfremdet, aber Henrys Brief schützte Morse, abgesehen von persönlichen Beleidigungen, auf jeden Fall vor effektivem Schaden.

Die Gegner stellten inzwischen eine ellenlange Liste aller Erfinder auf, die an der Entwicklung des elektrischen Telegrafen gearbeitet hatten. So veröffentlichte William Francis Channing, der Sohn des großen unitarischen Gegners von Jedidjah Morse und selbst einer der Miterfinder des telegrafischen Feueralarms, eine Liste von 62 Namen. 62 Mitbewerber, von denen Morse auf der *Sully* niemals geträumt hatte! Ein Großteil dieser Erfindungen datiert aus der Zeit nach 1832, aber die eindrucksvollste unter ihnen war früheren Datums. Es war die Erfindung eines jungen Mannes aus Massachusetts, Harrison Gray Dyar, der bereits 1827 Drähte auf Masten spannen ließ, um damit Nachrichten zu senden. Aber er war in Vergessenheit geraten. Er hatte bei der Legislatur von New Jersey um die Genehmigung, eine Linie von New York nach Philadelphia legen zu dürfen, angefragt, aber sie war ihm verweigert worden. Enttäuscht und von Prozessen gequält, reiste er 1831 nach Europa. In Paris erhielt Dyar eine Summe von 300000 Dollar als Anerkennung für Erfindungen, die jedoch nicht mit der Telegrafie zusammenhingen. So wurde er wohlhabend und kehrte nach New York zurück. Er besaß wie Morse ein Haus bei Madison Square und noch ein anderes in der Nähe von Poughkeepsie. Er hatte keinen Grund, sich mit Morse in einen Kampf einzulassen, und als Morses Gegner Dyar ersuchten, zu ihren Gunsten auszusagen – was sie tatsächlich taten, als sie Dyars Geschichte hörten –, lehnte er dies ab. Dyars Telegraf nutzte die statische Elektrizität; es wurden mittels Funken Zeichen auf einen feuchten, blauen Lackmuspapierstreifen übertragen, die dann durch die Säurewirkung einen roten Punkt bei jedem Funken ergaben. Die Gerichte nahmen den Beweis, daß er eine experimentelle Telegrafenlinie auf Long Island gebaut hatte, zur Kenntnis, aber die Tatsache tat Morses Patent in keiner Weise Abbruch, denn die beiden Systeme waren einander nur sehr wenig ähnlich.

Auf O'Riellys Berufung beim Obersten Gerichtshof war Anfang 1854 eine Entscheidung zu erwarten. Morse war froh, daß die Unsicherheit ein Ende nehmen würde, war aber in Unruhe, denn er wußte, daß eine ungünstige Entscheidung für ihn neue Sparmaßnahmen bedeuten würden, an die er seit langem nicht mehr gewöhnt war. Der Mehrheitsbeschluß wurde vom Oberrichter Taney vorgelesen. In der Erklärung des Obersten Gerichtes wurden die drei Anschuldigungen von O'Rielly und seinen Partnern folgendermaßen zusammengefaßt: Morse sei nicht der »erste und ursprüngliche« Erfinder des Telegrafen, den er patentiert hatte; selbst wenn er es wäre, so habe er weder im eigentlichen Sinn ein Recht auf die Patente noch könne er deshalb auf ihren ausschließlichen Gebrauch einen Anspruch erheben. Schließlich sei der Columbian-Telegraf, den O'Rielly verwende, so grundverschieden von Morses Apparat, daß dieses Patent dadurch keinen Abbruch erleiden könne.

In seiner Erklärung über die Ursprünglichkeit der Morse-Erfindung hob Taney hervor, daß die elektromagnetische Kraft schon vor 1832 bekannt war. Viele hatten, sagte er, die Idee eines elektromagnetischen Telegrafen angeregt, seit Oersted im Winter 1819 bis 1820 die elektromagnetische Kraft entdeckt hatte. Henry, so führte er weiter aus, habe vielleicht am meisten zur Entwicklung unserer Kenntnis der elektromagnetischen Kraft beigetragen, niemand aber habe bis zum Jahr 1832 einen praktischen elektromagnetischen Telegrafen konstruiert. Bei diesem Stand der Dinge braucht es nicht zu verwundern, daß vier verschiedene magnetische Telegrafen, mit der Absicht, die Schwierigkeiten zu überwinden, fast zur gleichen Zeit öffentlich bekannt wurden, so daß jeder die Priorität für sich in Anspruch nimmt. Es sei deshalb erforderlich, die Tatsachen in jedem Einzelfall eingehend und gewissenhaft zu untersuchen, um sich für einen konkreten Fall zu entscheiden. Da das Klingelsignal von Henry nicht erwähnt wurde, kamen nur die vier Systeme von Steinheil, Wheatstone, Davy und Morse in Betracht. Der Gerichtshof setzte das Datum für Morses Telegrafen für den Frühling 1837 an (und zwar in seiner vollendeten und allgemein bekannten Form). Aufgrund der Rechtsgrundsätze für die Zeitbestimmung ausländischer Erfindungen datierte man die Systeme Steinheils und Wheatstones auf die letzten Monate desselben Jahres, während Davys Erfindung für das Jahr 1838 festgelegt wurde.

Taney erklärte, selbst wenn Morse seinen Telegrafen später als die anderen erfunden hätte, so könne doch sein Patent nicht angegriffen werden, solange man nicht bewiesen habe, daß die anderen vorher einen ähnlichen Telegrafen in ihrer Heimat patentiert hatten. Das habe niemand getan.

Was die Anschuldigung betrifft, Morse habe seine Ideen nur entliehen und damit einen Telegrafen kombiniert, betonte Taney, daß die Verwertung anderer Ideen natürlich und unanfechtbar sei, denn »sonst könnte kein einziges Patent, das auf der Kombination verschiedener Elemente beruht, erteilt werden«. Der Gerichtshof entschied also, daß Morse der Erfinder jenes Telegrafen sei, der auf seinen Namen lautete, aber der Zusammenhang mit Vail wurde nicht untersucht.

In Erwiderung der Anklage, Morse habe kein richtiges Patent angemeldet und könne deshalb kein Recht auf den exklusiven Gebrauch eines Telegrafen beanspruchen, erklärte der Gerichtshof, daß sein Patent richtig angemeldet sei, daß jedoch eine einzige Forderung – und zwar diejenige, die in seiner Neuanmeldung von 1848 an achter Stelle aufschien – nicht zugelassen werden könne. Das war der Anspruch auf das ausschließliche Nutzungsrecht in der Telegrafie. Wie O'Rielly und die Presse schon oft hervorgehoben hatten, fuhr Taney fort, wäre Fulton aufgrund einer ähnlichen Forderung das Recht vorbehalten gewesen, Dampf zum Antrieb der Schiffe zu verwenden – ungeachtet der Art der Maschinen –, wodurch er jede Verbesserung der Dampfschiffe, mit Ausnahme seiner eigenen Versuche, unterbunden hätte. Taney fragte sich, warum Morse, wenn er wirklich von der Stichhaltigkeit seiner achten Forderung überzeugt sei, sich noch für andere Ansprüche einsetzte, da doch dieser eine alle übrigen von ihm selbst entwickelten Verbesserungen in sich einschloß.

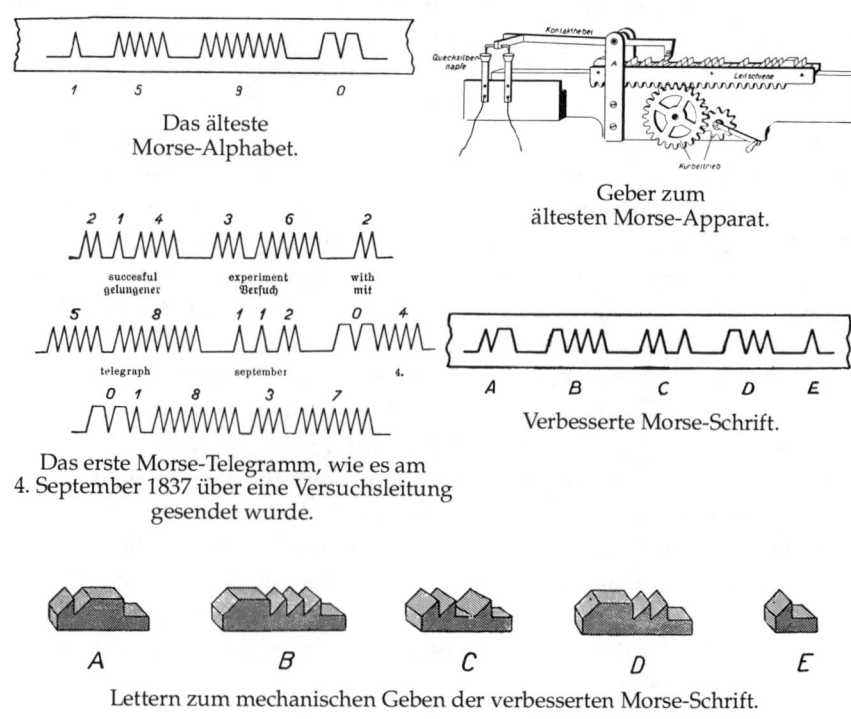

Das älteste
Morse-Alphabet.

Geber zum
ältesten Morse-Apparat.

succesful / gelungener   experiment / Versuch   with / mit

telegraph   september   4.

Verbesserte Morse-Schrift.

Das erste Morse-Telegramm, wie es am
4. September 1837 über eine Versuchsleitung
gesendet wurde.

Lettern zum mechanischen Geben der verbesserten Morse-Schrift.

Auf den letzten Einspruch, daß der Columbian- und Morsetelegraf große Unterschiede aufwiesen, erwiderte Taney, sie seien seiner Meinung nach gleichartig, und der Columbian-Telegraf bedeute deshalb einen Nachteil für den Morseapparat. Damit wurde O'Riellys Standpunkt abgewiesen.

Drei Richter erklärten sich mit dem Urteil des Oberrichters Taney einverstanden, während zwei sich der Minderheitsauffassung des Richters Grier anschlossen, die Morse aber auch in einem günstigen Licht sah.

In Washington erreichte Morse die Nachricht von der Gerichtsentscheidung. Gemeinsam mit dem tüchtigen Shaffner, dessen Frau und dem Sohn Kendalls besuchte er einen offiziellen Empfang, wo man ihn mit Glückwünschen überhäufte. Sie galten »Deinem *bescheidenen* Gatten«, schrieb er seiner Frau am 17. Februar, »dessen Wangen so oft die rosa Farbe der Jugend annahmen, daß er denken mußte, die rote Farbe könnte vor Aufregung bleiben, und sie könnte bei seiner Rückkehr seine junge Frau überraschen«. Dieser Mann, der einmal befürchtet hatte, die unseligen Patentgesetze würden ihn wie Whitney und Fulton »ins Exil, in Armut, in eine Irrenanstalt oder ins Grab« bringen, fühlte sich jetzt im Schutz des Gesetzes sicher.

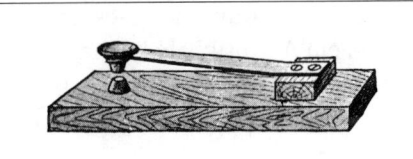

Morse erfand für das Geben seiner verbesserten Schrift auch einen Stromschlüssel für Handbedienung.

25 Atlantikkabel

Von Morse stammt die erste authentische Prophezeiung, daß ein Kabel den Atlantischen Ozean überqueren würde. Daß er dies vielleicht schon 1838, mit Bestimmtheit aber knapp vor Beginn der Washington-Baltimore-Linie vorhersagte, erhöht die Kraft seiner Prophezeiung. Anläßlich eines erfolgreichen Experiments nach dem Ohmschen Gesetz 1843 schrieb er dem Finanzminister zwei Sätze, die seit der Kabellegung endlos wiederholt wurden: »Die praktische Konsequenz dieses Gesetzes besteht darin, daß auf der Basis meines Systems eine telegrafische Verbindung über den Ozean sicher hergestellt werden kann. Es mag vielleicht jetzt übertrieben scheinen, aber die Zeit wird kommen, da dieses Projekt zur Ausführung gelangt.« In England ließ 1845 J.W. Brett eine Gesellschaft eintragen, die es sich zur Aufgabe machte, ein Atlantikkabel zu legen. Es blieb aber bei einer Gründung auf Papier. Später gab Morse belustigt zu, daß Brett der Vater der europäischen, nicht aber der amerikanischen Unterseetelegrafie gewesen sei.

In der furchtbaren und gleichzeitig herrlichen Geschichte des Atlantikkabels war Morses Rolle größtenteils die eines Kommandeurs über den 30jährigen Cyrus W. Field, der sich knapp vorher aus der Papierfabrikation zurückgezogen hatte.

Morse und Field verstanden einander ausgezeichnet. Beide waren Söhne von Geistlichen aus Neuengland, im Glauben alttestamentarisch geprägt, und beide waren sie nüchterne Denker. Bei ihrem Scharfsinn blieb es den Menschen unverständlich, wie sie den Plan fassen konnten, ein Kabel unter dem Ozean zu legen.

Aber die Öffentlichkeit wußte nicht, daß man bereits früher ähnliche Versuche gemacht hatte. Schon 1837 hatte Morse vorgeschlagen, ein Unterseekabel von New York nach Charlestown zu legen. Auch Pasley in England und Dr. O'Shaugnessy hatten eine Unterwasserverbindung hergestellt, und Morses Versuch mit dem Kabel auf Governors Island im Jahr 1842 war jedem bekannt, der sich für diese Tatsachen interessierte. In den späten dreißiger Jahren hatte eine unternehmungslustige englische Gesellschaft das erste Kabel unter dem englischen Kanal gelegt, aber wie bei Morses Governors-Island-Linie wurde auch dieses von einem Fischer geangelt, der es für eine Art Seetang hielt. 1851 wurde ein bleibendes Kabel gelegt, und zwei Jahre später legte Charles Bright, ein 22jähriger Ingenieur, eine Kabelverbindung von England nach Irland. In dieser Zeit fehlte es nicht an Spekulationen über die Möglichkeiten eines Atlantikkabels.

Zu Beginn des Jahres 1854 erhielt F. N. Grisborne, ein englischer Ingenieur, von seiner Firma den Auftrag, Kapital für eine Kabelverbindung zwischen Nova Scotia und Neufundland zu beschaffen. Zu diesem Zweck besuchte er die Familie Field, und als er einen ganzen Abend darüber mit Herrn Field gesprochen hatte, strich letzterer mit dem Finger über den Globus und hatte plötzlich die gar nicht neue Idee, daß Neufundland und Irland doch Nachbarländer seien, die durch ein Kabel miteinander verbunden werden könnten. Der Kampf um den europäischen Nachrichtendienst in Halifax hatte bereits klar bewiesen, daß das Atlantikkabel ein Zeitbedürfnis geworden war. Von dieser Idee erfüllt, schrieb Field sofort Briefe an Morse und Matthew Fontaine Maury. Beide befanden sich in Washington; Maury war in seinem Laboratorium, und Morse feierte aufgrund der obergerichtlichen Entscheidung seinen jüngsten Sieg über O'Rielly. Morse suchte Maury in dessen Observatorium auf und erhielt von ihm ein Exposé über das unterseeische Plateau zwischen Irland und Neufundland, worüber kein Mensch in ganz Amerika besser Bescheid wußte als er. »Das Plateau ist weder zu tief noch zu seicht«, erklärte Maury, »denn es ist tief genug, so daß die einmal gelegten Kabel niemals mit Schiffen, Ankern, Eisbergen oder irgendwelchen Strömungen in Berührung kommen können, andererseits ist es so seicht, daß die Kabel ziemlich rasch auf Grund stoßen.« Morse schrieb an Field, daß er immer an die Möglichkeit einer Kabelverbindung geglaubt habe, und schlug vor, Maury zu entsprechenden Bedingungen an dem Unternehmen zu beteiligen. Er stellte fest, daß Maurys Lotungen im Atlantischen Ozean ihn veranlaßten, Fields Fragen mit einem »widerhallenden Ja« zu beantworten. Morse besuchte bald darauf Field in New York, womit ihre merkwürdige Zusammenarbeit – schwankend zwischen Bewunderung und Haß – ihren Anfang nahm.

Field organisierte ein Team, das das Unternehmen zum Abschluß bringen sollte, darunter Morse, dann Peter Cooper, den ehrwürdigen Eisenhüttenbesitzer und Erfinder, dann der Bruder von Cyrus, Davis Dudley Field, ein bekannter Rechtsanwalt, sowie die Bankiers und Kaufleute Marshall O. Roberts, Moses Taylor, Wilson G. Hunt und Chandler White.

Im Verlauf des Frühjahrs und Sommers 1854 kamen sie oft in Fields Wohnung am Gramercy Park zusammen, rechneten in Millionen von Dollar und entwarfen verschiedene Routen auf dem Globus. Das Resultat der Besprechungen war die Gesellschaft der Nova-Scotia-Neufundland-Linie oder auch »New York Neufundland and London Telegraph Company« genannt. Cooper wurde zum Präsidenten gewählt, Morse zum Vizepräsidenten und Gisborne zum Ingenieur. Der junge Cyrus Field aber, der bereits durch seine klaren Berechnungen und seinen Feuereifer aufgefallen war, blieb die nüchterne Seele des Unternehmens.

An beiden Seiten des Ozeans wurde jetzt die wildeste Phantasie über ein Millionengeschäft entfaltet. Die Gesellschaft selbst verstand es, sich in Neufundland, Prince Edward Island, Nova Scotia und Maine die exklusiven Rechte für die Legung eines Europakabels zu sichern, und erhielt von den Vereinigten Staaten und auch von England die nötigen Subventionen.

Für eine zehnprozentige Beteiligung an der Gesellschaft bezahlte Morse zehntausend Dollar. Trotz des Protests von Kendall bot er der Gesellschaft gegen einen Dollar und »gewisse Vorteile« auch noch seine Dienste an, in der Hoffnung, die Morselinien Maine–New York bewegen zu können, für die Gesellschaft Nachrichten zu halben Gebühren weiterzuleiten; und als Drohung, falls sie dies ablehnen sollte, versprach er, der neuen Gesellschaft das ausschließliche Recht zu geben, Parallellinien bauen zu dürfen. Auch schenkte er der Gesellschaft mit großer Geste seine Rechte auf eine Linie über den englischen Provinzen in Nordamerika, obwohl er diese Rechte in keiner Weise zu vergeben hatte. Man bediente sich seines Telegrafen in den Provinzen, aber er hatte es unterlassen, sich durch Parlamentsbeschluß ein Patent in beiden Teilen Kanadas zu sichern.

Während ein Jahr später lange Reihen von Masten über Neufundland krochen, war ein Abkommen zwischen der Gesellschaft und den Morselinien zustande gekommen, wie Morse es versprochen hatte. Morse erzählte jedermann, daß er auf die Anfrage eines Yankees über Personen in

London, Paris, Wien, Konstantinopel und Kanton durch seine telegrafischen Instrumente in »Locust Grove« binnen fünf Minuten die gewünschte Auskunft haben könnte. Aber vorläufig hatte die Gesellschaft nicht einmal die kurze Kabelstrecke von Nova Scotia nach Neufundland gelegt.

Im darauffolgenden Sommer wurden erneut Vorbereitungen für die Legung eines Neufundland-Nova-Scotia-Kabels getroffen, nachdem zuvor ein Versuch gescheitert war. Diesmal führte die Expedition zu einem Erfolg. Morse nahm nicht an der Expedition teil, sondern befand sich auf Fields Einladung und im Interesse der Gesellschaft in England, weil man sich entschlossen hatte, die Vorbereitungen für ein Atlantikkabel selbst in die Hand zu nehmen.

Bevor er für längere Zeit in England Aufenthalt nahm, machte er mit seiner Frau und seiner Nichte Louisa eine kurze Reise auf dem Kontinent. Auf der Fahrt nach Frankfurt schienen die endlosen Reihen der Telegrafenmaste die Hände nach ihm auszustrecken. In Paris hörte er gerührt das Klappern und Plappern seiner »Kinder« in einem großen staatlichen Telegrafenamt. Nirgends in Europa war es ihm jetzt möglich, unerkannt zu bleiben.

In Kopenhagen machte er eine Pilgerfahrt zu Ehren jener Berühmtheiten, die er in seinen beiden Lebensabschnitten verehrt hatte. Während er sich seiner eigenen Künstlerlaufbahn erinnerte, besuchte er stundenlang das Thorwaldsen-Museum, wo er die Werke jenes Mannes bewunderte, den er noch immer als den größten Bildhauer seit der Antike betrachtete. Dann besuchte er noch Oersteds Zimmer, wo dieser das Ausschlagen von Nadeln durch galvanischen Strom entdeckt hatte. Einen kurzen Augenblick setzte sich Morse in den Stuhl des großen Gelehrten und dachte darüber nach, daß ohne diese Entdeckung der Telegraf niemals zustande gekommen wäre.

Kurze Zeit darauf – und zwar zum erstenmal in seinem Leben – kam er nach Petersburg, in die Stadt, von der er seinerzeit gehofft hatte, er werde dort seine erste Telegrafenlinie errichten. Keine Großstadt hatte jemals einen so tiefen Eindruck auf ihn gemacht wie die russische Hauptstadt. In ihrem Glanz verblaßten der Luxus und die Herrlichkeiten von London oder Paris wie Kerzen im Sonnenlicht. Vor allem bewunderte er die Pracht des kaiserlichen Hofes. Als Morse und seine Begleitung an Land gingen, wurden sie von kaiserlichen Kutschen erwartet, die sie in schnellem Galopp durch die Stadt führten, während die Umstehenden die Hüte abnahmen. Dann ging die Fahrt durch langgestreckte Gartenanlagen, bis sie vor dem Palast hielten. Dort mußten sie an Reihen livrierter Lakaien vorbei bis in ein Zimmer, in dem der Zeremonienmeister sie höflich willkommen hieß und die Gästeliste in Empfang nahm. – Plötzlich erschien Alexander II. mit einem tiefblauen Ordensband schräg über der Brust. Der Zeremonienmeister las die Liste der Gäste vor, und der Kaiser sprach einige freundliche Worte zu jedem. Als Morse an die Reihe kam, sagte der Zeremonienmeister: »Mr. Moore.«

Sogar im Petershof sich gleichbleibend, erwiderte Morse sofort: »Nein, Morse.«

»Ah«, sagte der Zar, »der Name ist hier sehr bekannt, Ihr Telegrafensystem wird in Rußland verwendet.«

Einige Tage später besuchten die Morses Baron Humboldt in der kaiserlichen Residenz in Potsdam. Obwohl er bei der ersten Vorführung seines Telegrafen in der Pariser Akademie der Wissenschaften mit außerordentlicher Freundlichkeit von Humboldt begrüßt worden war, hatte Morse sich doch für alle Fälle vom preußischen Gesandten in Washington einen Empfehlungsbrief besorgt. Sobald Morse jedoch das Zimmer betrat, nannte ihn der kleine, gebeugte Mann an seinem mit Schriften beladenen Tisch bei seinem Namen und sagte: »Oh, Mr. Morse, Sie brauchen keine Briefe; Ihr Name allein genügt als Empfehlung.« Nachdem ihm der Gelehrte rasch von Wilkes Forschungsreise im Südpazifik erzählt hatte, verehrte er dem Besucher seine Photographie mit der französischen Widmung: »Herrn S. F. B. Morse, den seine naturwissenschaftlichen und nützlichen Arbeiten in zwei Weltteilen berühmt gemacht haben.« Morse ließ die Fotografie einrahmen und hing sie in seiner Bibliothek auf.

Eine unvorhergesehene Schwierigkeit tauchte bei der Verwendung eines langen Kabels auf, womit sich Dr. Whitehouse, der Elektrofachmann der Atlantischen Telegrafengesellschaft (diese war von Field in England gegründet worden) und der Naturwissenschaftler Michael Faraday beschäftigten. Sie glaubten, bei Kabeln unter Wasser oder in der Erde könne der Strom durch Gegenströme aus dem Umkreis gestört oder geschwächt werden, und sie vermuteten, daß der Schwund bei einem ungewöhnlich langen Kabel groß sein könnte. Als Morse von seiner Europareise wieder nach England zurückgekehrt war, machten er, Whitehouse und der englische Telegrafist Brett in einer Nacht, da eine der Unterseetelegrafenlinien, die nach London führten, nicht in Betrieb war, den Versuch, über eine Strecke von 3000 km zu kabeln. Morse konnte Field das günstige Resultat dieser Probe melden: »... das große Ereignis des Jahrhunderts wird in Kürze alle Welt in Erstaunen setzen.«

Obwohl die drei Experimentatoren die ganze Nacht durchgearbeitet hatten, trafen sie einander wieder am nächsten Abend bei einem Bankett, das Morse zu Ehren veranstaltet wurde. Viele Ehrenbezeigungen waren dem Erfinder bereits auf dem Kontinent und auch in London zuteil geworden, aber die Ehrung hier in London übertraf all seine Erwartungen. Als Tischvorsitzender fungierte William Fothergill Cooke, der sich aufgrund gewisser Meinungsverschiedenheiten von Wheatstone zurückgezogen hatte – genauso wie Morse und Jackson über die Priorität der Erfindung aneinandergeraten waren, und Smith und Morse noch immer um die gemeinsamen Eigentumsrechte ihres Patents stritten.

»Erst vor wenigen Minuten wurde mir von einem Land, das noch keinen Telegrafen besitzt, die Frage vorgelegt, welches System ich empfehlen würde«, sagte der ehemalige Förderer des Wheatstone-Systems in einer Ansprache zu Morse. »Daraufhin habe ich das System von Professor Morse vorgeschlagen.« Und unter dem Beifall der Anwesenden fuhr er fort: »Ich habe in den letzten Tagen viel darüber nachgedacht, was Professor Morse vollbracht hat. Er ist in Amerika der Mann, der eine großartige Idee durchgeführt und gefördert hat...«

Im widerspenstigen England gefeiert zu werden, war ein großartiger Triumph, auch wenn Morses alter Freund Leslie seine Glückwünsche mit der peinlichen Frage spickte: »Zu meiner Freude las ich heute in der *Times* den Bericht über Ihr Festessen. Aber wie erklären Sie es, daß Wheatstone nicht anwesend war und nicht erwähnt wurde?« Aber die *Times* war im Irrtum, denn Mr. Cooke hatte tatsächlich eine leise Andeutung auf den mit ihm verkrachten Kollegen, den ruhigen Professor am Kings College, gemacht und seine Bemühungen für die wirtschaftliche Verwendung des Telegrafen hervorgehoben. Später hörte Morse folgende Erklärung von Brett: »Als die Idee dieses Banketts aufkam, war ich der erste, der ihn – falls er anwesend sein sollte – (für eine Ansprache) vorschlug.« Aber was machte es aus, was Leslie und die Zeitungen dachten, Mr. Cooke hatte sich lobend über Morse geäußert, Morse hatte großzügig gedankt, und die Anwesenden applaudierten. Es war ihm, als sei die alte Zeit, da er die Medaille für seinen *Herkules* gewonnen hatte, zurückgekehrt. Endlich war Morse, sogar in England, restlos zufrieden.

Als Morse kurze Zeit darauf wieder in New York war, trennte er sich von Field, der sich mit aller Energie für die Vereinigung aller Telegrafenlinien einsetzte, dasselbe Problem, womit auch Morse sich schon früher befaßt hatte. Kurz vor ihrer gemeinsamen Reise nach Neufundland hatte Field sein Interesse an der Gründung einer Gesellschaft bekundet, die sämtliche Telegrafenlinien in den Staaten und Provinzen des Ostens in sich vereinigen sollte. Morse und Kendall waren damit einverstanden und erklärten sich bereit, ihre Anteile und Patentrechte an Field abzutreten. Mit Hilfe des immer schlauen Craig von Associated Press gründeten Field und seine Partner die Amerikanische Telegrafengesellschaft, mit der Absicht, die Einheit zu bewerkstelligen. Als sie aber die Rechte auf den Buchstabentelegrafen von Hughes erwarben, stellte Morse sofort die Frage, ob Field beabsichtige, ihm Schaden zuzufügen. »Wie Sie richtig sagen«, schrieb Kendall ihm, »sind Field und Co. schlaue Geschäftsleute, sie behandeln uns zwar nicht unfreundlich, sind aber freundlicher mit sich selbst. Nichtfreundschaftliche Gefühle uns gegenüber haben sie dazu gebracht, das Instrument von Hughes zu kaufen.« Damit begann der Kampf, den Morse jetzt mit seinen Gesellschaften um das Atlantikkabel auszutragen hatte.

Kurze Zeit, nachdem die Field-Gruppe die Rechte von Hughes erworben hatte, zogen sie, wie Morse es auffaßte, ihr Angebot zurück. Gleichzeitig bauten einerseits Morse und seine Partner, andererseits die Field-Cooper-Craig-Gruppe Konkurrenzlinien auf den gleichen Strecken im Staat New York. »Lasse deinen ausgezeichneten Freund – Mr. Cyrus Field – nicht aus den Augen«, riet ihm sein Cousin Walker aus Utica. Morse war auf der Hut.

Im Verlauf seines Englandbesuchs, als er bei den Vorbereitungen zur Kabellegung behilflich war, hatte man Morse zum Ehrenpräsidenten von Fields Atlantischer Telegrafengesellschaft ernannt, die ihren Sitz in England hatte. Trotzdem war er nicht zufrieden. Während er der neuen Gesellschaft seine Dienste zur Verfügung stellte, hatte man auch noch das Recht auf Kabelverbindungen zwischen den Küstenprovinzen und New York, das er der Neufundlandgesellschaft gegeben hatte, auf Fields Bestreben der neuen Gesellschaft übertragen. Morse wurde bewußt, daß ihm eine ansehnlichere Vergütung zustand.

Auf Morses Anregung schrieb Kendall einen Brief mit einigen Anspielungen: Er erlaube sich zu bemerken, daß Morse Ehrenpräsident sei, und stellte, als ob er von nichts wüßte, die Frage, ob Morse auch Aktien habe. Field verstand den Wink und erwiderte mit dem Angebot, daß er bereit wäre, Morse einen oder zwei Anteile mit einem Nominale von 1000

Pfund, pari, zu verkaufen. Field besaß als Amerikaner die meisten Aktien der Gesellschaft.

»Ich habe jegliches Vertrauen in die Geschäftsführung dieser Herren in bezug auf Ihre und meine eigenen Interessen verloren«, schrieb Kendall, als er von dem Angebot an Morse hörte. »...sie zeigen überhaupt keinen Respekt vor Ihrem Eigentum oder Namen... Abgesehen von den 10000 Dollar für ihr Neufundlandunternehmen gaben Sie ihnen außerdem noch Ihre sämtlichen Rechte auf jede neue Linie von New York nach den englischen Provinzen, wofür sie nichts bezahlten; sie bedienten sich Ihrer Zeit und Ihrer Arbeit, Ihres Namens und Rufes für ihre transatlantische Unternehmung, aber jetzt, da sie sich durch den Schutz der Regierungen und Kapitalisten stark fühlen, erlauben sie Ihnen, *pari*... zu *kaufen!*« Bald darauf wollte Kendall die Vertretung von Morses Geschäftsinteressen niederlegen, um die Biographie seines alten Chefs, Andrew Jackson, von der er bereits einen Band veröffentlicht hatte, zu vollenden.

Morse protestierte energisch in einem Brief an Peter Cooper, den Präsidenten der Amerikanischen Gesellschaft, dem er, obwohl er Unitarier war, das meiste Vertrauen schenkte. In sechzehn langen Seiten machte er seiner Verstimmung Luft. Coopers Erwiderung war kläglich. Er gab zu, das Patent von Hughes könne vielleicht Morses Interesse schaden, aber, so sagte er, wir müssen alles in der Praxis ausprobieren. »Es müßte unser Ehrgeiz und unser Stolz sein, die jämmerlichen Fragen über das *meum* und *tuum* nicht aufkommen zu lassen und das edle Unternehmen, die endgültige Durchführung des elektrischen Telegrafen um die ganze Erde mit Zuhilfenahme der besten Apparate, nicht in seiner Entwicklung zu stören.«

Die Zeit bestätigte die Richtigkeit von Morses Auffassung, daß seine Erfindung nützlicher sei als die von Hughes. Aber wie immer ihn diese Bestätigung befriedigt haben mochte und was immer die Coopers, Fields und Craigs mit dem Ankauf von Hughes Rechten auch vorhatten, die Tatsache blieb, daß sie gerade durch den Besitz dieser Rechte mit der Möglichkeit rechneten, die Morselinien zu einem niedrigen, vielleicht sogar ungünstigen Preis zu kaufen. Später bauten sie – wo immer sie die von ihnen gesuchten Linien nicht aufkaufen konnten – aus eigenen Mitteln Hughes-Linien und entfesselten dadurch einen Vernichtungskrieg gegen die Morselinien.

»Ich beabsichtige, mich gänzlich vom atlantischen Telegrafenunternehmen zurückzuziehen«, schrieb Morse nach einem weiteren Fehlschlag bei der Verlegung des Atlantikkabels seinem Bruder Richard, bald nachdem er wieder bei seiner geliebten Frau in seinem Heim am Hudson war, »denn diejenigen, die hier im Land die wichtigsten Geschäftsverbindungen haben, spielen diese mit allen Mitteln und ihrem ganzen Einfluß gegen meine Erfindung, meine Interessen und die meiner Rechtsnachfolger aus.« Inzwischen gab Kendall seinem Klienten den Rat, sich einen neutralen Anschein zu geben. Er würde – schlug er vor – Morses Interessen vertreten, während Morse selbst die angenehmeren gesellschaftlichen Verbindungen nach beiden Seiten unterhalten sollte.

Im Lauf des Winters wurde Morse in Fields Büro gebeten, um sich dort einen Brief von Field aus London abzuholen. Bevor er noch die Möglichkeit hatte, den Brief zu lesen, machte ihn einer der Angestellten auf einen Zeitungsartikel aufmerksam, in dem Field für das Mißlingen der letzten Kabellegung verantwortlich gemacht wurde. In seinem ersten Impuls wollte er darauf sofort voll Entrüstung erwidern, aber während er die weißen Häuserblocks entlangschritt bis zu seiner Winterwohnung in der Zweiundzwanzigsten Straße, las er Fields Brief und änderte seine Meinung. Field teilte ihm mit, ein neues englisches Körperschaftsgesetz verbiete die Ernennung eines Ehrenpräsidenten, der kein Aktionär sei. In unmißverständlicher Weise gab ihm Field also zu verstehen, daß er sich sofort einen Anteil sichern müßte, widrigenfalls er nicht wiedergewählt werden könne. Aber es gab noch keine telegrafische Verbindung, die es Morse gestattet hätte, Field rechtzeitig zu benachrichtigen, selbst wenn er an der Erwerbung von Anteilen interessiert gewesen wäre.

In seiner Antwort an »Fog« Field konnte er seine Drohungen nicht mehr zurückhalten und ließ den Gedanken, sich von der Gesellschaft zurückzuziehen, vollkommen fallen. Es wäre ihm sehr angenehm gewesen, schrieb er, die neue Kabelexpedition im nächsten Sommer zu begleiten, wozu ihn Cooper auch eingeladen habe, aber die Tatsache, daß er nicht wiedergewählt werden könne, mache es ihm unmöglich, das Marineministerium nochmals zu ersuchen, auf der *Niagara* mitfahren zu dürfen.

»Viele meiner Rechtsnachfolger«, fügte er hinzu, »betrachten eine erfolgreiche Kabellegung als den ersten Schritt der… Amerikanischen Telegrafengesellschaft, um sämtliche Telegrafenlinien in den Vereinigten Staaten zu monopolisieren und zu kontrollieren.… Daraus geht… meines Erachtens… klar genug hervor, daß ich den Erfolg der Ozeanunternehmung nicht aufgrund irgendwelcher finanzieller Vorteile heiß herbeisehne, sondern aus anderen Motiven.
Aber ich möchte Ihnen unmißverständlich zu verstehen geben, daß… ich nicht verantwortlich bin für die Maßnahmen und Pläne zur Selbstverteidigung und zum Selbst-

schutz, womit sich die Interessenten der bestehenden Linien befassen, nachdem sie durch den feindlichen Kurs der Telegrafengesellschaft in die Opposition gedrängt worden sind. Ich höre von verschiedenen Plänen, deren Details mir nicht mitgeteilt wurden... und die Ihnen angesichts Ihrer derzeitigen Vorteile, gewisse Unannehmlichkeiten bereiten könnten.«

Mit einem neuen Kabel und einer besseren Ausrüstung befanden sich der *Agamemnon* und die *Niagara* im Juni 1858 erneut auf dem Ozean. Mr. Bright stand wieder im Dienst der Gesellschaft. Auf halbem Weg wurden die beiden Teile des Kabels, die sich auf beiden Schiffen befanden, miteinander verbunden, und die Schiffe fuhren in entgegengesetzter Richtung auseinander. Nachdem ungefähr 450 km Kabel in das Meer versenkt waren, riß es wieder. Aber diesmal war man besser auf jede Katastrophe vorbereitet, und im Juli konnte man die Fahrt schon fortsetzen. Die *Niagara* fuhr nach Amerika, der *Agamemnon* nach den englischen Inseln. Am 4. August erreichten die Schiffe wohlbehalten ihre Häfen: die Trinity Bay, Neufundland, und die Valencia-Bucht in Irland. Einige Tage später, am 16. August 1858, wurde die erste offizielle Kabelmeldung von Königin Viktoria an Präsident Buchmann gesendet.

Die Zeitungen erinnerten jetzt an die 15 Jahre alte Prophezeiung von Morse: »Eine telegrafische Verbindung wird sicher über den Ozean hergestellt werden.« Im Büro der *Sun* in New York hing eine Karikatur mit dem Text: »S.F.B. Morse und Cyrus Field, die Drahtzieher des 19. Jahrhunderts.« Die Festlichkeiten wurden mit einer in der amerikanischen Geschichte ungekannten Fröhlichkeit und Begeisterung gefeiert. Auf dem ganzen Kontinent läuteten die Glocken, und auf dem Land wurden Freudenfeuer entzündet. Geistliche sprachen von Gottes Segen, Dichter von der Brüderlichkeit, und Emigranten träumten vom Telegrammwechsel mit der Heimat. Im Taumel dieser Begeisterung wäre beinahe das New Yorker Rathaus abgebrannt.

Als diese freudenreiche Nachricht Morse in Paris erreichte, war er in einer schwermütigen Stimmung, und er blieb auch reserviert in seinen Worten, als er vor der amerikanischen Kolonie, die ihm zu Ehren eine Festversammlung veranstaltet hatte, eine Ansprache hielt: »Von dem richtigen Gebrauch des atlantischen Telegrafen als politischen oder wirtschaftlichen Machtfaktor zum Guten oder zum Bösen wird es abhängen, ob die aufrichtigen Glückwünsche bei seinem Erfolg als wissenschaftliche Unternehmung (und nur das ist der Grund, weshalb ich mich diesen Glückwünschen anschließen kann) durch die Befürchtung abgeschwächt werden, daß seine gewaltigen Möglichkeiten zum Wohl der Welt, ins Böse verdreht, durch eine kleinherzige Politik geschmälert und zur Unterdrük-kung und zum Angriff mißbraucht werden könnten.«

Wie Robert Fulton seinerzeit die naive Meinung vertreten hatte, seine Erfindung eines verbesserten Unterseebootes werde das Ende jedes Krie-ges bedeuten, so hatte auch Morse ursprünglich an den allgemeinen Nutzen seines Telegrafen geglaubt. Aber schon seinerzeit, als er die Re-gierungskontrolle vorgeschlagen hatte, begann er zu zweifeln, und all-mählich hatten die Kämpfe mit Smith, Associated Press und Field seine Träume von 1832 getrübt. Jetzt hinterließ seine Ansprache einen sehr ernsten Eindruck, und obwohl ihn die Anwesenden an seine Pariser Erklärung von 1838 über die wunderbaren Resultate seiner Erfindung erinnerten, mag ihm und noch einigen wenigen seiner Generation der Gedanke gekommen sein, daß technische Errungenschaften absolut kei-nen Fortschritt bedeuten müssen.

Begeisterung in Amerika, Freude in Frankreich und Anerkennung in England – das alles kam bald wieder zum Schweigen, denn auch das Kabel wurde zum Schweigen gebracht. Die wirkliche Ursache werden wir wahrscheinlich nie erfahren. Man beruft sich auf eine Prophezeiung von Morse, der erklärt haben soll, die ganze Angelegenheit werde mißlingen, weil sie nicht richtig vorbereitet gewesen sei. Manche behaupten sogar, daß überhaupt keine Meldungen per Kabel durchgekommen seien und Field sich in einen gigantischen Betrug eingelassen habe. Sie beschuldig-ten ihn, den Präsidenten und die Königin zum Narren gehalten zu haben, als er vorgab, ihre Meldungen durch einen winzigen Draht unter Mu-scheln und Seetang, am Meeresgrund liegend, weiterzuleiten.

Im nächsten Jahr machte eine Art Interessengemeinschaft der Feind-schaft zwischen Morse und Field ein Ende. Es wurde die erste Morse-Ge-sellschaft, die »Magnetic Telegraph Company«, gegründet und Fields »American Telegraph Company« einverleibt. Die Hauptaktionäre der Ma-gnetic Company, unter ihnen Morse und Kendall, erhielten amerikanische Aktien in einer Höhe von 500000 Dollar (eine Summe, die bedeutend größer war als der Betrag, für den er vor 15 Jahren der amerikanischen Regierung seine sämtlichen Patentrechte überlassen wollte), wogegen sie Aktien der Magnetic Company im Wert von 369300 Dollar austauschten. Barnum von der Magnetic Company wurde Präsident der reorganisierten American Company, und Kendall, Morse, Field, Hunt und Abraham S. Hewitt ließen sich in das Direktorium aufnehmen. Die Gesellschaft kaufte jetzt alle wichtigen Linien an der atlantischen Küste, mit Ausnahme von Smiths Boston-New-York-Linie, und Field, der nicht gewillt war, sich mit Smith zu verbinden, zahlte ihn schließlich aus. Die Gesellschaft betätigte allein zwischen Boston und New York sieben Linien.

Ungefähr zur selben Zeit verkauften die Inhaber der Morse-Patente ihre restlichen Patentrechte, nachdem der Großteil ihrer Rechte auf die Hauptlinien bereits veräußert worden war. Übrigens hatte das Patent nur noch eine kurze Gültigkeitsdauer – bis 20. Juni 1861 –, falls keine Verlängerung erzielt wurde. Trotzdem konnte Smith seine Patentrechte für 301 108,50 Dollar an die American Company verkaufen, ein nettes Sümmchen für einen Mann, der nur einen kleinen Betrag investiert hatte. Auch Morse und Vail verkauften der American Company und ihren Verbündeten in den Vereinigten Staaten und Kanada ihre Rechte en bloc. Im Zuge dieser Verkäufe entwickelte sich zwischen Smith und Morse eine Reihe unerfreulicher Prozesse, die kein Ende zu nehmen schienen, bis es zu einer plötzlichen Lösung kam. Die American Company mit ihren Zweigstellen kontrollierte bald darauf alle Linien und Patente von Morse, Hughes und Bain.

Die Gesellschaft versuchte vergebens, eine Verlängerung von weiteren sieben Jahren für das Morse-Patent zu erreichen, und versprach, den Patentinhabern zusätzlich 30 000 Dollar zu bezahlen, wenn dies gelänge. Smith war gegen die Verlängerung, weil er den Bau einer neuen Telegrafenlinie plante und deshalb die Bezahlung von Patentgebühren vermeiden wollte. Nachdem er von Morses Patent den Rahm abgeschöpft hatte, ließ er es fallen.

Der Krieg zwischen Smith und Associated Press hatte letztere in die Arme der American Company getrieben. Da aber Associated Press eine Monopolstellung der American Company befürchtete, versuchte sie dies zu vereiteln. Craig, der noch immer ihr Vertreter war, agierte hinter den Kulissen. Er sicherte Associated Press den nötigen Rückhalt bei der Presse im allgemeinen, und im besonderen bei den »Sechs Nationen«, das heißt bei sechs Gesellschaften, einschließlich der jungen Western Union, die nur lose mit der American Company verbunden waren – und drohte jetzt mit dem Bau von Konkurrenzlinien aus eigenen Mitteln. Field und seine Freunde Peter Cooper, Abraham S. Herwitt und Wilson G. Hunt sprachen sich für eine Verständigung mit Craig aus, aber Kendall lehnte ab. Er kannte Craigs Schlauheit, der es auf seinen Untergang abgesehen hatte, nur zu gut. Morse war im Anfang noch unschlüssig.

Eine angeblich von allen Zeitungsherstellern in New York und Boston unterschriebene Erklärung wurde Präsident Barnum von der American Company vorgelegt. Sie verlangte Herabsetzung der Gebühren und die Wahl von drei Direktoren nach Gutdünken der New Yorker Presse und je einen aus Philadelphia und Boston.

Als Morse eine Abschrift dieser Erklärung gelesen hatte, ging er entrüstet in das Büro der American Company in Wall Street, wo er den Engländer Russell, den eigensinnigen Sekretär der Gesellschaft, in hellster Aufregung antraf. Russell sagte, er beabsichtige, Associated Press zu vernichten, und zwar durch die Gründung eines Konkurrenzunternehmens für Nachrichtenvermittlung mit eigenen Vertretern in Europa und mit Spezialbegünstigungen auf den angeschlossenen Linien. Morse hörte sich diese Drohungen mit Befriedigung an, billigte sie sogar, weil Associated Press anscheinend zum Krieg entschlossen war.

Kaum war Morse einige Zeit nach seiner Rückkehr in Poughkeepsie, erhielt er von Hewitt eine Einladung zu einem Diner in sein Haus in Gramercy Park, das auch von seinem Schwiegervater, Peter Cooper, bewohnt wurde. Zu diesem Diner waren auch einige Vertreter der Associated Press eingeladen. Nach einem zweistündigen Weg in die Stadt traf Morse im Cooper-Hewitt-Haus ein; er traf dort nicht nur die Gastgeber, die Eisenhüttenbesitzer und ihre Nachbarn von nebenan und Field, mit dem Morse sich jetzt gut verstand, sondern auch Raymond von der *Times*, Beach von der *Sun*, Hallock jr. vom *Journal of Commerce*, den Sohn des Hallock, der der erste Präsident der Associated Press gewesen war und den Morse schon lange kannte, und schließlich Brooks, seinerzeit Smiths Gegner bei den Kongreßwahlen in Maine und jetzt Herausgeber des *Express*.

Den Gastgebern, Field und Morse gelang es, die Zeitungsherausgeber zu bewegen, vorläufig keine Schritte zu unternehmen und inzwischen die Verwalter der Gesellschaft zur Vernunft zu bringen. Raymond von der *Times* überzeugte Morse, daß Associated Press stark genug sei, ihre eigenen Linien zu bauen, wenn sie es wünschte. Morse bemühte sich neuerdings, eine friedliche Lösung herbeizuführen, weil er, wie er Kendall ausführlich erklärte, seine Telegrafeninteressen schützen wollte.

Einige Tage später brachten die Stadtzeitungen einen Aufruf an die Aktionäre der Gesellschaft zu einer Versammlung. Er war von vier der Direktoren, Hewitt, Field, Hunt und Morse, unterschrieben. Da diese Unterschriften für die Einberufung einer Versammlung genügten, zogen

Russell und seine Freunde gegen Hewitt, Field und Hunt los, weil sie bei Craig und Associated Press den Laufburschen abgaben. Morse wurde irgendwie geschont; er war alles in allem eine nationale Figur, der achtbare Erfinder des Telegrafen, fast zu alt, um sich aktiv in Geschäftskämpfe einzulassen, und zu sehr geachtet, um in einer Broschüre scharf angegriffen zu werden.

Da er an den gegenwärtigen Beschimpfungen nicht beteiligt war, fiel es ihm leichter, eine Versöhnung herbeizuführen. Ihm ist es zu verdanken, daß zwei Verwalter, die unter Russells Einfluß eingesetzt worden waren, an Russells Klugheit zu zweifeln begannen. Auf Morses Zureden wurden in der besänftigenden Atmosphäre des Hotels Delmonico gemeinsame Zusammenkünfte veranstaltet, die schließlich zu einer friedlichen Lösung führten.

Endlich war zwischen Morse, Field und Associated Press ein gutes Einvernehmen zustande gekommen. Es hatten nicht nur die Angriffe gegen Morses Patent, sondern auch die gegen die von ihm gegründeten Linien aufgehört, und man hätte glauben können, daß er jetzt von seiner Streitsucht endgültig geheilt war.

Im Lauf des Jahres 1860 waren 31 Schiffe aus Europa unterwegs. Die Reporter von Associated Press fuhren ihnen bis Cape Race, Neufundland, entgegen, von wo sie ihre Berichte über den amerikanischen Kontinent kabelten. Aber Field war nicht zufrieden. Es ging ihm zu langsam, und er fürchtete wieder die Passivität und das Mißtrauen der Welt und für sich die drohende Armut. Beim zweiten Versuch, 1865, riß das Kabel wieder, und als im folgenden Jahr *The Great Eastern,* der größte Dampfer der Welt, Valencia verließ, war die Stadt der vielen Kabelexpeditionen so überdrüssig geworden, daß sie sich für diese Abfahrt kaum begeistern konnte. Aber dieses Mal glitt das Kabel ohne einen einzigen Zwischenfall in das Meer, und die Fahrt wurde zu einem Erfolg. Damit war auch der Jagd nach den ersten Nachrichten in Nova Scotia und Neufundland ein Ende gesetzt. Endlich waren Nord- und Südamerika durch ein Kabel miteinander verbunden, um niemals mehr getrennt zu werden.

Morse war jetzt 75 Jahre alt und nicht mehr in der Lage, Kabelexpeditionen – außer mit seinen guten Wünschen – zu begleiten. Er mag sich vielleicht in seiner Kritik an dem jungen begabten Bright geirrt haben, auch mögen in seinem Urteil über Field persönliche Interessen eine zu starke Rolle gespielt haben, er war aber als Mann mit klar ausgesprochenen Ansichten anständig genug, unhaltbare Positionen aufzugeben, wenn die Umstände dies von ihm verlangten. Die Ehre, die Alte und die Neue Welt miteinander verbunden zu haben, gebührt an erster Stelle dem energischen Field mit seiner unbezwinglichen Ausdauer, und an zweiter Stelle England, das für diesen Zweck das meiste Kapital zur Verfügung gestellt hatte. Aber die ursprüngliche Idee geht auf Morse zurück, und kein Mensch war mehr erfreut, die Einigung von Europa und Amerika über das Meer miterleben zu können, als Morse, der ebenfalls auf dem Meer zum erstenmal die Idee des Telegrafen erfaßt hatte.

Von seinem friedlichen Heim am Hudson konnte der Hexenmeister beobachten, wie dieser Blitz die Erde immer mehr entflammte. Aber die Strahlen verfolgten nicht immer die Richtung, die er gewünscht hatte. Sie flammten ebenso am Sonntag wie an Wochentagen auf und störten mit ihrem krachenden Lärm die Stille des Ruhetages. Sie leuchteten über die Seiten von Tausenden Tagesblättern, ob sie der Wahrheit dienten oder den selbstsüchtigen Interessen der Herausgeber. Er hatte die Geheimnisse seiner Magie Gesellschaften anvertraut, die seine Strahlen ohne die nötige Ehrfurcht benutzten und sie zwangen, über häßliche Masten zu laufen, über Masten, die nicht tief genug eingegraben waren. Die Gesellschaften selbst bekämpften einander, und manche weigerten sich, die Funken durchzulassen oder weiterzuleiten, die andere Hexenmeister vom Himmel herabbeschworen hatten, als ob himmlische Verkündigungen der Spielball kleiner menschlicher Eifersucht sein könnten. Seine Strahlen dienten der Geldgier, aber auch der Freigebigkeit, dem Haß sowie dem Wohlwollen, der Vernichtung und schöpferischer Arbeit, dem Krieg und dem Frieden. Wie andere herausragende Persönlichkeiten seiner Zeit hatte auch er den Menschen eine neue Kraft in die Hände gelegt, und als er sie geschenkt hatte, wußte er, daß ihm kaum etwas anderes zu tun übrig blieb, als sie den menschlichen Begierden zu überlassen.

26 Copperhead

Bei seinen politischen Bemühungen um ein offizielles Amt war Morse bisher dreimal gescheitert. So machte er in diese Richtung zwar keine Versuche mehr, ging dafür aber bei seiner nächsten politischen Tätigkeit beherzter vor. Als er die Kluft zwischen Nord und Süd für unüberbrückbar hielt, machte er den Vorschlag, beide Teile als unabhängige Nationen ihre eigenen Wege gehen zu lassen. Die Flagge könne, so sagte er, von der einen Ecke zur anderen durchgeschnitten werden, und die eine Hälfte sei für den Süden, die andere für den Norden. Sobald sich die großen Kontraste gelegt hätten, was seiner Meinung nach sicher einmal der Fall sein werde, müsse man die beiden Flaggen wieder vereinigen. Aber bis es so weit sei, möge man sie, nebeneinandergestellt, als die alte amerikanische Flagge betrachten, als eine stete Mahnung an die gemeinsame Abstammung zweier Nationen, als Erinnerung an die Schande, die sie beide auf dem Gewissen hatten, und als Aufforderung zu gemeinsamer Arbeit. Dieses gemeinsame Ziel, das die Einheit fördern könne, wäre seines Erachtens ein Krieg gegen England, denn ein Krieg, für den man sich leicht gemeinsam entschließen könnte, würde das Sklavenproblem in den Hintergrund rücken und den Frieden ermöglichen.

Der Angriff auf Fort Sumter war für das Land ein Kriegssignal, aber für Morse ein letzter Hinweis, sich nochmals für eine Versöhnung einzusetzen. Er wollte persönlich in Washington und auch in Richmond vorsprechen und suchte nach einer Einigungsformel. Mit Rücksicht auf sein hohes Alter entschloß er sich, nicht selbst zu reisen, sondern bezahlte einem Freund die Kosten zur Ausführung seines Vorhabens. Obwohl diese Expedition keineswegs ein Erfolg war, ließ er auch ferner keine Gelegenheit ungenützt, um zu Verhandlungen zu gelangen.

Ein Teil der Schuld lag seiner Meinung nach beim Süden. Die Südlichen hätten ihre ehrgeizigen Politiker aufgestachelt, ihren Freunden im Norden den Rücken gekehrt und in jeder Form gegen die Einheit agiert. Aber der Süden sei keineswegs der einzige Schuldige. »Viele schauen nicht weiter zurück als bis zum Angriff auf Fort Sumter«, schrieb er innerhalb der ersten zwei Jahre nach diesem Vorfall, »und sie beschuldigen den Süden, mit den Feindseligkeiten begonnen zu haben. Das ist nicht gerecht, weder dem Süden gegenüber noch der unparteiischen Geschichte. Diese letzten Jahre, in denen man dem Süden sympathisch und unaufhörlich in provozierender Weise mit der Abschaffung der Sklaverei drohte, werden die Historiker sicher einmal zu den Ursachen zählen, die unsere nationalen Schwierigkeiten hervorgerufen haben.«

Kurz nach dem Angriff auf Fort Sumter wurde Andrew Carnegie nach Washington berufen, um ein militärisches Telegrafensystem aufzubauen. Einen Monat später, während der Schlacht von Bull Run, befanden sich Lincoln und der Großteil seines Kabinetts im Telegrafenamt des Kabinetts und hörten dort – gerade als sie einen Überfall auf Washington vorbereiteten – die Meldung: »Unsere Armee ist im Rückzug.« Der Norden hatte ungefähr 1800 junge Männer für ein Telegrafenkorps ausgehoben, meistens unter zwanzig, und somit wurde der Telegraf, wie in Europa während des Krimkriegs, die rechte Hand der Armee, wie sich Minister Stanton ausdrückte.

Inzwischen betätigte sich der Erfinder des Telegrafen als Präsident des »Amerikanischen Verbandes zur Förderung der nationalen Einheit«, der nach der Beschreibung des Historikers Lossing, Morses Nachbar in Poughkeepsie, »der Keim und die starke Stütze jener Friedensgruppe wurde, die während der letzten drei Jahre des Bürgerkriegs eine so bemerkenswerte Rolle spielte«. In seinem offiziellen Programm brachte der Verband Gott seinen Dank dafür zum Ausdruck, daß vier Millionen Menschen, die nicht imstande waren, für sich selbst zu sorgen, dem Süden anvertraut waren. Auf die berechtigten Proteste seines früheren Pastors in Poughkeepsie antwortete Morse mit der Verteidigung seines Verbandes, der als »erste Gruppe warmfühlender und betender Christen die Mittel zur Verfügung stellte, um den Frieden zu fördern«. Unter den Mitgliedern befand sich der episkopalische Bischof Hopkins aus Vermont und Leonard Woods, Präsident des Bowdoin-College, wo Calvin Stowe Lehrer war, während seine Frau *Onkel Toms Hütte* schrieb.

Als Lincoln seine Emanzipationserklärung veröffentlichte, wußten Morse und der kleine Rest seiner Getreuen, daß die zunehmende Strömung für die Abschaffung der Sklaverei sich auch der Republikanischen

Partei bemächtigt hatte. Um diesem Verrat entgegenzutreten, brauchten Morse und seine Freunde eine neue Organisation, und diesmal fanden sie den nötigen Rückhalt.

In Delmonicos Luxusrestaurant in der Fifth Avenue, Vierzehnte Straße, trafen sich die neuen »Verschwörer« zum erstenmal. Einer der Veranstalter – vielleicht Morse – hatte William Cullen Bryant, den Herausgeber der damaligen republikanischen *Evening Post* eingeladen. Bryant schickte einen Berichterstatter als Vertreter. Weil dieser eine Einladung hatte, wurde er, wenn auch mit Mißtrauen, zugelassen, aber Greeley, dem Reporter der *Tribune,* wies man ohne Umschweife die Tür. Die Anwesenden wurden um Geheimhaltung gebeten, aber der Berichterstatter der *Post,* der sich nicht verpflichtet fühlte, Verräter à la Copperhead zu schützen, schrieb einen sensationellen Bericht über das Vorgefallene. Auch Bryant selbst berichtete darüber in der *Post* und bezeichnete die Vorgänge als eine »gewissenlose Kampagne gegen die Regierung des Landes, zugunsten einer jetzt bewaffneten Gruppe Aufständischer«.

Die *Post* veröffentlichte alle Namen derjenigen, die sich in die Präsenzliste eingetragen hatten, und unterstrich die Tatsache, daß viele von ihnen Millionäre und Neuengländer seien, wie zum Beispiel August Belmont, ein Vertreter der Rothschilds und berüchtigter Eigentümer der *World,* E. H. Miller, Geldmagnat von Wall Street, David E. Wheeler, ein reicher Rechtsanwalt aus New Hampshire, Henry Young, ein Millionär aus Troy, Samuel J. Tilden, Rechtsberater verschiedener Gesellschaften von Wall Street, »S. F. B. Morse, Künstler und Erfinder, gebürtig aus Charlestown, Massachusetts«, George Ticknor Curtis, ein Rechtsanwalt, dem Morse sich seinerzeit anvertraut hatte, ein »frischer Import aus Boston«, und drei Zeitungsverleger: Manton Marble der *World* aus Boston, William C. Prime vom *Journal of Commerce* aus Connecticut und James Brooks vom *Expreß* aus Maine. Bryant zufolge hätte die neue »Vereinigung zur Verbreitung politischer Kenntnisse« (wie sie sich nannte) den Zweck, »Mittel aufzubringen zur Verbreitung politischer Dummheiten, verräterischer Zeitungen und Ansprachen. Die reichen Herren aus New York gaben das Geld, und die reaktionären Herausgeber der *World,* des *Expreß* und des *Journal of Commerce* das Gehirn.«

Die Zusammenkunft im Delmonico fand Freitagabend statt, und der aufsehenerregende Bericht erschien in der Samstagnummer der *Evening Post.* Letzterer zufolge waren die Teilnehmer der Veranstaltung momentan beunruhigt, und ein anderes Blatt erklärte: »Die Sonntagszeitungen haben diese erstaunliche Offenbarung übernommen. Die Montagblätter schlossen sich dem Alarmruf an und brachten in auffallender Aufmachung die Namen der Verräter und Verschwörer«, sie erwähnten ausdrücklich Morse, seinen Bruder Sidney und J. Tilden. Ein Blatt aus Poughkeepsie stellte fest: *Professor Morse* aus dieser Gegend, »der durch seinen Telegrafen Tausende Dollar auf Kosten der Regierung verdient, war auch bei der verrufenen Verschwörerbande«.

Die Hysterie, die bereits in weiten Kreisen auf empfindsame Menschen übergegriffen hatte, war so groß, daß Morse auf das Schlimmste gefaßt war, sogar auf die Nachricht, daß seine protestantischen Freunde sich zum Katholizismus oder, noch schlimmer, zum Freidenkertum nach dem Muster Theodor Parkers bekehrt hätten. Er sah sich gezwungen, seine eigenen Verwandten zurechtzuweisen, Geistliche wegen politischer Predigten zu verurteilen und sogar gegen die Auffassungen des *Observer* Stellung zu nehmen. Er hörte, daß man ihn als gebrandmarkt betrachtete und daß ein Bostoner Blatt vorgeschlagen habe, ihn in Fort Lafayette einzusperren. Abgesehen von anderen Erfolgen, hatte sein persönlicher Mut und der seiner Anhänger wenigstens erreicht, daß die Behörden in der Heimat ein Minimum an Freiheit bestehen ließen.

Obwohl er mit den Schimpfnamen »Copperhead«, »Verräter« und »Friedensstifter« bombardiert wurde, ließ er sich doch zum Präsidenten des neuen Verbandes wählen. Die Diffusionisten, wie die Mitglieder der »Vereinigung zur Verbreitung politischer Kenntnisse« genannt wurden, veröffentlichten ungefähr 20 Pamphlete, von denen drei von Morse stammten. Ohne Umschweife erklärte er, daß er nicht beabsichtige, die amerikanische Regierung, sondern vielmehr die Verwaltung zu untergraben, denn dies sei in einem freien Land öfter der einzige Weg, um die Regierung selbst zu retten. Einstimmigkeit in der Verteidigung der Verwaltung, führte er fort, sei in Kriegszeiten nicht immer notwendig, im Gegenteil, wenn eine Verwaltung arrogant werde, sei sie sogar gefährlich. Die Gegner der Sklaverei seien es, die die Verwaltung in eine verfassungswidrige Richtung trieben.

Während Morse das Fortbestehen der Sklaverei verteidigte, sah er seine Hauptaufgabe als Präsident der Diffusionisten darin, die Einheit wiederherzustellen, nötigenfalls erst durch einen Krieg und dann durch Versöhnung. Seine Meinung über Lincoln äußerte er in einem Brief an J. D. Caton, einen Förderer des Telegrafen in Illinois und führenden Demokraten: »Der derzeitige Amtsinhaber ist der gesetzlich ernannte, rechtmäßige

Präsident der Vereinigten Staaten und muß daher bei all seinen verfassungsmäßigen Verordnungen unterstützt werden, wie immer wir denken mögen und wie scharf unsere Kritik (denn wir haben ein Recht, zu kritisieren) an seinen Beschlüssen und seinen Ratgebern auch sein mag. Aber man muß ihm mit vollkommener Offenheit zu verstehen geben, daß das Volk, die über ihm stehende Macht, ihn für jede Verletzung seiner Instruktionen zur Verantwortung ziehen wird, denn diese Instruktionen sind seiner feierlichen Willenserklärung einverleibt, das heißt in der Verfassung, die es ihm und uns zur Richtschnur gegeben hat. Die Emanzipationserklärung, die ungesetzlichen Verhaftungen, die Konfiskationsverordnungen, die Aufhebung des Habeas Corpus, unter dem Vorwand militärischer Notwendigkeit, müssen zurückgenommen und annulliert werden. In diesen Verordnungen hat er seine Vollmachten überschritten.«

In diesem Urteil über Lincoln standen die Diffusionisten keineswegs allein. Bei der Propaganda für die Kongreßwahlen 1862, wobei die Erhaltung der bürgerlichen Freiheit das Hauptthema bildete, verloren die Republikaner Lincolns eigenen Staat sowie Pennsylvania und behielten kaum noch die Mehrheit im Kongreß. Sogar New York wählte wieder einen Demokraten, Horatio Seymour, zum Gouverneur. Als das Wehrpflichtgesetz erlassen wurde, erklärte Horace Greeley in der *Tribune*, dem Lieblingsblatt all jener, die die Abschaffung der Sklaverei verteidigten, das Prinzip der allgemeinen Wehrpflicht widerstrebe einem freien Volk. Kurz nach Gettysburg herrschten drei Tage lang Gruppen von Meuterern in den Straßen New Yorks, überwältigten mehrmals die Polizei und Miliz und steckten die Häuser der Gegner der Sklaverei und der Schwarzen in Brand. Die Meuterei veranlaßte Morse, Poughkeepsie zu verlassen, um für sein Haus in der Zweiundzwanzigsten Straße Sicherheit zu tragen, und auch Gouverneur Seymour, der gegen die allgemeine Wehrpflicht war, kam aus Albany, um durch das Versprechen, sich in seinem Staat der Wehrpflicht unterzuordnen, dem Blutvergießen Einhalt zu gebieten.

Für einen Mann von 72 Jahren erledigte der Erfinder des Telegrafen 1863 eine erstaunlich große Anzahl von Repräsentationspflichten. Als sich der Kampf um die Präsidentenwahlen näherte, verdoppelte er seine Bemühungen. Im Januar 1864 gab er bekannt, daß sein Verband sich für General McClellan als Kandidaten einsetze. Bei den Vorbereitungen zur Wahlkampagne kamen Morse und seine Mitarbeiter zu dem Entschluß, für ihre Zwecke eine New Yorker Zeitschrift zu kaufen. Nachdem Morse 500 Dollar gestiftet und man von anderer Seite den gleichen Betrag zur

Verfügung gestellt hatte, konnte J. Holmes Agnew die alte literarische Monatsschrift *Knickerbocker* kaufen, die einst durch die Geistesblitze eines Bryant, Cooper, Sands, Irvings und Hallock gesprüht hatte und jetzt umgewandelt den Demokraten dienstbar gemacht wurde. Für den Fonds der Wahlpropaganda steuerte Morse in diesem Jahr mehr als 200 Dollar bei.

Im Sommer pendelte er ununterbrochen zwischen Poughkeepsie und New York hin und her, revidierte Manuskripte und machte sie druckfertig, präsidierte einer Friedenskundgebung und wohnte vielen Veranstaltungen bei, bei denen im Schein der Fackeln und Raketen nach der Melodie von *Vive l'amour* das Lied gesungen wurde:

> *Als Einheit bedroht war durch faulen Verrat,*
> *Erhob sich der Mann, den ihr liebt;*
> *Klein-Mac zog sein Schwert und ging in den Kampf,*
> *Hurra für den Mann, den ihr liebt.*
> *Das Rennen gewinnt er und zieht ins Weiße Haus,*
> *Ob Beecher, ob Greeley es will oder nicht.*
> *Hurra für den Mann, hurra für den Mann,*
> *Hurra für den Mann, den ihr liebt.*

Als 73jähriger lehnte Morse es im September ab, Präsident des demokratischen Klubs junger Männer in New York zu werden. Als der Kampf heftiger wurde, bat ihn sein Freund, der Diffusionist Mason, zur Unterstützung des zentralen Exekutivkomitees für Propagandaschriften, zehn Tage in den Büros des Komitees zu arbeiten; er antwortete, daß er es versuchen wolle. Bei der Nachricht über Antietam war er einer der Mitunterzeichner jenes Briefes an den demokratischen Bürgermeister Gunther, in dem man ihn beglückwünschte, weil er Siegeskundgebungen auf Kosten »unserer Brüder« in New York verboten hatte.

In den letzten Wochen des Wahlkampfes machte er die peinliche Entdeckung, daß der Wappenspruch seiner Familie gar nicht ihr Motto sei. Als er vor vielen Jahren nach London gekommen war, hatten ihn die Worte »*In Deo, non armis fido*« nicht besonders angenehm berührt, weil er damals ein Überpatriot war. Jetzt aber, da er wußte, daß Gott nicht auf beiden Seiten der Kriegführenden stehen könne, entdeckte er, daß es mehrere Zweige der englischen Morses gebe und daß der Wappenspruch seines Familienzweiges nur ein schlechtes Wortspiel sei: »*Mors vincit omnia.* Mir ist der alte Spruch lieber«, stellte der alte Genealoge mit Bedauern fest.

Fünf Tage vor den Wahlen präsidierte Morse einer Veranstaltung zugunsten von Brooks, dem Herausgeber des *Expreß*, und gab sich selbst den besten Ratschlag, als er sagte: »Es hat mich nie überzeugt, wenn man seinem Feind mit Verleumdungen auf den Leib rückt.«

Für ihn, den alten Kämpfer, war es eine traurige Angelegenheit, erfahren zu müssen, daß sich sein eigener Bruder der Opposition anschloß. Richard sagte ihm: Wenn die Demokraten sich nicht in die Wahl Lincolns fügen, tun sie dies auf eigene Gefahr, worauf Morse mit der Drohung erwiderte, er werde bei einem Sieg Lincolns das Land verlassen.

Samstagabend vor den Wahlen leuchtete der Fackelzug der Demokraten auf dem Broadway wie eine glitzernde Schlange, die vom Stadtrand über Union Square, wo die großen Wahlversammlungen abgehalten wurden, bis knapp vor Morses Haus in der Zweiundzwanzigsten Straße ihren Weg nahm. Sobald der wogende Zug von Fackeln, Transparenten und Fahnen Madison Square erreicht hatte, wurde er von der wartenden Menge mit Hurrarufen empfangen. Während sich die Menge auflöste und vor dem weißmarmornen Fifth-Avenue-Hotel eine Front bildete, wurde McClellan unter lautem Geschrei aufgefordert, zu erscheinen. Im Hotel selbst waren die Gänge so überfüllt, daß Morse, der McClellan zum Balkon begleitete, beinahe erdrückt wurde. Drei Polizisten waren kaum imstande, dem Helden und seinem patriarchalischen Begleiter einen Weg zu bahnen. Als sie den Balkon betraten, hatte Morse den Eindruck, daß die Volksmassen sich, so weit er sehen konnte, in jeder Richtung ausdehnten. Dann verstummte allmählich der Lärm, und mit einigen kräftigen Worten stellte er den Kandidaten vor, der Lincoln besiegen, einen raschen Frieden herbeiführen und die Union retten sollte. Als er zu sprechen aufhörte, brach ein solches Getöse aus, daß er dies, so weit er sich erinnern konnte, nur mit dem Empfang von Blücher und Platoff nach der Schlacht von Waterloo vergleichen konnte.

Von den Aufregungen vollkommen erschöpft, verließ er langsam das überfüllte Hotel und begab sich um die Ecke in sein bescheidenes, aus braunen Ziegeln erbautes Haus.

Am nächsten Tag nach den Wahlen schrieb er seinem widerspenstigen Bruder Richard: »Wenn ich annehmen müßte, daß in meiner Bibel statt ›gesegnet‹ *verflucht* sind die *Friedliebenden*‹ steht, würde auch ich aufhören, ein *Friedensmensch* zu sein.«

27 Der Patriarch

Menschen, die die Gabe besitzen, Nationen ihren Willen aufzuzwingen, ernten meist schon zu Lebzeiten einen gewissen Ruhm. Wer aber der Menschheit eine große Gabe schenkt – ein Bild, einen Roman oder eine neue Lebensanschauung –, wird nur selten vor seinem Tod besungen. Von dieser Regel machte der Weise von »Akazienhain« eine bemerkenswerte Ausnahme. In seiner engeren Heimat genoß er schon als Maler, Schriftsteller und Förderer der Daguerreotypie einen guten Ruf, und sowohl daheim als auch im Ausland wurde ihm wegen des Telegrafen viel Anerkennung zuteil, bevor sich noch seine Erfindung in der Welt durchzusetzen vermochte. Aber sobald man deren große Bedeutung überall erfaßt hatte, erwarb er einen Ruhm, der nur selten einem Künder des Friedens verliehen wird.

Noch vor dem Bau seiner ersten Telegrafenlinie wurden ihm für seine Erfindung Ehrungen von der Akademie der Industrie in Paris, vom Amerikanischen Institut in New York und dem Nationalen Institut zur Förderung der Naturwissenschaften in Washington zuteil. Kurze Zeit nach der Eröffnung der ersten Telegrafenlinie wurde er zum Mitglied der Archäologischen Gesellschaft Belgiens und der Amerikanischen Naturwissenschaftlichen Gesellschaft ernannt, und Yale verlieh ihm den Titel eines Doktor juris. Kaum hatte ihm der türkische Sultan als erster Souverän eine Auszeichnung verliehen, wußten die Gegner des »Monopolinhabers« schon zu berichten, daß aufgrund des ersten Artikels der Verfassung kein Amerikaner ausländische Auszeichnungen annehmen könne, ohne seine Staatsbürgerschaft zu verlieren, weshalb er seiner Nationalität verlustig erklärt werden müsse. Zwischendurch ließ sich der Amerikaner Morse, dem Auszeichnungen nichts anderes bedeuteten als wertloser »Tand, dessen sich die großen Babies in Europa erfreuen«, ruhig von den Fürsten Frankreichs, Spaniens, Portugals, Dänemarks, Preußens, Württembergs, Österreichs und Italiens auszeichnen.

Aber eine noch größerere Anerkennung wurde ihm zuteil. 1858 kamen die Vertreter zehn europäischer Länder in Paris zusammen, um ihn, den Amerikaner, zu ehren, obwohl sie dazu keineswegs gesetzlich verpflichtet waren. Auf Anregung des Levis Cass, des damaligen Premierministers in Washington, und des französischen Premierministers Walewski hatte Morse eine Gedenkschrift veröffentlicht, mit dem Anliegen, ihm – aufgrund der großen Einsparungen, die seine Erfindung Europa gebracht hatte – eine persönliche Gratifikation zu gewähren. Er hatte seine Gedenkschrift den Regierungen direkt übermittelt, weil der Telegraf in Europa ein staatliches Unternehmen war, mit Ausnahme von England, das sich deshalb auch nicht an dieser Aktion beteiligte.

Bei der Versammlung hatte Premierminister Walewski in Gegenwart der Vertreter von Belgien, Holland, Schweden, Österreich, den päpstlichen Staaten, Piemont, Toskana, Rußland und der Türkei den Vorsitz inne. Die Grundlagen, führte er aus, auf denen der Morsetelegraf beruhe, seien zwar nicht von Morse entdeckt worden, aber wohl der Telegraf selbst, so wie er allgemein in Europa gebraucht werde. Er sei eine der wertvollsten Erfindungen dieser Epoche und bedeute für die Regierungen große Einsparungen. Es wäre also nur recht und billig, dem bereits betagten Erfinder eine Vergütung anzubieten.

Wie bereits vereinbart, erklärten sich die Vertreter mit einer Geldsumme von 400 000 Francs einverstanden, nur bildete die gerechte Verteilung eine gewisse Schwierigkeit. Aber schließlich war jeder der Vertreter bereit, der französischen Regierung als Verwalterin für jeden Telegrafenapparat in seinem Land 311,55 Francs zu bezahlen. Frankreich hatte die größte Summe zu bezahlen, weil es über 462 Apparate verfügte, und Toskana die kleinste, weil es nur 14 Instrumente verwendete. Die Gewährung eines ansehnlichen Betrages, um Morses Lebensabend in angemessener Weise zu erleichtern, war eine große Geste der Alten Welt gegenüber der Neuen.

Bereits zu Beginn der 50er Jahre fühlte er sich verpflichtet, ein neues Haus in »Akazienhain« zu bauen, denn nachdem es ihm nicht möglich gewesen war, Lucretias Kindern ein Haus zu schenken, wollte er wenigstens für Sarahs Kinder sein Bestes tun.

Um die Mitte des vorigen Jahrhunderts herrschte unter den Amerikanern die Auffassung, daß sich der gotische oder italienische Kirchenstil für den Bau ihrer Häuser am besten eigne. Ganz im Gegensatz zu den Häusern, die Morse in Charlestown gesehen hatte, zeigte jedes halbwegs anspruchsvolle Haus eine Veranda mit Schnitzereien in der Form von Kreuzblumen. Die italienische Villa war ausgesprochener Modestil geworden und wurde sorgfältig nachgeahmt. Die Mauerflächen waren abwechselnd durchbrochen und glatt, während Giebel, Balkone, Fensternischen, vorspringende und stufenförmige Dächer oder Veranden der Villa oft in wildem Durcheinander das erwünschte romantische Gepräge verliehen. Jedes Haus hatte einen Glockenturm. A. J. Downing, der Hauptvertreter dieser italienischen Stilrichtung, erklärte: Jeder, der den einfachen Häuserbau vorziehe, sei wie ein Mensch, der einen einzigen Ton bevorzuge, weil er noch nie zum Genuß der Harmonie erzogen wurde.

Nachdem Morse die Architekturwerke von Downing und Loudon studiert hatte, schloß er sich der gängigen Auffassung an und entschied sich für ein Haus im Stil der italienischen Villa und nahm sich den Architekten Alexander J. Davis, der bereits mehrere Häuser mit dem Ausblick auf den Hudson entworfen hatte. Davis entwarf einen vierstökkigen Kampanile mit einem Flügel an der Süd- und einem an der Nordseite. Im Südflügel befand sich der wichtigste Raum, ein halboktagonales Arbeitszimmer, das von einer Veranda mit einem Eisengitter umgeben war. Der Raum war mit Bücherkästen, Bildern und Andenken aus der Zeit seines Schaffens, seiner Armut und seines Ruhms angefüllt. Morse hatte den Architekten auch mit der Gestaltung des Gartens betraut. Schon bald wuchsen Lärchen zu beiden Seiten des weit geöffneten Eingangstors, alte Akazien umsäumten eine schöne geschwungene Auffahrt, und Morse konnte von der Terrasse vor seinem Arbeitszimmer in den Garten gehen, wo die Pfade mit Tulpen, Hyazinthen und Fuchsien umsäumt waren und von wo man die herrlichste Aussicht auf Wiesen, Äcker und den Fluß hatte und in der Ferne die grünen und blauen Hügel sehen konnte.

Trotz seines hohen Alters stand er im Sommer noch immer um halb sieben Uhr auf und arbeitete ab acht Uhr schon an seinem Schreibtisch. Hier verfaßte er seine Briefe, in denen er seinen Ruf als Erfinder verteidigte, hier veranlaßte er die Dotierung von Stiftungen oder lehnte es ab, neue Erfindungen zu finanzieren, entschied sich, Ämter verschiedener Vereinigungen zu übernehmen und Gründer eines Tierschutzvereins zu werden. In den Nachmittagsstunden ging er in seinem Park spazieren, vor allem in seinem Weingarten, der sein Stolz war, oder erkundigte sich bei seinem Pächter über den Stand des Heus, der Kühe und Schweine; dann inspizierte er seine Ställe auf der Nordseite des Hauses oder spielte

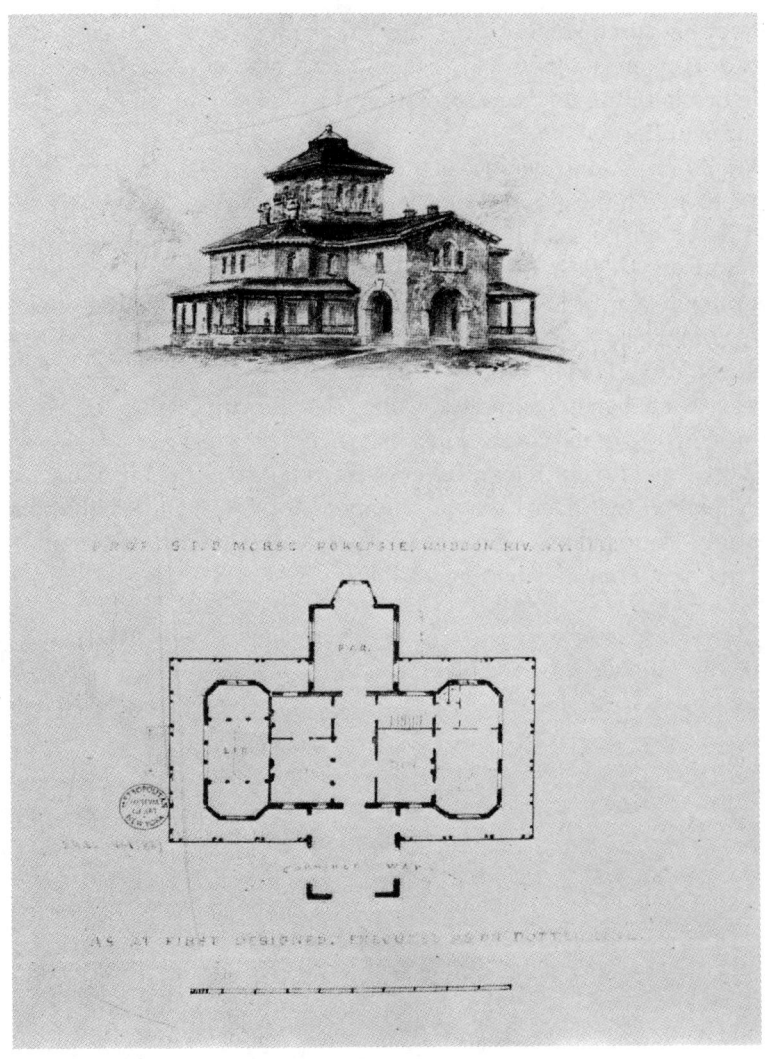

Zeichnungen des Architekten Alexander J. Davis für Morses Haus mit Blick uber den Hudson (Metropolitan Museum of Art, New York).

mit einem Eichhörnchen, das er gezähmt hatte und das gerne auf seiner Schulter saß, aus seiner Hand fraß und in seiner Tasche schlief.

Im Winter besuchten ihn seine Freunde in seinem Haus in der Zweiundzwanzigsten Straße bei Madison Square, aber den ganzen langen

Sommer hindurch zog er es vor, in »Akazienhain« zu wohnen und seine Gäste dort zu empfangen. Morse blieb auch im hohen Alter eine imponierende Erscheinung mit weißem Bart und weichem, langem Haar, das ihm bis zur Schulter reichte.

Das Wohnzimmer befand sich oben im Turm. Da lebte er mit seiner Frau, seinen Kindern und der Schweizer Kinderfrau, Clare Subit. Sicher hat er dort auch gelegentlich von seinen früheren Schwierigkeiten gesprochen und mit stolzem Blick die Auszeichnungen hervorgeholt und den Telegrafenapparat erklärt, der an die Hauptlinie am Fluß angeschlossen war, so daß er jederzeit mit der ganzen Welt in Verbindung stand, die ihn mehr und mehr ehrte.

Seine Besucher gewannen von ihm den Eindruck eines edlen, alten Mannes. Sein Wesen schien Güte auszustrahlen, sagte sein Nachbar Lossing von ihm, und ein Telegrafist erklärte, daß er bescheiden, würdig und rücksichtsvoll war. Der Monopolinhaber Morse war in der öffentlichen Meinung – und wahrscheinlich auch in Wirklichkeit – der freundliche Patriarch von Poughkeepsie geworden.

28 Letzte Ernte

Morses letzte Lebensjahre verliefen in ruhiger Zufriedenheit. Die Regierungen der meisten Staaten, die er auf seinen vielen Reisen in Europa besuchte, überhäuften ihn mit Ehrungen. Im Jahr der Weltausstellung, 1867, besuchte er Paris zum letztenmal. Jetzt war er auf dem Gipfel seines Ruhms. Im Jahr darauf erschien aus seiner Feder in einem Pariser Verlag ein kleines Buch über die Geschichte seiner Erfindung. Schon kurz nach seiner Rückkehr in die Vereinigten Staaten im Mai 1868 hatte dieses Buch große Beachtung in den wissenschaftlichen Kreisen von Paris gefunden.

Im Speisesaal von Delmonico hingen die Wappenschilder aller Nationen, die den Morsetelegrafen übernommen hatten. Auf den Tischen standen kleine Statuetten von Jupiter, der seine Blitze schleudert, von Franklin mit seinem Drachen und Morse mit seiner Palette. Auf der Speisekarte war Morses Bild angebracht.

Sein Ruhm war in den letzten Jahren noch gestiegen, und als er aus Europa zurückkehrte, hatte Poughkeepsie eine Überraschung für ihn vorbereitet. Die Kinder hatten schulfrei, und alle Glocken läuteten, während man ihm vom Bahnhof bis »Akazienhain« ein Ehrengeleit gab. Auf dieser Rückreise aus Europa wurde ihm auch in New York eine Ehrung zuteil. Sie fand im selben Restaurant statt, in dem er seinerzeit angeblich eine Verschwörung (siehe Kapitel »Copperhead«) angezettelt hatte. Viele seiner damaligen »Mitverschwörer« waren jetzt an der Festtafel versammelt und außer ihnen noch James Brooks vom *Express,* seit kurzem Kongreßmitglied, und Samuel J. Tilden, jetzt Führer der New Yorker Demokraten. Auch Bryant war persönlich anwesend. Als Morse den Saal überblickte, sah er viele bekannte Mitarbeiter: Cyrus Field, Amos Kendall, Ezra Cornell und seinen früheren Malschüler Huntington.

Während des Banketts mag Morse seinen Tischnachbar, den englischen Gesandten Thornton, geneckt haben, weil Britannien ihm das Patent verweigert hatte, und wahrscheinlich unterhielt er sich köstlich mit seinem anderen Tischnachbar, dem Obersten Gerichtsrat Chase, der sich um die Verteidigung der Patente verdient gemacht hatte.

Als der Kaffee serviert wurde, teilte Field mit, daß Gratulationsschreiben von Präsident Johnson, vom designierten Präsidenten Grant und Speaker Colfax eingetroffen seien. Er las das Telegramm von Bullock, dem Gouverneur aus Morses Geburtsstaat, vor: »Massachusetts ehrt seine beiden Söhne – Franklin und Morse.« Die Festgäste applaudierten.

Nach einer recht unglücklichen Rede von General Irvin McDowell erhob sich Mr. Chase. Er hatte sich seine Worte besser überlegt als die meisten Redner von damals und vermied es daher, Morse *den* Erfinder *des* Telegrafen zu nennen.

Viele Menschen haben Erfindungen gemacht, die der Telegrafie den Weg ebneten, sagte der Oberste Gerichtsrat, aber »der hervorragende Amerikaner, der heute abend unser Gast ist, wurde von der Vorsehung auserwählt, und ihm wurde die hohe Ehre zuteil, alle früheren Errungenschaften und Forschungen zu erfassen und die Chance zu nutzen, der Welt den ersten Schrifttelegrafen zu schenken. Glücklicher Mann, dem es vergönnt war, auf diese Weise seinen Namen für immer mit dem größten Wunder und der größten Wohltat dieses Jahrhunderts zu verbinden!«

Die Festgäste applaudierten, als Morse sich langsam erhob – und immer wieder erfolgte neuer Beifall. Obwohl er auch sonst ein würdevolles Auftreten an den Tag legte, sprach er diesmal noch eindrucksvoller als bei anderen Gelegenheiten. Er erinnerte an die Reise auf der *Sully,* an seine Armut, das erste *Stammeln* seines *Kindes* und das lächerliche Verhalten des Kongresses. Er sprach seine Anerkennung jenen Forschern aus, die ihm den Weg geebnet hatten, und erwähnte ausdrücklich Henry. Aber auch diesmal wollte er nicht näher auf Gales oder Vails Verdienste eingehen. Von Vail sagte er nur, er habe zusammen mit seinem Vater und seinem Bruder »die Mittel verschafft, um dem Kind ein anständiges Kleidchen zu geben«. Er lobte Field, und als er Kendall seinen Tribut zollte, ertönte im Saal ein so starker Beifall, daß sich der kränklich aussehende kleine Mann veranlaßt sah, für die Anerkennung zu danken.

Die Festgäste applaudierten, als der ehrwürdige Greis wieder Platz nahm. Aber auch jetzt kam er nicht zur Ruhe. Immer neue Redner ergriffen das Wort. Williams M. Evarts, Oberstaatsanwalt der Vereinigten

Staaten, machte ihn darauf aufmerksam, daß das von ihm gemalte Porträt seines Vaters, Jeremiah Evarts, das einzige existierende Bild sei, das seinem Vater ähnlich sähe. William E. Dodge beschuldigte ihn, das tägliche Leben ganz aus den Fugen gebracht zu haben, denn jetzt könne jeden Augenblick durch die Preismeldungen aus London die Mahlzeit eines New Yorker Geschäftsmannes unterbrochen werden. Der Präsident der Montreal Telegraph Company las ein Glückwunschtelegramm aus Ottawa vor, also aus der Hauptstadt jener jungen Nation, der es mit Hilfe des Telegrafen gelungen war, den Atlantischen mit dem Pazifischen Ozean zu verbinden. William Cullen Bryant dankte ihm dafür, ihn in seiner Überzeugung bestärkt und neue Argumente angeführt zu haben, daß Tatsachen und Berichterstattung einander decken können. Andererseits aber betonte er, daß der Telegraf, ohne eine gut aufgebaute Presse, bloß Gerüchte verbreiten würde. A. A. Low erinnerte daran, daß der Telegraf dazu mitgeholfen habe, den widerspenstigen Süden wieder mit dem Norden zu vereinigen, und Evarts erklärte, in einer unmoralischen Gesellschaft würde der Telegraf mehr Schaden als Gutes stiften. Evarts wetteiferte dann mit Orton, dem Präsidenten der Western Union Company, in der Würdigung von Morses Verdiensten: Dem einen zufolge müsse die Regierung mit ihren gierigen Klauen die Telegrafie in Ruhe lassen, während der andere die Notwendigkeit der Regierungskontrolle über unverantwortliche Privatunternehmungen verteidigte.

Die letzte Rede brachte eine Erholung. Es sprach Huntington, der damalige Präsident der Nationalakademie:

»Morse, der Maler, erfand den elektrischen Telegrafen, Fulton, der Maler, entdeckte das Dampfschiff, Daguerre, ein Künstler, schenkte uns das fotografische Verfahren... Das Arbeitszimmer meines verehrten Meisters, dem zu Ehren wir heute abend hier versammelt sind, war tatsächlich ein Laboratorium... Niemals werde ich den Augenblick vergessen, da er seine Schüler zusammenrief, um einem der ersten, vielleicht dem allerersten erfolgreichen Experiment mit seinem neuen Telegrafen beizuwohnen. Es war im Winter 1835/36. Ich sehe das unbeholfene Instrument noch vor mir, hergestellt aus einem alten Spannrahmen, einer hölzernen Uhr, einer selbstverfertigten Batterie und aus Drähten, die mehrere Male den Zimmerwänden entlang verliefen. Gespannt und interessiert standen wir um den Apparat, dessen Wirkung uns der Meister erklärte; inzwischen hörten wir die Ticklaute, und der Bleistift legte in einer Reihe von Strichen und Punkten die Meldung fest. Die Idee war geboren. Die Worte bahnten sich einen Weg durch das hochgelegene Zimmer wie jetzt über den ganzen Erdball.«

Die Rede wurde durch den Applaus der Festgäste unterbrochen.

»Noch immer lebt die Liebe zur Kunst in einer verborgenen Ecke seines Herzens, und eines weiß ich: Niemals wird er das Studio eines Malers betreten und zusehen können, wie der Maler Leben und Schönheit auf die Leinwand zaubert, ohne einen leisen Schmerz zu verspüren – so wie jemand, der den Schimmer eines schönen Mädchens erhascht, das er in seiner Jugend liebte und das dann von einem anderen erobert wurde.«

Auch in der Zeit nach diesem Bankett hatten alle, die Morse sehr schätzten und spürten, daß er sie bald für immer verlassen würde, den Wunsch, ihm noch einmal ihre tief empfundene Verehrung zu zeigen. Anfänglich war man sich nicht einig, ob es passend sei, einem berühmten Mann schon zu Lebzeiten ein Standbild zu errichten, aber bald war man überzeugt, Morse sei mit seinen achtzig Jahren schon so weit von allem Irdischen entfernt, daß man ihn nicht mehr mit dem üblichen menschlichen Maßstab messen könne. So wurde von Telegrafisten ein Komitee gebildet, das die nötigen Spenden zu sammeln hatte.

Am frühen Morgen des 10. Juni 1871 hatten 2000 »Telegrafiekinder« einen Ausflugsdampfer im North River gemietet und machten damit eine Rundfahrt um Governors Island, wo ihr »Vater« die ersten Versuche mit der Unterseetelegrafie durchgeführt hatte. Von den Schiffen im Hafen ertönten Pfeifsignale, an Bord spielte eine Kapelle, und die Telegrafisten brachten Samuel F. B. Morse immer wieder ein Hoch dar.

Im Verlauf des Nachmittags schlenderten die Telegrafisten durch die beschatteten Alleen des Central Park und begaben sich zu einem Hügel, wo die Morse-Statue der Enthüllung harrte. Rings um das Standbild hatte man zwei überdeckte Tribünen für die offiziellen Gäste und lange Reihen Gartenstühle für das übrige Publikum aufgestellt.

Während man den feierlichen Augenblick erwartete, da die rotweiße Fahne die Statue enthüllen sollte, nahmen die hohen Gäste allmählich ihre Plätze auf der Tribüne ein. Man sah William Cullen Bryant, der mit dem früheren Telegrafenboten Andrew Carnegie eine großzügige Spende für den Bau des Denkmals gegeben hatte. Dann kamen Gouverneur Hoffmann aus New York, Gouverneur Claflin von Massachusetts, Präsident Orton der Western Union Company, Cyrus Field sowie mehrere seiner Gesellschafter und schließlich der Bildhauer des Monuments, Byron Pickett. Inzwischen suchten die Telegrafisten nach Morse. Sie hatten gehofft, daß er sich an dem Vormittagsausflug beteiligen würde, und einige glaubten, ihn gesehen zu haben, aber vielleicht verwechselten sie ihn mit einem anderen alten Herrn. Andere wieder behaupteten mit Sicherheit, es sei nicht passend, wenn er persönlich erscheinen würde.

Morse im vorgerückten Alter (Privatbesitz Leila Livingston Morse).

Wer sich aber in der Morse-Familie auskannte, mußte bemerkt haben, daß Theodore Roosevelt sen. gemeinsam mit der hübschen Leila Morse in einem Vierspänner vorgefahren war.

Gouverneur Claflin und Präsident Orton begaben sich zur Statue, entfernten die Fahne und enthüllten die Gestalt Morses, in Bronze gegossen. Er stand neben einem Telegrafenapparat, die eine Hand darauf gestützt und in der anderen Hand einen Papierstreifen mit Punkten und Strichen und dem Text:»Was Gott erwirkt hat.« (Die Statue befindet sich noch heute im Central Park, in der Nähe der East 17th Street.) Als die Telegrafisten laut applaudiert hatten, erhob sich der populäre Dichter Bryant, um ihren Gefühlen Ausdruck zu verleihen:»Wir sind hier zusammengekommen, um einem noch lebenden verdienstvollen Mann ein Denkmal zu setzen. Wir können uns beglückwünschen, durch diese Kundgebung öffentlicher Dankbarkeit ein Beispiel der Lebensbejahung gegeben zu haben...«

Bryant führte aus, daß Morse ungefähr vor 50 Jahren, als er noch Maler war, schon eine besondere Begabung für technische Erfindungen zeigte.

»Sein Geist war, wie ich mich erinnere, immer mit der Analyse seiner Malerei beschäftigt; er wollte das Verfahren in seinen verschiedenen Phasen wissenschaftlich genau präzisieren, alles auf feststehende Gesetze zurückführen, das Verhältnis zwischen Ursache und Wirkung klar bestimmen, um dem Künstler die Möglichkeit zu geben, die Gesetze nach Belieben und mit Sicherheit anzuwenden, statt blindlings herumzutasten und das Resultat einem glücklichen Zufall oder einer gewissen instinktiven Kraft zu überlassen, ohne darüber eine Erklärung geben zu können. Morse hatte ferner Organisationstalent. Das zeigte er wohl am deutlichsten, als er die New Yorker Künstler organisierte, damals noch eine relativ kleine Gruppe meist junger Männer, deren Beruf sich noch nicht der Anerkennung freute, die sie jetzt genießen; er legte Meinungsverschiedenheiten bei, die zwischen ihnen herrschten, und gründete einen Verein, den sie selbst und sie allein zu leiten hatten – die Akademie der bildenden Künste... Möge er uns noch lange erhalten bleiben.«

Mit diesen Worten schloß er seine Rede, und die Telegrafisten waren begeistert. Dann spielte die Musikkapelle *Hail to the Chief*, worauf Bürgermeister Hale im Namen der Stadt das Versprechen gab, den Schutz der Bronzestatue auch für die kommenden Generationen zu übernehmen. Der Festakt wurde ganz im Geist Morses abgeschlossen, indem die Anwesenden Gott die Ehre gaben und gemeinsam das Lied sangen: *Preiset Gott, den Spender allen Segens*. Die Telegrafisten strömten jetzt allmählich herbei, um das Standbild näher zu betrachten, und kehrten am Abend in die Stadt zurück, wo sie gemeinsam ein Essen einnahmen. Die *Times* bezeichnete den Festakt als einen der großartigsten dieser Art.

Abends füllten die Telegrafisten die Music Hall in der Vierzehnten Straße, wo sie Morse bei ihrer täglichen Arbeit, dem Hantieren des Telegrafenschlüssels, sehen sollten. Auf dem Podium befanden sich unter anderen Morse, Cyrus Field, Horace Greely und Henry Ward Beecher. Dann übergab man Morse eine mehr als sechs Meter lange Liste mit den Namen aller Spender, die zur Errichtung des Monuments beigetragen hatten. Gegen 21.00 Uhr wurde allen Reden ein Ende gesetzt, denn jetzt war, wie Präsident Orton mitteilte, der Zeitpunkt gekommen, da Morse seine Abschiedsmeldung senden sollte. Morse war sehr gerührt, als er auf dem Podium einen seiner ersten Sendeapparate vorfand und auch Annie Ellsworth persönlich unter den Anwesenden bemerkte. »Der Apparat steht mit jeder Stadt in den Vereinigten Staaten und Kanada in Verbindung«, erklärte Mr. Orton. »Eine junge Telegrafistin wird Morses Meldung kabeln, und dann wird Morse selbst seine Unterschrift hinzufügen.«

Eine junge Frau mit einem Fächer in der Hand betrat das Podium und setzte sich an den Tisch mit dem Telegrafenschlüssel. Tiefes Schweigen herrschte in dem großen Saal. Dann bewegte sie die Finger, und die Anwesenden konnten an den Ticklauten der Morseschrift die Worte heraushören, die Morse gewählt hatte: »Grüße und Dank allen Telegrafenbrüdern der ganzen Welt. Ehre sei Gott in der Höhe und Friede auf Erden, Wohlgefallen den Menschen.«

Die junge Frau erhob sich und blieb beim Tisch stehen, während Morse ihren Platz einnahm. Über den Apparat gebeugt, berührte er den Schlüssel mit seinem Finger. Tosender Beifall erfüllte den Saal, der jäh abbrach, als der Professor seine Hand erhob. Und jetzt hörten die Anwesenden die Ticklaute, die Morse in seiner eigenen Schrift hervorbrachte. Er kabelte die Buchstaben: »S. F. B. Morse.« Als er geendet hatte, erhoben sich alle Anwesenden und spendeten ihm einmütig Beifall.

»Sichtlich ergriffen« kehrte Morse auf seinen Platz zurück und blieb eine Weile in Gedanken versunken sitzen. Dann sagte Mr. Orton: »Und somit nimmt der Vater des Telegrafen Abschied von seinen Kindern.«

Als die Telegrafisten in die Nacht hinausgingen, sahen sie eine für New York merkwürdige Naturerscheinung, die wechselnde Farbe des Nordlichts. Es war, als ob auch der Sternenhimmel wußte, daß für Morse das Ende gekommen war.

Er wurde der immer wiederkehrenden Anerkennungen mehr und mehr müde. »Lobe den Herrn, meine Seele, und vergiß seine Wohltaten nicht«, sagte er immer wieder. »Nur der ununterbrochene Gedanke, daß

Ihm alles gehört«, schrieb er Susan, »wappnet mich gegen die allgemeinen Kundgebungen dankbarer Gefühle und schützt mich vor der aufge-
blasenen falschen Auffassung, als wäre ich mehr als nur das schwächste
der Instrumente. Es ist mir nicht möglich, Dir die sonderbaren Gefühle
halbwegs verständlich zu machen, die mich einerseits dankbar stimmen
und andererseits niederdrücken.«

Es war dies der letzte Sommer, den er in »Akazienhain« verlebte. Die
meiste Zeit verbrachte er in seiner so sehr geliebten Bibliothek, unter dem
mit Weinlaub bewachsenen Porticus. Hier war er inmitten der vielen
Bücher und Pamphlete, die er selbst – im ganzen ungefähr dreißig – über
Malerei, Dichtkunst, Politik und Telegrafie geschrieben hatte. Hier auch
hingen die Porträts seiner Verwandten, die er selbst gemalt hatte, und
umringten ihn seine ersten Telegrafenapparate. An seinem großen Ar-
beitstisch beantwortete er eine Anfrage über seine Malereien in Portsmouth, als er noch ein fahrender Künstler war; einem anderen, der ein
Bild von ihm erworben hatte, erklärte er, wie das Bild der New Yorker
Peripherie entstanden ist. Wieder einem anderen, der ihn aus Washington
gekannt hatte, beschrieb er, wie ihn die Nachricht von Lucretias Tod
erreichte, als er Lafayette porträtierte. Als wolle er den Beweis erbringen,
daß er sich gleich geblieben war, kaufte er ein Mikroskop und gebrauchte
ein solches Gerät zum erstenmal.

Kurze Zeit nach seiner Rückkehr nach New York starb im Herbst sein
Bruder Sidney. Seine beiden Brüder waren ihm vorangegangen, und er
mußte noch warten. »Es macht mir eine Freude, mich in den Reiseführer
jenes Landes zu vertiefen, das ich bald besuchen werde«, sagte er zu
seinen Freunden.

Noch immer leitete er unentwegt die gemeinsamen Gebete im Kreise
der Familie, erledigte gewissenhaft seine geschäftlichen Angelegenheiten
und erwiderte in scharfem Ton Smiths regelmäßige Verleumdungen. Er
betätigte sich als Vorsitzender eines Komitees des Cooper-Instituts, das
die amerikanische Regierung dazu bewegen wollte, den chinesischen
Entschädigungsfonds für die Errichtung eines amerikanischen College in
China zu verwenden. Auch spendete er 100 Dollar für die Aufstellung
eines Galvani-Monuments in Italien und hielt eine kurze Rede bei der
Enthüllung einer Franklin-Statue in New York, obwohl sein Gesundheits-
zustand das eigentlich nicht mehr zuließ.

Als er hörte, daß Cyrus Field wegen eines Telegrafenabkommens nach
Rom fahren sollte, teilte er ihm allen Ernstes mit, für welche Zwecke der

Kongreß sich, seines Erachtens, einsetzen müßte. »Der Telegraf ist ein Verteidiger des Friedens«, sagte er zu Field. »Nicht in dem Sinne, daß er aus sich selbst, mit einem ›Ruhig, seid still‹, den stürmischen Wellen der menschlichen Leidenschaften seinen Willen auferlegen kann, sondern so, daß er – durch den raschen Austausch von Gedanken und Auffassungen – die Möglichkeit schafft, Handlungen und Verordnungen zu erläutern, die in ihrem gewöhnlichen Wortlaut oft Zweifel und Argwohn erwekken.« Wenn es dem Kongreß gelingen würde, auf Kriegsdauer einen neutralen Telegrafendienst ins Leben zu rufen, wäre dadurch ein Instrument für Friedensverhandlungen geschaffen.

Während der letzten Wochen seines Lebens war sein Geist ein richtiger Tummelplatz von Erinnerungen aus seiner Jugend und seiner Malerkarriere, die sich mit seinen früheren Haushaltssorgen, den ersten Telegrafenversuchen und den letzten großen Auszeichnungen vermengten. Im Februar 1872 besuchte ihn Mrs. Vail aus Morristown. Auf eine Anfrage Robert Donaldsons beschrieb er ihm, unter welchen Umständen er vor 40 Jahren in Rom einen Raffael für ihn kopiert hatte. Auch las er in einer neuen Darstellung der verschiedenen Industriezweige der Vereinigten Staaten einen Artikel über die Telegrafie und konnte sich des Eindrucks nicht verwehren, daß dieser Beitrag unter dem Einfluß von Smith und O'Rielly verfaßt wurde. Es war der schimpflichste Angriff gegen ihn, den er jemals erlebt hatte.

Als er auf diesen Artikel antworten wollte, zwangen ihn neuralgische Schmerzen, das Lesen und Schreiben einzustellen. Am 14. März erlaubte ihm sein Arzt, einen Brief zu schreiben, es war der letzte, der uns erhalten geblieben ist. Er erkundigte sich darin über die Haltung, die Joseph Henry in bezug auf Smiths letzten »grausamen und irrsinnigen« Angriff einnahm.

Obwohl die Schmerzen nachließen, fühlte er sich schwächer werden und mußte das Bett hüten; er verlor jetzt auch zeitweise das Bewußtsein. Als ihn sein New Yorker Pastor besuchte, blickte der alte Mann zu ihm auf und sagte: »Jetzt kommt das Beste.«

Wenig später stellte sich eine Lungenentzündung ein. Als der Arzt ihn abklopfte und sagte: »Das ist unsere Methode zu telegrafieren«, fand er noch die Kraft zu flüstern: »Sehr gut!« Das waren seine letzten Worte.

Am 1. April kam er kurz zu sich und erkannte seine Frau. Am nächsten Tag, am 2. April 1872, ist Morse ruhig verschieden.

Über die ganze Welt funkten die Telegrafen – daß ihr Vater gestorben war.

Würdigung durch den Herausgeber

Morse als Maler

»Seine geringen Erfolge als Maler zwangen ihn, es auf einem anderen Gebiete zu versuchen: 1835 baute er einen telegrafischen Apparat.« So steht es im biographischen Kurzhandbuch »Männer der Technik«, herausgegeben von Conrad Matschoß aus dem Jahr 1925. Mabees Biographie und viele andere Zeugnisse und Dokumente belegen, wie falsch dieser Satz ist, denn Morse war einer der erfolgreichsten Maler seiner Zeit.

Matschoß hat nicht einfach mangelhaft recherchiert. Gemessen an den damaligen Werten deutscher Ingenieure und Technik-Historiker war diese Einschätzung von Morses Motiven, sich der Telegrafie zuzuwenden, vielleicht sogar berechtigt: Wenn Morse als Kunstmaler erfolgreich gewesen wäre, so oder ähnlich könnte Matschoß dem Geist seiner Zeit entsprechend gedacht haben, wäre er wohl bei seiner Staffelei geblieben und hätte sich nicht einem völlig anderen Aufgabengebiet zugewandt.

Ähnliche Reaktionen finden wir auch heute: In den USA ist es nichts Ungewöhnliches, wenn sich beispielsweise ein Opernsänger als Rockmusik-Interpret versucht. Das Ergebnis mag dann zwar gefallen, oder eben auch nicht. Niemand aber kreidete es dem Mann an, daß er auch einmal in Nachbars Garten nach guten Kirschen sucht; sei es nun aus rein kommerziellen oder aus künstlerischen Beweggründen. Im deutschsprachigen Raum pflegt in solchen Fällen hingegen ein Sturm der Empörung einzusetzen: Wer sich der klassischen Musik verschrieben hat, muß ihr treu bleiben, will er nicht in den Verdacht geraten, mangelhafte Leistungen erbracht zu haben oder irgendwie gescheitert zu sein.

Nach den strengen Regeln klassischen Standesdünkels hat der Maler also gefälligst bei seiner Staffelei zu bleiben – obwohl Lebenserfahrung wie Wissenschaftsgeschichte lehren, daß die entscheidenden Impulse sehr oft von außen, von Fremden, von Nicht-Fachleuten und von jenen kamen, die nicht den geradlinig vorgegebenen, sondern ihren eigenen, meist krummen und verschlungenen Weg gegangen waren. Daß Albert Einstein kurz vor dem Abitur die Schule verließ, um einem Rausschmiß zuvorzukommen, daß er bei der Aufnahmeprüfung an der Eidgenössischen Technischen Hochschule in Zürich zunächst durchfiel, daß er sich später, wegen ständigen Schwänzens der vorgeschriebenen Praktika, einen offiziellen Verweis der Hochschulleitung einhandelte – all dies dient seither nicht nur Generationen von Schülern als Entschuldigung und Rechtfertigung schlechter Schulnoten. Es ist zugleich einer der offensichtlichsten Beweise dafür, daß das Abweichen von gesellschaftlichen Normen ebensowenig ins Abseits führen muß, wie das Einhalten von Sollvorgaben Erfolg garantiert.

Deshalb richtet sich unser Interesse an einer berühmten Persönlichkeit nicht auf die äußeren Umstände des jeweiligen Lebens, sondern darauf, wie die zu betrachtende Persönlichkeit mit diesen Umständen umging. Einsteins schulische Schwächen beispielsweise waren stets von einer tiefen Begeisterung für die Exaktheit der theoretischen Mathematik begleitet. Nicht aus Faulheit, sondern weil ihn die Geometrie mehr interessierte als alles andere, verweigerte er Interesse und Mitarbeit in anderen Fächern und studierte »statt dessen immer wieder mein heiliges Geometriebüchlein«. Nicht wegen, sondern trotz aller Hindernisse, die sich aus seinem einseitigen Interesse ergaben, fand Einstein zu seinem großen Thema, der Relativität. Zugegeben, hier stoßen wir auf die alte, letztlich von niemandem endgültig zu entscheidende Streitfrage: Wird das Leben eines einzelnen durch die äußeren, sozialen, kulturellen Bedingungen bestimmt? Ist er also nur Produkt seiner Umwelt? Oder trägt er seine gesamte Lebensgeschichte von Geburt an in sich? Die Frage ist mehr als nur eine akademische; sie ist für das Verständnis der Person Morse von wichtiger Konsequenz. Denn im einen Fall wäre er nur deshalb zum Erfinder des Telegrafen geworden, weil er als Maler auf ein für ihn unüberwindbares Hindernis stieß. Im andern Fall jedoch wäre er aufgrund seiner Neigungen und Fähigkeiten so oder so zum Erfinder geworden.

Man kann sich der Antwort nur nähern; zum Beispiel, indem man die Wahrscheinlichkeiten beider Varianten abzuschätzen versucht. Hier stellt sich, wie stets, als erstes die Frage nach dem Elternhaus, wo sich tatsächlich schon das Zusammenspiel von theoretisierender Kunst und pragmatischer Tüchtigkeit findet. Die Mutter, Elizabeth Anne Breese, stammte aus einer Seefahrer- und Händlerfamilie und wird als nüchterne und bodenständige Frau geschildert. Der Vater, Jedidjah Morse, zog indes die

Beschäftigung mit Fragen der Theorie, Moral und Philosophie vor, verfaßte Schulbücher und gilt als »Vater der amerikanischen Geografie«. Morse machte folglich schon sehr früh die Erfahrung, daß Theorie und Praxis durchaus nebeneinander existieren können und daß sich die Kunst (des Zeichnens) durchaus in den Dienst der Wissenschaft stellen läßt – im konkreten Fall in Form von Landkarten.

Anders als von Matschoß und anderen Biographen bei oberflächlicher Betrachtung vermutet, schlug das unruhige Pendel von Morses Neigungen nun aber nicht etwa zunächst in Richtung Kunst aus, sondern führte ihn zur Physik. Als Achtzehnjähriger hörte er Vorlesungen über Elektrizität und erwarb sich damit die ersten theoretischen Voraussetzungen für seine spätere Erfindertätigkeit. Aus genau der gleichen Zeit stammt ja auch das erste, uns heute noch erhaltene Zeugnis seiner Malerei, ein aquarelliertes Porträt seiner Familie. Erst nachdem Finley die Universität abgeschlossen und sich anschließend einige Zeitlang bei einem Buchhändler verdingt hatte, brach sich seine große Liebe die Bahn: 1811 reiste er zusammen mit dem Maler Washington Allston, den er sich von da an stets zum künstlerischen Vorbild nahm, nach London, wo er 1814 für das Tonmodell zu seinem Gemälde *Der sterbende Herkules* den ersten Preis der »Society of Arts« erhielt. Morse war also alles andere als ein erfolgloser Künstler.

Er hatte lediglich die gleichen Probleme wie die meisten seiner Kollegen: Die schönen Künste allein brachten nur wenig Geld ein. »Du mußt«, sagte seine Mutter, »nicht erwarten, irgend etwas in diesem Land malen zu können, was Geld bringt; außer Porträts.« Wieder, wie schon bei der Formulierung »American Leonardo«, muß die Betonung auf das Amerikanische, also auf »in diesem Land« gelegt werden. Die pragmatisch veranlagte Elizabeth Anne Breese zweifelte mit diesen Worten nämlich nicht im geringsten an den künstlerischen Fähigkeiten ihres Sohnes. Auch riet sie ihm nicht von der Malerei ab. Elizabeth Morse hatte lediglich klar erkannt, daß Kunst in der Neuen Welt eine nachrangige Bedeutung einnahm und wohl kaum jemand bereit sein würde, künstlerisch wertvolle und damit sehr zeitaufwendige Arbeiten angemessen zu entlohnen. Also empfahl die Mutter dem Sohn, wenn denn schon zu malen, dann wenigstens Dinge, die bezahlt wurden. Und das waren Porträts, da es Fotografen erst später gab.

Bis zu einem gewissen Grad wurde Morses künstlerisches Schaffen also in der Tat durch äußere Umstände bestimmt. Die Notwendigkeit der Existenzsicherung zwang ihn zum Kunsthandwerk. Bei 15 Dollar je Stück und allgemeiner Zufriedenheit der Kundschaft wäre es dabei geblieben, wäre nicht der starke Drang zum Schöpferischen gewesen. Der brach durch, sowie es die äußeren Bedingungen erlaubten, so zum Beispiel, als er den Auftrag erhielt, ein später viel beachtetes Porträt des Präsidenten John Adams anzufertigen. Oder als er seine bei Kerzenlicht lesende Mutter malte und dabei besonderen Wert auf die Wirkung künstlicher Beleuchtung legte; eine Technik, mit der er erstmals in England in Berührung gekommen war.

Die offensichtliche Unterforderung seiner Phantasie dürfte einer der wichtigsten Beweggründe für die beiden ersten, zusammen mit seinem Bruder gemachten Erfindungen gewesen sein, eine Feuerlöschpumpe und eine Marmorschneidemaschine, zumal solch praktische Erfinderei auf eine gesicherte Existenz hoffen ließ.

Selbst diese ersten Ausflüge in die Technik lassen sich jedoch nur schwerlich als Folge mangelnden künstlerischen Erfolges interpretieren. Just zur gleichen Zeit nämlich erzielte Morse bereits bis zu 60 Dollar je Bild, war ein gern gehörter Vortragsredner und schaffte 1825, gerade 34 Jahre alt, den großen Durchbruch, als er sich gegen seine Konkurrenz durchsetzte und den Auftrag erhielt, für immerhin 700 Dollar in New York den Freiheitshelden Lafayette zu malen: Das Werk gilt in der Kunstgeschichte als einer der Höhepunkte der damaligen Porträtkunst.

Morse hatte nicht nur die für jeden Künstler unabdingbare erforderliche Ausdauer, sondern zudem ein gesundes Selbstvertrauen. Er war felsenfest davon überzeugt, daß sein Schaffensdrang lediglich von den äußeren Bedingungen gebremst wurde. Diese zu ändern, war wohl ein Motiv für die von ihm betriebene Gründung der »Drawing Association«, mit der Morse gezielt auf Konfrontationskurs zu den starren Auffassungen John Trumbulls ging: So flexibel sich Morse den Gegebenheiten anpassen konnte, um sein Ziel zu erreichen, so unerbittlich legte er sich andererseits mit all jenen an, die andere Auffassungen vertraten als er.

Das Engagement in der Kunst-Politik steigerte seinen Bekanntheitsgrad nochmals, und schließlich gelang es ihm sogar, durch verschiedene Aufträge eine zweite Europareise, dieses Mal nach Rom, zu finanzieren. Hier fand er, wie schon damals in London, schnell Kontakt zu anderen Künstlern, die ihm neue Impulse und Anregungen gaben und ihn so schließlich zur atmosphärischen Landschaftsmalerei führten.

1832 aber kam der Einschnitt, die berühmt gewordene Rückreise auf der Sully, wo Morses stets nach Beschäftigung verlangende Phantasie mehr zufällig mit der Idee des elektrischen Telegrafen gefüttert wurde und sich schließlich daran festbiß. Gewiß spielte bei der Entscheidung, sich auf dieses Abenteuer einzulassen, wieder die Hoffnung mit, durch eine solche Erfindung zu finanzieller Unabhängigkeit zu gelangen. Dies aber doch nicht etwa, weil er keinen Erfolg gehabt hätte, sondern gerade umgekehrt: Weil Morse als Maler bereits einen hohen Entwicklungsstand erreicht hatte, wollte er diesen Weg konsequent weitergehen. Und um nicht weiterhin Porträts malen zu müssen, sah er nur die Möglichkeit, auf anderem Weg zu Geld zu kommen. Was aber ist dies anderes als unser Wunsch, das große Los zu ziehen, um endlich tun zu können, was wir tun wollen?

So ist das Motiv für Morses Umsatteln von der Kunst auf die Technik nicht in seinen künstlerischen Erfolgen und Mißerfolgen zu finden, sondern in zunächst rein pragmatischen Überlegungen. Daß die Erfinderei letztendlich just zum Gegenteil, nämlich zu einer Abkehr von der Malerei führte, ist eine ganz andere Geschichte und hat im wesentlichen zwei Gründe: Erstens hatte Morse die vielen Schwierigkeiten auf dem Weg von der Idee zur profitablen Technik gewaltig unterschätzt, war aber viel zu stur, um kurz vor dem stets greifbar nahen Ziel aufzugeben. Wer sich jahrelang als Porträt-Maler durch Nordamerika geschlagen hat, gibt auch bei anderen Vorhaben nicht so schnell auf. Zum anderen erlag Morse schließlich der ungeheuren Faszination, die von seiner Erfindung schon im Entwurfsstadium ausging und ihn fesselte.

Unzutreffend ist folglich die in vielen Kurzbiographien zu findende Erklärung, Morse habe sich der Technik zugewandt, weil ihm 1837 der erhoffte Auftrag, die Wände der Rotunde im Washingtoner Kapitol auszumalen, versagt blieb. Dies hat Morse, wie Mabee in seiner Biographie anschaulich schildert, zweifellos hart getroffen und enttäuscht; zumal er – man beachte den Wandel der Motive – durchaus gehofft hatte, mit dem Honorar für diesen Auftrag seine technischen Arbeiten weiter finanzieren zu können. Der Stachel saß so tief, daß er sich 1849 dann nochmals um diesen Auftrag bewarb, obwohl er zu diesem Zeitpunkt bereits ausschließlich an seinen Erfindungen arbeitete. Wieder vergebens, wieder blieb ihm die Anerkennung verwehrt und die Verbitterung wuchs: »Ich will nicht als Maler in der Erinnerung fortleben, denn ich bin nie einer gewesen!« schrieb er seinem Freund James Fenimore Cooper, dem Verfasser des »Lederstrumpf«, im gleichen Jahr und verriet damit viel über seine fast schon kindliche Eitelkeit: Er, der inzwischen so bekannte Künstler und Erfinder, der mehr als 300 Bilder gemalt hatte und bis in die obersten

Gesellschaftsschichten vorgedrungen war, dieser so erfolgreiche Mann war schlicht und ergreifend beleidigt. Daß Morse nicht den Auftrag für die Rotunden-Gemälde erhielt, hat ihn zwar geschmerzt, es wurde jedoch nicht zu einem, sein weiteres Leben entscheidend beeinflussenden Erlebnis. Vielleicht, wer weiß, diente es ihm vielmehr als Rechtfertigung für den längst schon vollzogenen Bruch mit der Malerei und die Untreue zu seiner großen Liebe, die der Begeisterung für die Telegrafie hatte weichen müssen.

Finden wir hier nicht sogar ein Stück der Kulturgeschichte Amerikas, einem Land, in dem technische Meisterleistungen oft mehr zählen als künstlerische Meisterwerke? Was ist schon ein Tizian im Vergleich zur Mondlandung? (Die wäre, nur nebenbei gesagt, ohne Morses Erfindung ebenfalls nicht möglich gewesen.)

Matschoß' Kurzbiographie suggeriert neben dem Bild von einem gescheiterten Maler allerdings auch, Morses Kunst und seine große Erfindung seien Gegensätze. Falsch: Das eine hat das andere bedingt. Der innere Zusammenhang ist lediglich schwer durchschaubar, weil sich unser Blick meist auf den Apparat konzentriert. Die eigentliche Leistung Morses war das Alphabet, das als Sprache für den Telegrafen durchaus mit der Schöpfung von natürlichen Sprachelementen gleichzusetzen ist. Nun ist Sprache jedoch ebenso eine Abbildung der Welt in uns und um uns, wie ein Bild reales Geschehen und Gefühle mitteilt. Und so wie ein Bild aus Formen und Farben aufgebaut ist, deren Arrangement gemäß einer geheimnisvollen Vereinbarung zwischen Maler und Betrachter eine bestimmte Botschaft bedeutet, genauso besteht die Sprache aus Lauten und, als Schrift, aus Buchstaben, die nach zuvor festgelegten Definitionen und Regeln zusammengestellt werden.

Im Grunde genommen stand Morse bei der Entwicklung einer Telegrafie-Schrift vor genau dem gleichen Problem, dem er sich als Maler bei der Abbildung der von ihm Porträtierten gegenübersah. Er mußte vereinfachen und auf das Wesentliche reduzieren, um die komplexe Dreidimensionalität des realen Körpers in die Zweidimensionalität der Fläche beziehungsweise die Vielformigkeit der Schrift in die Eindeutigkeit des binären Kurz-Lang-Codes zu übertragen. Für diese Synthese von Kunst und Technik in der Person Morse gibt es ein symbolträchtiges Bild: Für den Bau des ersten funktionstüchtigen Telegrafen hatte Morse als hölzernen Rahmen eine Malerstaffelei verwendet (siehe Abb. Seite 134). So gesehen war er also doch ein Schuster, der immer bei seinen Leisten blieb.

Morse als Erfinder

Wohl jeder von uns hat sich schon einmal gefragt, weshalb das elektrische Licht an der Decke sofort leuchtet, sowie man den Schalter betätigt. Weshalb dauert es nicht einige Zeit, bis die elektrische Energie vom Schalter über das Kabel bis zur Lampe gewandert ist?

Heute ist in jedem Physik-Lehrbuch nachzulesen, daß elektrischer Strom in Form von Elektronen transportiert wird, die sich in dem Atomgitter eines Leiters frei gegeneinander verschieben lassen. Zwar bewegt sich jedes einzelne Elektron dabei nur sehr langsam. Steckt man jedoch, bildlich gesprochen, auf der einen Seite der Leitung ein Elektron hinein, so schiebt dieses sofort alle anderen Elektronen vor sich her und das vorderste der Reihe zum anderen Ende des Kabels hinaus. Es ist das gleiche Prinzip, nach dem sich beim Anfahren eines Zuges Lokomotive und Schlußwaggon im (fast) gleichen Moment in Bewegung setzen.

Dank unseres Wissens vermögen wir solche Erklärungen zwar nachzuvollziehen. Wir sind in der Lage, uns ein Modell der Wirklichkeit zu machen, anhand dessen sich die beobachteten Phänomene einigermaßen erklären lassen. Wie sehr das Modell jedoch der Realität entspricht und wie ein Elektron tatsächlich aussieht, wissen jedoch selbst wir aufgeklärten Menschen der Neuzeit nicht. Um wieviel schwieriger muß es da erst für Morse und seine Zeitgenossen gewesen sein, sich etwas unter dem Phänomen Elektrizität vorzustellen, geschweige denn die Effekte zu deuten oder gar Konzequenzen für eine technische Nutzanwendung daraus zu ziehen?

Erst wenn wir uns dies vergegenwärtigen, erscheinen die Gedanken und Ideen Morses während seiner Rückreise von Le Havre nach New York vor dem richtigen Hintergrund. An Bord der Sully hatte er schnell Kontakt zu einer Gruppe Mitreisender gefunden, die sich zwar nicht so sehr für Politik, dafür aber um so mehr für Ampères Experimente und den erst kürzlich entdeckten Elektromagnetismus interessierten. Während einer Unterhaltung fragte der Bostoner Rechtsanwalt Fisher in die Runde, ob der Fluß des elektrischen Stroms durch die Länge des Kabels beeinflußt und verzögert werde. Erstaunt vernahmen die Diskutierenden von Charles Thomas Jackson, daß dies keinesfalls der Fall sei: Benjamin Franklin, berichtete Jackson, habe Strom durch viele Meilen lange Kabel geschickt und festgestellt, daß der Elektromagnet auch bei langem Stromweg ohne jede Verzögerung anspricht, wenn der Stromkreis geschlossen wird.

Morse hatte während seiner kurzen Universitätszeit genügend über Physik und Elektrizität gehört, um diese Information richtig zu analysieren: Wenn die Länge des Leiters keine Rolle spielt, dann muß die Anwesenheit von Elektrizität an jeder Stelle des Kabels sichtbar gemacht werden können. Morse erkannte also ganz richtig, daß die Information »Stromkreis geschlossen« überall gleichzeitig zur Verfügung steht. Von hier war es für ihn nur noch ein kleiner Schritt zur Idee der elektrischen Nachrichtenübermittlung: »Wenn die Länge des Leiters ohne Bedeutung ist, gibt es keinen Grund, auf diese Weise nicht auch Nachrichten über jede beliebige Distanz zu übertragen.«

Jenseits aller technischen Handicaps und theoretischen Ungereimtheiten reduzierte Morse damit die beobachteten Phänomene auf das ihnen zugrunde liegende Prinzip. Morses entscheidende Leistung war demnach, daß er, wie seine an Bord der Sully gemachten Tagebuchaufzeichnungen beweisen, das Problem sofort erkannte: Die zu übermittelnden Nachrichten mußten in die technische Information »Stromkreis geschlossen« übersetzt werden. Daß das ankommende Signal permanent aufgezeichnet und deshalb ein Papierstreifen mit hoher Präzision vorgeschoben werden mußte – solche technischen Bedingungen waren für Morse nur Zutaten – so, wie ein Wagen nicht ohne Räder fährt. Das Herz der Erfindung war, erkannte Morse sehr schnell, die Übersetzung beliebiger Informationen in elektrische Signale.

Heute mag man sich fragen, was daran eigentlich so schwierig war. Zumal es ja auch schon zu jener Zeit durchaus ähnliche Übertragungsformen gab; zum Beispiel die Flaggenzeichen zwischen Schiffen oder, in Nordamerika naheliegend, die Rauchzeichen, mit denen sich die Indianer über weite Entfernungen verständigten. All diese Techniken hatten allerdings einen entscheidenden Nachteil: Sender und Empfänger mußten sämtliche, später zu übertragenden Nachrichteninhalte zuvor miteinander vereinbart haben. Etwa so: Folgen die Rauchwölkchen einander in kurzem Abstand, hat der Absender eine Büffelherde entdeckt, folgen sie einander in langen Abständen, gibt es Bären zu jagen. Wie aber sollte der Absender mitteilen, daß er auf eine bis dahin nicht bekannte Jagdbeute gestoßen war? In diesem Fall blieb ihm nichts anderes übrig, als die Nachricht persönlich zu überbringen.

Auf eine ähnliche Schwierigkeit stieß Morse bei seinem ersten Versuch mit Zahlencodes: Die Schreibvorrichtung malte bei jedem Stromstoß einen Zacken aufs Papier, und die Anzahl der Zacken entsprach der jeweiligen Ziffer. Der Empfänger hätte dann aber sämtliche Zacken zählen müssen. Außerdem erwies sich dieses System als wenig praktikabel, weil die Telegrafen dicke Wörterbücher hätten wälzen müssen, in denen jedem nur erdenklichen Begriff eine bestimmte Zahl zugeordnet wird. Immerhin: Allein für diesen Absatz hätte es rund 80 solcher Definitionen bedurft.

Was von vielen Technik-Historikern übersehen wird, ist dies: Die Transformation von Sprache in elektrische Impulse war kein technisches, sondern ein rein informatorisches Problem, dem sich Morse zunächst zwar rein experimentell näherte, das er letztendlich aber durch sein analytisches Vorgehen löste: Will man die 26 Buchstaben des Alphabets ausschließlich mit Hilfe von Zacken codieren, ist das längste Zeichen eben mindestens 26 Zacken lang – und damit völlig unhandlich. Die Codes mußten so gestaltet sein, daß sie mit etwas Übung so schnell und eindeutig zu lesen waren wie die Buchstaben der Schrift. Sie mußten andererseits von der Maschine »verstanden« werden: Morse war also vor das Grundproblem jeder technischen Nachrichtenverarbeitung gestellt. Er mußte einen Schlüssel für die Schnittstelle zwischen menschlichem Geist und der Einfachheit eines technischen Apparates finden. Wie aber sollte es gelingen, die feinen Unterschiede beispielsweise zwischen den Buchstaben n und m technisch zu formulieren?

Buchstaben					Ziffern		Satzzeichen	
a ·-	e ·	k -·-	p ·--·	ü ··--	1 ·----	6 -····	Punkt	······
ä ·-·-	f ··-·	l ·-··	q --·-	v ···-	2 ··---	7 --···	Komma	·-·-·-
b -···	g --·	m --	r ·-·	w ·--	3 ···--	8 ---··	Frage-⎫ zeichen⎭	··--··
c -·-·	h ····	n -·	s ···	x -··-	4 ····-	9 ----·	Binde- od.Ge-⎫ dankenstrich⎭	-····-
ch ----	i ··	o ---	t -	y -·--	5 ·····	0 -----	Klammer	-·--·-
d -··	j ·---	ö ---·	u ··-	z --··			Bruchstrich	-··-·

Das neuzeitliche Morse-Alphabet.

Mit unterschiedlich hohen Spannungen ging es nicht. Auch eine unterschiedliche Dauer des Stromflusses war, wegen der zu starken Abweichungen, als Unterscheidungsmerkmal völlig ungeeignet. – Leider hat Morse keine Aufzeichnungen hinterlassen, wie er schließlich auf den entscheidenden Gedanken kam. Es darf jedoch vermutet werden, daß ihm die Malerei dabei zu Hilfe kam, zumindest unbewußt. Dort nämlich hatte er bereits die Erfahrung gemacht, daß sich selbst die äußerst komplexe Formenvielfalt der Natur aus letztlich nur wenigen geometrischen Elementen zusammensetzt. Also tat Morse das gleiche: Er reduzierte die Sprache auf nur zwei Elemente – den Punkt und den Strich.

Morse machte der Technik damit ein Grundprinzip zugänglich, das sich bis heute in allen nicht analogen Nachrichtentechniken wiederfindet: das binäre System. Es ist, sieht man von einigen technischen Feinheiten ab, genau das gleiche Prinzip, nach dem Computer arbeiten, denn auch sie haben in ihren Schaltkreisen, ebenso wie dies im Stromkreis des

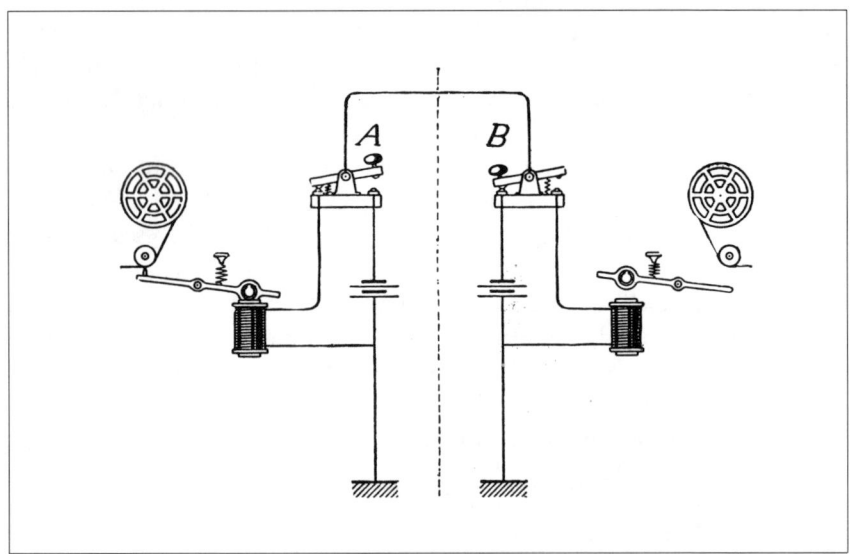

Schematische Darstellung der Verbindung zweier Morse-Stellen für die Telegrafie zwischen zwei Orten. Wenn der Ort B zum Ort A ein telegrafisches Zeichen senden will, wird der Stromschlüssel (siehe Abb. S. 207) niedergedrückt. Der Strom fließt dann von dem einen Pol der Batterie B über den vorderen Arm der Taste zur Mittelschiene. Von dort fließt er durch die Fernleitung zur Mittelschiene im Ort A. Der Empfänger im Ort A bewirkt durch ein Anziehen seines Ankerhebels, daß der Stift einen entsprechenden Eindruck auf dem Papierstreifen des Morse-Apparats hinterläßt.

Telegrafen der Fall ist, nur zwei eindeutige, nicht verwechselbare Zustände: *Strom an* und *Strom aus*. Und so, wie sich aus den zehn Ziffern des Dezimalsystems jede beliebige Zahl bilden läßt, indem ihnen je nach ihrer Stellung der Wert von Einern, Zehnern, Hunderten und so weiter zukommt, läßt sich mit den beiden Ziffern 1 und 0 ebenfalls jede beliebige Zahl darstellen, wenn man den Dualziffern je nach ihrer Stellung den Wert von Einern, Zweiern, Vierern, Achtern und so weiter zuweist. In einem entsprechenden Code läßt sich dann festlegen, welche Dualzahlen welchem Buchstaben entsprechen. Und genau dies geschieht ja im Computer. Wird dort auf einer Tastatur ein a eingegeben, wird es vom Programm des Rechners in eine Dualzahl übersetzt und als solche gespeichert, verarbeitet und transportiert. Erst bei der Ausgabe auf einen Bildschirm oder Drucker wird die Dualzahl wieder in den zugehörigen Buchstaben zurückübersetzt.

Morse ging nicht diesen Umweg über das Dualsystem, das er in dieser Anwendung gar nicht kennen konnte, sondern ordnete den Punkt-Strich-Mustern direkt den Wert von Buchstaben, Satzzeichen und Ziffern zu, womit sich in der Praxis ergab, daß kein Sendezeichen aus mehr als sechs Punkten oder Strichen besteht und auf den ersten Blick eindeutig wiederzuerkennen und seiner Bedeutung zuzuordnen ist. Bestünde unser Alphabet übrigens aus erheblich mehr Buchstaben, wäre das Punkt-Strich-System nicht praktikabel, weil die einzelnen Morse-Buchstaben zu lang geworden wären und der Empfänger des Telegramms, wie bei den Zakken, zunächst Punkte und Striche zählen müßte.

Der Umgang mit dem später so benannten und im Lauf der Jahrzehnte von anderen Erfindern optimierten Morse-Alphabet war ohnehin schwierig genug, es mußte mühsam erlernt werden. Um die Anwendung zu vereinfachen, entwickelte Morse eine Geber-Tafel aus isolierendem Material, auf der kurze und lange Kupferstreifen entsprechend dem Code aufgetragen, auf der Rückseite der Tafel elektrisch miteinander verbunden und an die Stromquelle angeschlossen waren. Daneben waren die zugehörigen Buchstaben und Ziffern aufgemalt. Wurde einer dieser Kupferstreifen mit einem leitenden Kupferstift berührt, von dem ein Kabel zum Telegrafen führte, schloß sich der Stromkreis. Führte man den Stift nun aber über die unterschiedlich langen Kontaktstreifen, entstand im Telegrafen des Empfängers genau das zugehörige Punkt-Strich-Muster, und so konnte, dank dieser Kontakttafel, auch ein Ungeübter ein Telegramm absetzen. Frappierend übrigens die Ähnlichkeit dieser Erfindung mit den sogenannten Bar-Codes, die mittlerweile auf jeder Waren-Verpackung zu findenden Balken, deren Abstand und Aneinanderreihung nach dem gleichen Prinzip der Geber-Tafel eine bestimmte Zahl ergeben. Nur erfolgt das Ablesen nicht per Kontaktstift, sondern mit einem optischen System. Und das ganze dient nicht dem Telegrafieren, sondern der schnellen Eingabe von Artikelnummern in die Kasse eines Warenhauses, deren Computer dann in seinem Speicher den entsprechenden Preis findet.

Morse wirkte mit seinem Punkt-Strich-Code nicht nur bis in die Technik der Gegenwart, sondern gab der gesamten Wissenschaft einen wichtigen Impuls. Er hatte deutlich gemacht, daß sich selbst sehr komplexe Informationen mit nur wenigen Grundelementen darstellen lassen. Morse baute damit zumindest eine gedankliche Brücke zum Verständnis einer der bedeutendsten Entdeckungen der Menschheit. Einhundert Jahre nach Morses Seereise auf der Sully entschlüsselte die moderne Biologie das Prinzip des genetischen Codes, der ebenfalls aus nur zwei Elementen, nämlich den beiden Basen-Verbindungen Adenin-Thymin und Cytosin-Guanin aufgebaut ist. Die Erbinformation selbst wird auf dem sogenannten DNS-Strang als unterschiedliche Reihenfolge dieser beiden Verbindungen geschrieben. Dies genügt, um Form und Funktion aller Organismen bis ins letzte Detail zu beschreiben.

Es ist kein Zufall, daß der Aufbau dieses genetischen Codes in vielen Lehrbüchern mit dem Morse-Alphabet zu erklären versucht wird, denn beiden Verfahren liegt das gleiche natürliche Prinzip zugrunde: der Aufbau komplexer Strukturen aus einfachsten Grundelementen. Erinnert dies an etwas? Ja: Gold und Blei sind genau aus den gleichen Elektronen, Protonen und Neutronen aufgebaut. Nur deren Anzahl und Anordnung bestimmt, welches Metall sie bilden: Sogar im Periodensystem der Elemente begegnet uns die gleiche Grundidee wie in Morses Alphabet.

Das Erkennen dieses Prinzips und die Umsetzung in eine technische Nutzanwendung – dies ist die eigentliche große Leistung von Samuel Finley Breese Morse, der damit sozusagen zum Entdecker der Informations-Atome wurde, aus denen jede Nachricht aufgebaut ist. Deshalb spielt es tatsächlich keine so große Rolle, daß Morse, als er sich an Bord der Sully zum erstenmal intensiv mit dem Problem der Codierung beschäftigte, in gewissem Sinn die gesamte bisherige Entwicklung der Telegrafie noch einmal nachvollzog. Er war zu diesem Zeitpunkt fest davon überzeugt, der einzige mit diesen Ideen und Gedanken zu sein. Erst später, als ihm sein Ruhm von vielen Seiten streitig gemacht wurde, erkannte er, zumindest teilweise etwas »noch einmal erfunden« zu haben. Später stritten die Gelehrten, ob Morse tatsächlich zu Recht als Erfinder der Telegrafie gelte. Manche warfen ihm sogar vor, »keinen einzigen Gedanken dazu beigetragen zu haben«.

Von einem gewissen Standpunkt aus betrachtet, haben diese Kritiker die Geschichte auf ihrer Seite. Nachweisbar war alles, was Morse schließlich zu einem Ganzen zusammenfügte, schon von anderen entwickelt, ausprobiert und entdeckt worden. Einige Technik-Historiker billigen dem Amerikaner deshalb lediglich zu, derjenige gewesen zu sein, der anderer Leute Ideen zu verwirklichen gewußt habe. Solche Urteile basieren jedoch auf einer durchweg technischen Sicht der Telegrafie, die nur die Mechanik und Elektrik im Auge hat, aber am Kern der Erfindung vorbeigeht. Strenggenommen hat sich der Telegraf ja selbst erfunden. Nachdem erst einmal beobachtet worden war, daß sich Strom derart schnell fortpflanzt und daß Impulse auf diese Weise über weite Strecken transportiert werden können, lag nichts näher als der Gedanke an eine Nachrichtenübermittlung. Morse brachte dies selbst zum Ausdruck, als er sagte, »es gibt keinen Grund, auf diese Weise nicht auch Nachrichten über jede beliebige Distanz zu übertragen«.

Morse aber hatte intuitiv erkannt, daß das Problem tatsächlich nicht in der Technik, sondern allein in der Übersetzung liegt. Dieser, nennen wir es einmal so, Gedankenblitz brachte ihn schlagartig an die Spitze aller, die an der Telegrafie arbeiteten. Ohne den Umweg über komplizierte Apparaturen und nur mit Hilfe seiner Vorstellungskraft stieß er direkt zum Kern vor und erkannte klar und deutlich, daß die Lösung in der Vereinfachung, im Reduzieren des Komplexen auf kleinste Elemente, liegt. Erst von diesem Kristallisationspunkt aus konnte sich die Telegrafie zu ihrer Bedeutung als erstes globales Nachrichtenmittel entwickeln. Andere Männer wie Steinheil und Franklin zum Beispiel hatten die physikalischen Voraussetzungen geschaffen. Und wieder andere wie Alfred Vail und Clemens Gerke machten aus den ersten Anfängen eine zuverlässige, Profit abwerfende Technik. Bei Morse jedoch laufen die Fäden zusammen, weil er – ob bewußt oder unbewußt – nicht eine künstliche Technik zu schaffen versuchte, sondern sich ein natürliches und seit Jahrmillionen bewährtes Prinzip zunutze machte. Morses Arbeit ist somit eines der eindrücklichsten Beispiele dafür, daß Technik stets eine – mehr oder weniger gelungene und mehr oder weniger sinnvolle – Nachahmung natürlicher Prinzipien ist.

Morse als Politiker

Ob als Maler, Erfinder, Geschäftsmann oder Politiker: Morse ist in seinem oft verworren, zufällig und launisch scheinenden Handeln und Denken nur vor dem Hintergrund seiner Zeit zu verstehen, einer Zeit, in der es sich keiner leisten konnte, nicht politisch zu sein. Jedermanns Existenz war unmittelbar mit den Entscheidungen der Machthabenden verknüpft. Puffer und Polster gegen politische Egoismen und wirtschaftliche Unvernunft, wie sie uns heute die sozialen Netze und die Gewaltenteilung bieten, gab es nicht. Auch das Recht, Mensch zu sein, war noch eine *Idee*. Und als Morse 1811 zum erstenmal nach England reiste, war »man« nicht für oder gegen eine bestimmte politische Richtung, sondern man war für oder gegen den Krieg zwischen England und Amerika.

Die Maßstäbe des ausgehenden 20. Jahrhunderts taugen demnach als Kriterium für eine Bewertung von Fakten wie diesem: Morse war für den Krieg. War er deshalb ein Kriegstreiber, war er ein Falke? Neigte der ansonsten doch so sensible Künstler gar zur Gewalt?

Morse war von »seinem« Amerika derart überzeugt, daß er sich ganz sicher war, die Engländer würden klein beigeben, sowie die Amerikaner ihnen den Krieg erklärten. Tatsächlich kam es dann ganz anders: Die englische Marine erwies sich als übermächtig, und im 1814 geschlossenen Friedensvertrag von Gent wurden im Prinzip die gleichen Verhältnisse, wie sie schon vor Ausbruch des Krieges herrschten, festgeschrieben. Dennoch gingen die Vereinigten Staaten gestärkt aus diesem (oft so bezeichneten) Zweiten Unabhängigkeitskrieg hervor: Die militärische Konfrontation hatte nicht nur Einheit und Patriotismus im Lande gestärkt, sondern zudem die Grundlage für eine aufstrebende und auf völlige Autarkie zielende Industrie der Vereinigten Staaten geschaffen. Ganz nebenbei sorgte der Krieg überdies für den Untergang der Föderalistischen Partei Alexander Hamiltons, womit der Gang der Geschichte den jungen Morse bestätigte, der sich schon in den ersten Briefen aus England gegen die Föderalisten und damit gegen die Weltanschauung seiner Eltern ausgesprochen hatte. Seine Motive, geradezu »auf einen Krieg zu hoffen«, resultierten jedoch weder aus einem politischen Kalkül noch aus seinen – anfangs eher tapsigen – Versuchen, sich vom Elternhaus zu emanzipieren. Eher drängt sich die Vermutung auf, daß sie, wie wohl die meisten Beweggründe in seinem Leben, Folge eines ständigen Suchens nach Klarheit, Sicherheit und Beständigkeit waren. (Solche Begriffe im Zusammenhang mit einem Krieg mögen heute verwirren. Man muß jedoch bedenken, daß Morses Zeit noch nicht unter dem Eindruck zweier Weltkriege stand, und militärische Auseinandersetzungen damals als legitimes Mittel galten, politische Verhedderungen zu klären.)

So gesehen ist der Unterschied zwischen dem Politiker Morse und dem Maler Morse nicht größer als der zwischen Morse als Maler und Morse als Erfinder. Stets läßt sich die gleiche, letztlich einfache Vorgehensweise erkennen: Das Gesehene, Erlebte, Gefühlte soll geordnet, übersichtlich strukturiert werden.

Morse war kein Programmatiker, auch kein Ideologe im engeren, eigentlichen Sinn, nicht einmal Patriot. Er strebte nicht danach, die Welt so zu gestalten, wie sie nach seiner Auffassung beschaffen sein sollte, um »gut« zu sein. Vielmehr waren Morses politische Auffassungen Ausdruck seiner, ihm ganz eigenen Sicht der Dinge. Einen Handlungsbedarf machte er nur dort aus, wo Unklarheit und Unsicherheit drohten. Und diese Bedrohung zu erkennen, war für ihn keine Frage der Weltanschauung, sondern des Standorts und des Blickwinkels. Seinen Gesinnungswandel vom Föderalisten zu einem, »den sie daheim vielleicht einen Demokraten nennen«, begründete Morse mit der kaum bestreitbaren Binsenweisheit: »Will man sein Land richtig beurteilen, so muß man es aus der Entfernung betrachten, wie es auch bei der Beurteilung eines Bildes der Fall ist.«

Versucht man Morse selbst nach diesem Verfahren zu beurteilen, tritt man also im Geist möglichst weit von den vielen kleinen Details im Leben dieses Mannes zurück, um sich einen Gesamtüberblick zu verschaffen, so wird das dann entstehende imaginäre Bild Morses von einem einzigen Fluchtpunkt dominiert – von der Malerei. Auf die Gefahr hin, damit ins Spekulative zu geraten: Es spricht vieles dafür, daß es Morse letztlich immer nur um die Malerei ging, auch in der Politik. Eine Gegenüberstellung von Details und Gesamteindruck verdeutlicht dies. Da gibt es zum Beispiel einen Morse, der engagiert an einer Feuerlöschpumpe herumbastelte. Diese Phase aber steht völlig losgelöst. Es gibt keine einleuchtenden, erkennbaren Verbindungen zu früheren oder späteren Lebensabschnitten, wohl aber zum Gesamtbild: Morse hatte sich von der Erfindung einen finanziellen Vorteil erhofft, der es ihm ermöglicht hätte, sich wieder stärker der Malerei zuzuwenden.

In dem Sinn, in dem Morse kein Erfinder wie Edison, Siemens, Diesel oder Watt war, war er auch kein Politiker von der Prägung eines Jefferson, Adams oder Lafayette. Weder verspürte er den fieberhaften Drang zu erfinden, um erfunden zu haben, noch gelüstete es ihn nach dem sinnlichen Erlebnis, Macht über andere auszuüben. Ob Erfindung oder Politik – beides war Morse nur Mittel zum Zweck.

Welchen Zweck aber verfolgte Morse als Politiker? Mögliche, aber keineswegs endgültige Antworten finden sich in seinen Aufzeichnungen aus der Zeit der Italienreise. Als Künstler war er, wie unzählige andere vor ihm, von der Vielfalt und dem Reichtum vatikanischer und florentinischer Kunst tief berührt. Als überzeugter Protestant aus einem von orthodoxer und kalvinistischer Moralität geprägten Elternhaus hingegen war er entsetzt, daß diese so verehrungswürdige Kunsttradition sich nur als Verdienst der verhaßten katholischen Kirche erwies.

Morses Konfliktlösung bestand darin, die Schönheit der Kunst über jeden Zweifel zu erheben, die katholische Kirche aber zu verdächtigen, eben diese Schönheit in ihren Dienst zu stellen, »um die Sinne zu bezaubern und den Verstand zu überlisten«. Dies führte zum logischen Resultat einer simplen Überlegung: Die Kunst ist nicht Werkzeug, sondern Opfer des Katholizismus. So vor »den Zweifeln an meiner eigenen Kunst« gerettet, konnte Morse denn auch für sich die Akzeptanz dieses Mißbrauchs rechtfertigen, »solange ich nur die angeblichen Interessen der Kunst ins Auge fasse«.

Die Kunst als Hure, oder sagen wir es milder: als Mätresse der Mächtigen? Wie sehr das doch an Leonardo da Vinci erinnert, der sein Können ohne Zögern in den Dienst der (für seine Zeit) modernsten Kriegstechnik stellte, um sich eine Existenz zu sichern, in der allein sein Können zur universalen Kunst erwachsen konnte.

Noch einmal zurück zum imaginären Gemälde des Morseschen Lebens: Alle Linien, die sich im zentralen Fluchtpunkt von Morses Leben treffen, wurden von Anfang an gestört. Allein schon, daß Morse in eine kunstuninteressierte, ja fast schon kunstfeindliche Welt pragmatisch orientierter Pioniere hineingeboren wurde, hätte ihn davon abhalten können, der schon früh in sich selbst entdeckten Berufung zum Künstler zu folgen. Aber weder die äußeren Umstände konnten Morse seine Leidenschaft nehmen, noch die mahnenden Worte der Mutter, die im Malen zwar Sinn, aber keine Verdienstmöglichkeiten sah.

Hätte das Malen für Morse nur die Funktion des Broterwerbs gehabt, so hätte er mit dem Erreichten zufrieden sein können. Da er aber gerade dieses Porträtieren um des Geldes willen innerlich ablehnen mußte, waren Aktivitäten auf anderen Gebieten zwangsläufig: Zu erfinden, war für Morse gleichbedeutend mit der Sicherung seiner Existenz als Künstler.

Dies schmälert keinesfalls seine Leistung als Techniker. Auch paßt es nicht in das gängige Urteil, Morse sei als Maler gescheitert und habe sich deshalb anderweitig zu verdingen versucht. Nein, Morse ist nicht einen üblichen, durchschnittlichen, gemeinhin zu erwartenden Weg gegangen, sondern den seinen. Ohne die ihn charakterisierende Phantasie und Schaffenskraft, unbändige Neugier und technische Begabung wäre Morse ein verkanntes Genie geblieben. So aber hatte das von der Umwelt unterdrückte Genie die Chance, sich lautstark – wenn auch mißverständlich – zu empören. Morses Existenznot hat ihn nicht zur Telegrafie hingeführt, aber sie erzeugte in dem Maler Morse einen so hohen Leidensdruck, daß der Erfinder Morse genügend Ausdauer hatte, um die Telegrafie bis zum Durchbruch zu führen. Daß auf solch verworrenen Wegen das eigentliche Ziel zeitweilig in Vergessenheit geriet, ist nur allzu menschlich.

Als gut ausgebildeter und weit gereister Mann mit direktem Kontakt zu Idolen der Neuen Welt, wie beispielsweise Lafayette, hätte Morse in späteren Jahren auch als Politiker materiellen Reichtum und Ansehen erzielen können. Daß er diese Chancen nicht einmal dazu nutzte, sich materielle Freiräume als Künstler zu schaffen, läßt uns die Kompliziertheit seines Seelenlebens erahnen, die stets zu Um- und Nebenwegen und nur selten über gerade Wege führte. Morse war, auch wenn er sich in vieles einmischte und in persönlichen Auseinandersetzungen durchaus mit harten Bandagen focht, eher ein defensiver als ein offensiver Charakter. Er griff nicht an, um seine Interessen durchzusetzen, sondern er verteidigte mit aller Macht, wenn ihn etwas auf seinem einmal eingeschlagenen Weg zu stören drohte. (Hier findet sich übrigens auch ein möglicher Grund dafür, daß Morse, immer zwischen Malerei und Technik pendelnd, just dann am intensivsten für seine Erfindungen zu kämpfen begann, als er seinen Ruf durch die Arbeiten anderer Erfinder bedroht sah.)

Typisch für diese Vorgehensweise war Morses erstes politisches Engagement als Kulturpolitiker. Durch die von reichen Geschäftsleuten dominierte amerikanische Kunstakademie sah sich Morse behindert, ja vielleicht sogar gedemütigt. Diese Institution einfach zu ignorieren, hätte Morse jedoch – wenn es ihm denn gelungen wäre – nie genügt. Er setzte sich zum Ziel, die Störung an sich zu beseitigen, und gründete dazu eine eigene, nämlich »seine« Nationalakademie. Just das gleiche Prinzip machte ihn zum engagierten Nationalisten: Durch die anhaltend starke Flut von Einwanderern aus der Alten Welt, die zu einer Stärkung des Katholizismus führte, sah Morse die Kunst und damit sich selbst so sehr bedroht, daß er sich sogar zu Pamphleten reaktionärster Machart hinreißen ließ. Wie schon bei der Akademiegründung war das Motiv wieder die Verteidigung, und es war eben nicht der Versuch, das unaufhaltbar kommende Neue durch einen politischen Ansatz konstruktiv zu gestalten.

Morses politische Aktivitäten sind weder von historischer Bedeutung, noch teilt uns deren Inhalt viel über die Fähigkeiten dieses Mannes mit. Darüber erfahren wir mehr aus der Art und Weise, wie er Politik betrieb: Obwohl selbst von Ängsten gesteuert, setzte Morse auf die Überzeugungskraft seiner in eine mitunter abenteuerliche Morallogik gezwungene Vernunft und distanzierte sich konsequent von jeder Gewalt. Er war überzeugt, das Volk müsse »durch Erziehung zur inneren Überzeugung kommen, nicht durch Gewalt«.

Morse trug damit einerseits zum Ansehen des Nationalismus bei, andererseits aber ist der gefährliche Unterton solcher Sätze unüberhörbar. Daß Morse damit just die gleiche Strategie anwenden wollte, die er der katholischen Kirche so sehr verübelte, war für ihn, in seiner puritanischen Selbstgerechtigkeit, wahrscheinlich gar nicht erkennbar.

Ganz sicher wollte er mit seinen Streitschriften nicht die Gewalt schüren und wollte nicht jenen Auftrieb geben, die tatsächlich nur Machtgier und profane materielle Bedürfnisse zu befriedigen suchten – bewirkt aber hat Morse dies dennoch.

Ganz unabhängig davon, daß es uns heute kaum ansteht, Morses Handeln moralisch zu bewerten: Es scheint doch so, als habe es sich Morse mit solchen Nebenwirkungen seines politischen Tuns zu einfach gemacht. Selbst wohlwollende Biographen kreiden ihm an, billigend die Unehrlichkeit und Korruption von Smith in Kauf genommen zu haben, der dem Kongreß verschwieg, was als Filz gedeutet worden wäre und jegliche finanzielle Unterstützung seitens der Regierung unmöglich gemacht hätte.

Sieht man einmal von der Brillanz seiner Streitschriften ab – Morse als Politiker ist nicht das rühmlichste Kapitel im Leben dieses Mannes. Es sei denn, man rückt noch weiter von dem imaginären Gebilde ab und wagt eine Gesamtschau weit über die Lebensjahre Morses hinweg. Dann nämlich zeigt sich, daß Morse mit seiner Arbeit eines der bedeutendsten Werkzeuge heutiger Politik geschaffen hat. Er ermöglichte jene schnelle Kommunikation, die heute, in ihrer perfektionierten Form als Nachrichten-Satelliten-Technik, immer wieder die Eskalation von Konflikten verhindert. Anders noch im Januar 1815, also bereits nach Unterzeichnung des Friedensvertrags von Gent, kam es vor New Orleans zu einer der größten und blutigsten Schlachten zwischen amerikanischen Truppen und der englischen Marine. Weder Angreifer noch Verteidiger hatten rechtzeitig über den geschlossenen Frieden informiert werden können: Es gab noch keinen Telegrafen.

Literaturhinweise

Dunlap, W.: A History of the Rise and Progress of the Arts of Design in the United States. 3 Bde. Neuaufl. Boston 1918.

Fürst, A.: Das Weltreich der Technik. Entwicklung und Gegenwart. 4 Bde. Berlin 1923–1927.

Ders.: Das Weltreich der Technik. Entwicklung und Gegenwart. Reprint von Bd. 1 der Ausgabe von 1923. Düsseldorf 1985.

Gelb, Ignaz J.: Von der Keilschrift zum Alphabet. 2. Aufl. Stuttgart 1958.

Geschichte der Technik. Hrsg. v. R. Sonnemann. Leipzig 1978.

Geschichte der Technik. Hrsg. v. A. A. Sworykin. Leipzig 1964.

Gibbs-Smith, Ch.: Die Erfindungen des Leonardo da Vinci. Stuttgart/ Zürich 1978.

A History of Engineering and Science in the Bell System. Hrsg. v. M. D. Fagen. 2 Bde. New York 1975–1978.

A History of Technology. Hrsg. v. Ch. Singer, T. Williams u.a. 7 Bde. Oxford 1954–1978.

Mabee, C.: The American Leonardo. A Life of Samuel F. B. Morse (amerikanische Originalausgabe). New York 1943. Deutsche Ausgabe: Samuel F. B. Morse. Der Amerikanische Leonardo. Innsbruck 1951.

Männer der Technik. Ein biographisches Handbuch. Hrsg. v. C. Matschoß. Berlin 1925.

Matschoß, C.: Große Ingenieure. Lebensbeschreibungen aus der Geschichte der Technik. 4. Aufl. München 1954.

Moderne Technikgeschichte. Hrsg. v. K. Hausen, R. Rürup. Köln 1975.

Morse, Samuel F. B.: Modern telegraphy, some errors of events and of statement in the history of the telegraphy, exposed and rectified by Samuel F. B. Morse. Paris 1868.

Ders.: His Letters and Journals. 2 Bde. Boston 1914.

Prime, Samuel I.: The Life of Samuel F. B. Morse. New York 1875.

Reid, James D.: The Telegraph in America, and In Memoriam Samuel F.B. Morse, and William Orton. New York 1879.
Vail, A.: The American Electro Magnetic Telegraph. Philadelphia 1845. Deutsche Ausgabe: Gründliche Darstellung des Electro-Magnetischen Telegraphen nach dem System des Professor Morse. Hamburg 1848.

Eine präzise Übersicht über weitere ältere technische Literatur enthält: Deutsches Museum. General Catalogue. 6 Bde. München 1978.

Über die technikgeschichtliche Forschung informiert die älteste Fachzeitschrift der Welt, die Zeitschrift »Technikgeschichte«, 1990 im 57. Jg., Düsseldorf.